나만의 여행을 찾다보면 빛나는 순간을 발견한다.

잠깐 시간을 좀 멈춰봐.
잠깐 일상을 떠나 인생의 추억을 남겨보자.
후회없는 여행이 되도록
순간이 영원하도록
Dreams come true.

Right here.
세상 저 끝까지 가보게

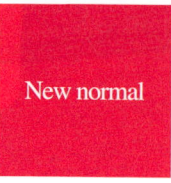

New normal

뉴 노멀^{New normal} 이란?

흑사병이 창궐하면서 교회의 힘이 약화되면서 중세는 끝이 나고, 르네상스를 주도했던 두 도시, 시에나(왼쪽)와 피렌체(오른쪽)의 경쟁은 피렌체의 승리로 끝이 났다. 뉴 노멀 시대가 도래하면 새로운 시대에 누가 빨리 적응하느냐에 따라 운명을 가르게 된다.

전 세계는 코로나19 전과 후로 나뉜다고 해도 누구나 인정할 만큼 사람들의 생각은 많이 변했다. 이제 코로나 바이러스가 진 세계로 퍼진 상황과 코로나 바이러스를 극복하는 인간의 과정을 새로운 일상으로 받아들여야 하는 뉴 노멀New normal 시대가 왔다.

'뉴 노멀New normal'이란 시대 변화에 따라 과거의 표준이 더 통하지 않고 새로운 가치 표준이 세상의 변화를 주도하는 상태를 뜻하는 단어이다. 2008년 글로벌 금융위기를 겪으면서 세계 최대 채권 운용회사 핌코PIMCO의 최고 경영자 모하마드 엘 에리언Mohamed A. El-Erian이 그의 저서 '새로운 부의 탄생When Markets Collide'에서 저성장, 규제 강화, 소비 위축, 미국 시장의 영향력 감소 등을 위기 이후의 '뉴 노멀New normal' 현상으로 지목하면서 사람들에게 알려졌다.

코로나19는 소비와 생산을 비롯한 모든 경제방식과 사람들의 인식을 재구성하고 있다. 사람 간 접촉을 최소화하는 비대면을 뜻하는 단어인 언택트Untact 문화가 확산하면서 기업, 교육, 의료 업계는 비대면 온라인 서비스를 도입하면서 IT 산업이 급부상하고 있다. 바이러스가 사람간의 접촉을 통해 이루어지므로 사람간의 이동이 제한되면서 항공과 여행은 급제동이 걸리면서 해외로의 이동은 거의 제한되지만 국내 여행을 하면서 스트레스를 풀기노 한다.

소비의 개인화 추세에 따른 제품과 서비스 개발, 협업의 툴, 화상 회의, 넷플릭스 같은 홈 콘텐츠가 우리에게 다가오고 있으며, 문화산업에서도 온라인 콘텐츠 서비스가 성장하고 있다. 기업뿐만 아니라 삶을 살아가는 우리도 언택트Untact에 맞춘 서비스를 활성화하고 뉴 노멀New normal 시대에 대비할 필요가 있다.

뉴 노멀(New Normal) 여행

뉴 노멀New Normal 시대를 맞이하여 코로나 19이후 여행이 없어지는 일은 없지만 새로운 여행 트랜드가 나타나 우리의 여행을 바꿀 것이다. 그렇다면 어떤 여행의 형태가 우리에게 다가올 것인가? 생각해 보자.

■ 장기간의 여행이 가능해진다.

바이러스가 퍼지는 것을 막기 위해 재택근무를 할 수 밖에 없는 상황에 기업들은 재택근무를 대규모로 실시했다. 그리고 필요한 분야에서 가능하다는 사실을 알게 되었다. 재택근무가 가능해진다면 근무방식이 유연해질 수 있다. 미국의 실리콘밸리에서는 필요한 분야에서 오랜 시간 떨어져서 일하면서 근무 장소를 태평양 건너 동남아시아의 발리나 치앙마이에서 일하는 사람들도 있다.

이들은 '한 달 살기'라는 장기간의 여행을 하면서 자신이 원하는 대로 일하고 여행도 한다. 또한 동남아시아는 저렴한 물가와 임대가 가능하여 의식주가 저렴하게 해결할 수 있다. 실리콘밸리의 높은 주거 렌트 비용으로 고통을 받지 않지 않는 새로운 방법이 되기도 했다.

■ 자동차 여행으로 떨어져 이동한다.

유럽 여행을 한다면 대한민국에서 유럽까지 비행기를 통해 이동하게 된다. 유럽 내에서는 기차와 버스를 이용해 여행 도시로 이동하는 경우가 대부분이었지만 공항에서 차량을 렌트하여 도시와 도시를 이동하면서 여행하는 것이 더 안전하게 된다.

자동차여행은 쉽게 어디로든 이동할 수 있고 렌터카 비용도 기차보다 저렴하다. 기간이 길면 길수록, 3인 이상일수록 렌터카 비용은 저렴해져 기차나 버스보다 교통비용이 저렴해진다. 가족여행이나 친구간의 여행은 자동차로 여행하는 것이 더 저렴하고 안전하다.

■ 소도시 여행

여행이 귀한 시절에는 유럽 여행을 떠나면 언제 다시 유럽으로 올지 모르기 때문에 한 번에 유럽 전체를 한 달 이상의 기간으로 떠나 여행루트도 촘촘하게 만들고 비용도 저렴하도록 숙소도 호스텔에서 지내는 것이 일반적이었다. 하지만 여행을 떠나는 빈도가 늘어나면서 유럽을 한 번만 여행하고 모든 것을 다 보고 오겠다는 생각은 달라졌다.

유럽을 여행한다면 유럽의 다양한 음식과 문화를 느껴보기 위해 소도시 여행이 활성화되고 있었는데 뉴 노멀New Normal 시대가 시작한다면 사람들은 대도시보다는 소도시 여행을 선호할 것이다. 특히 유럽은 동유럽의 소도시로 떠나는 여행자가 증가하고 있었다. 그 현상은 앞으로 증가할 가능성이 있다.

■ 호캉스를 즐긴다.

타이완이나 동남아시아로 여행을 떠나는 방식도 좋은 호텔이나 리조트에서 맛있는 음식을 먹고 나이트 라이프를 즐기는 방식으로 달라지고 있다. 이런 여행을 '호캉스'라고 부른다. 젊은 여행자들이 짧은 기간 동안 여행지에서 즐기는 방식으로 시작했지만 이제는 세대에 구분 없이 호캉스를 즐기고 있다. 유럽에서는 아프리카와 가까운 지중해의 몰타가 호캉스를 즐기기 좋은 곳으로 유럽여행자들에게 인기를 끌고 있다.

코로나 바이러스로 인해 많은 관광지를 다 보고 돌아오는 여행이 아닌 가고 싶은 관광지와 맛좋은 음식도 중요하다. 이와 더불어 숙소에서 잠만 자고 나오는 것이 아닌 많은 것을 즐길 수 있는 호텔이나 리조트에 머무는 시간이 길어졌다. 심지어는 리조트에서만 3~4일을 머물다가 돌아오기도 한다.

Contents

Intro

새로운 시작, 아이슬란드

2024년, 코로나 이후에 다시 찾은 아이슬란드는 나에게 열정을 다시 불태우게 동기를 부여했다. 사실 아이슬란드를 가고 싶은 마음이 굴뚝같았을 때, 'tvN' 프로그램인 서진이네 2를 아이슬란드에서 촬영한다는 사실을 알게 되었다.

책을 다시 보강한다는 생각으로 무작정 아이슬란드로 떠났다. 아이슬란드에 도착한 다음 날부터 온천에서는 피로를 풀고 생각을 정리하면서 시간을 보내고 자동차로 이동하면서 다양한 사람들을 다시 만나고 변화무쌍한 날씨에 다시 모험심을 가득하게 나를 이끌었다. 마지막 날 밤에는 갑자기 나에게 다가온 오로라로 1시간을 황홀하게 신과 이야기를 나누었다. 결국 나에게 아이슬란드는 위로와 사랑을 받고 오는 장소이다.

아이슬란드 가이드북을 대한민국에서 처음으로 출간한지 10년이 되었고, 그동안 수도 없이 아이슬란드를 들락거렸고 아이슬란드 가이드북은 지속적으로 성장해 너무나도 많은 사랑을 받았다. 물론 아이슬란드에서도 많은 위로와 사랑을 받았다. 그래서 10년차, 아이슬란드 가이드북에서는 많은 수정과 추가적인 내용을 포함했다. 아이슬란드 가이드북은 앞으로도 계속 정보를 추가할 것이다.

대한민국에서 가장 앞서가고 있는 상세하고 정확한 가이드북

2014년에 처음으로 아이슬란드 가이드북을 출간한 이후로 매년 아이슬란드 책을 출간하고 있다. 출간하면서 매년 다른 가이드북보다 더 보강하는 내용에 대해 고민한다. 그래서

2017, 2018, 2019년까지 보강된 디자인과 내용으로 계속 업그레이드가 되어 출간하게 되었다. 하지만 2021년에 책의 모든 내용이 담긴 외장하드가 문제가 생기면서 중단이 되었다. 새로 모든 내용과 사진을 다시 만들어야 한다는 실망감에 2년을 멈추었다. 10주년이 되면서 다시 용기를 내 내용을 추가하고 디자인도 바꾸며 출간할 수 있었다.

아이슬란드로 진 세계의 관광객들이 모여드는 이유는 무엇일까? 아이슬란드는 항상 여행자에게 상상 그 이상을 보여준다고 이야기한다. 신이 지구를 만들기 전에 시범 삼아 반를 어놓은 곳이 아이슬란드라고 할 정도로 아이슬란드는 생각 이상의 다양한 모습을 보여주고 있다. 아직 우리나라 여행자들은 바쁜 여행을 하는 경향이 있지만 아이슬란드는 자연에서 쉬어가는 지혜를 알려준다. 그것이 아이슬란드 여행의 진정한 의미이다.

ABOUT
아이슬란드

Iceland

아이슬란드 사계절

아이슬란드는 북위 63∼66°에 상당히 높은 위도에 위치해 있지만 날씨는 온화하다. 멕시코 난류와 남서풍이 차가운 북극기류와 만나 변화가 심한 기후를 나타낸다. 남서부 지방에는 비가 오거나 폭풍이 부는 일이 많다. 디르홀레이, 레이니스피아라, 비크는 연평균 강수량 400㎜로 황량한 북부지방보다 더 많은 비가 온다. 아이슬란드 남부, 동부 지방을 여행할 때는 특히 강한 바람을 만날 것이기 때문에 우산을 써도 흠뻑 젖기 때문에 거의 우산을 쓰지 않는다.

봄
Spring

봄이지만 4월의 아이슬란드는 겨울이 끝나지 않은 시기로 도로 곳곳에 눈이 보인다. 5월은 본격적으로 여름으로 넘어가는 시기로 퍼핀이나 바다갈매기 등의 새를 구경하기에 좋은 달이다. 봄에는 날씨의 변동이 심하고, 비가 자주 온다. 내륙에는 아직 눈을 자주 볼 수 있고 여행복장도 겨울복장이 때때로 필요하다.

여름
Summer

아이슬란드의 성수기 관광시기로 맑은 날씨를 자주 만날 수 있다. 기온은 섭씨 12~16도 정도이다. 1년 중에서 쾌청한 날씨가 많고, 뜨거운 여름날씨가 싫은 여행자에게 여름날씨는 매우 쾌적하게 느껴진다. 6월 중순 이후부터 태양이 24시간 떠있는 백야가 7월 말까지 지속되고 8월에도 밤 12시 정도에 해가 진다. 눈이 녹는 시기에 따라 다르지만, 하이랜드 루트는 7월에 열려 8월이면 닫히기 때문에 4륜차를 타고 아이슬란드의 내륙을 여행할 수 있는 유일한 시기이다.

아이슬란드인들은 9월 1일을 여름의 마지막으로 생각한다. 수도인 레이캬비크와 근교를 제외하고 레스토랑과 숙소들이 문을 닫기 시작한다. 하지만 여름 성수기의 북적이는 관광객을 피하고 싶다면 9월 여행을 추천한다.

9월의 날씨는 봄 날씨처럼 좋을 수도 있고, 가을 색채에 눈자락은 가장 아름다운 자연을 만끽할 수 있다. 많은 숙소와 항공권 가격은 여름 성수기가 끝나면 상당히 많이 떨어진다.

겨울
Winter

아이슬란드의 겨울 평균기온은 섭씨 영하 5두 정도로 생각보다 춥지 않다. 밤이 길고 어두운 날들이 춥다고 느껴지게 만든다. 9월 말에는 낮 시간이 12시간이었지만 12월에 4시간으로 줄어들고, 1월부터 점차 길어진다. 밤이 길지만 하늘에서 넘실대며 춤추는 오로라를 9~4월까지 볼 수 있다. 많은 여행사와 숙소, 렌트카 회사가 할인행사를 하기 시작한다.

링로드란?

아이슬란드를 둘러싸고 있는 1번도로를 반지모양의 링을 닮았다고 흔히들 링로드(Ring Road)라고 부른다. 1번도로인 링(Ring) 로드를 따라 남쪽으로 이동하면 폭포인 스코가포스를 비롯해 아름다운 해안의 절경이 있는 디르홀레이, 빙하를 체험하는 요쿨살론을 다양하게 볼 수 있고 동부의 피오르드 해안은 굴곡진 해안을 따라 피오르드를 체험하면서 높은 산맥을 올라가면 겨울도 체험할 수 있다. 다양한 모습을 볼 수 있는 남동부는 얼음의 땅이라 불릴만하다.

동부인 에질스타디르에서 데티포스를 지나 크라플라지대를 가면 분화구인 비티(Viti),땅이 부글부글 끓고 있는 흐베리르, 태초의 지구의 모습같은 레이흐뉴크르 지대를 보고 미바튼 네이처 바스에서 온천을 즐기고 나면 북부를 왜 불의 땅이라는지 알 수 있다. 그래서 북부의 불과 남부의 얼음을 합쳐 흔히들 불과 얼음의 땅이라고 부른다.

한눈에 보는 아이슬란드

▶ **인구** | 약 38만 명
▶ **종교** | 루터교 복음파 93%, 기타 7%
▶ **언어** | 아이슬란드어, 영어로 대화가능
▶ **인종** | 아이슬란드인 97%, 기타 3%
▶ **시차** | 9시간 느리다
▶ **통화** | Krona/Ikr(크로나)
▶ **1크로나** | 약 10원(2024년 4월 기준)
▶ **전압** | 220V/50 Hz
▶ **국가번호** | +354
▶ **비자** | 3개월 이내 비자면제

날씨

아이슬란드는 열대성·북극성 기류, 그리고 멕시코만류와 동그린랜드 극해류의 영향을 받는다. 동그린랜드 극해류를 따라 때때로 북극 유빙이 아이슬란드로 밀려오지만, 멕시코 만류가 그 영향을 완화시키기 때문에 같은 위도상의 다른 나라보다 훨씬 기후가 따뜻하다.

겨울은 길고 춥지만 극한적인 추위는 없고 여름은 겨울보다는 따뜻하지만 여전히 추운 편이다. 내륙 산악지역을 제외한 7월 평균기온은 11℃ 정도이며 1월 평균기온은 0℃이다. 연평균 강수량은 남동 지역의 4,100mm 이상으로부터 중북부지역의 406mm에 이르기까지 다양하다.

▶레이캬비크

▶아쿠레이리

▶비크

■ 인간의 손길이 미치지 않은 자연환경

아이슬란드 여행은 생태환경여행이다. 아이슬란드의 난방은 지열로 이루어지고 있어 난방비가 거의 들지 않는다. 남한 정도의 면적에 인구는 약 38만 명으로 인간의 손길이 미치지 않은 국토가 대부분이고, 그것을 지켜나가기 위한 환경보호 활동은 아이슬란드인들 생활의 일부분이다. 해안에는 바람이 강해 나무가 살 수 없는 환경이지만 폭포가 내리는 암벽에는 초록 이끼가 가득하고, 땅에는 푸른 들판이 넓게 펼쳐져있으며 날씨가 좋은 날에는 무지개를 수시로 볼 수 있는 곳이다.

해지는 요쿨살론의 빙하

마음이 순화되는 힐링여행

아이슬란드에는 높은 건물은 거의 없고 사람의 손길이 닿지 않은 자연이 대부분이기 때문에 어디서든 자연으로부터 힐링을 받을 수 있다. 아이슬란드의 대자연속을 걷다 보면 자연히 같이 온 사람들과 깊은 대화를 하게된다. 그러나 옆에 사람이 없다고 해도 황홀한 자연 경관에 빠지다 보면 내 마음을 들여다 보며 마음이 순화되는 것을 느낄 것이다.

■ 아웃도어와 캠핑천국

화산과 빙하, 호수 등이 도처에 자리한 넓은 자연과 공해하나 없이 깨끗한 공기는 관광객에게 최상의 기쁨을 제공한다. 아이슬란드 전 국토에 걸쳐 국립공원들이 잘 보존되어 있어 트레킹과 캠핑을 마음껏 즐길 수 있다.

아름다운 해안과 험한 피요르 지형, 절벽에서 사는 펭귄을 닮은 새 '퍼핀'으로 유명한 아이슬란드는 마치 신이 지구을 창조할 때의 처음모습 그대로인 듯한 절경들로 여행자들을 유혹하고 있다. 이토록 장엄하면서도 다양한 자연을 남한 면적의 크기 밖에 안 되는 곳에서 한번에 둘러볼 수 있는 곳은 지구상에 또 없을 것이다.

■ 계절별로 구분된 여행법

아이슬란드의 계절은 크게 2가지로 나눌 수 있다. 4개월 정도는 여름이지만 우리나라의 봄이나 가을정도의 날씨이고, 나머지는 초겨울부터 한겨울까지가 7~8개월 정도이다. 여름에는 해가 길어서 성수기로 관광객들이 몰려든다. 보통 여름에 캠핑할 때는 벌레에 많이 물리기도 하는데 아이슬란드에서는 그런 걱정은 하지 않아도 된다. 약 8개월간의 겨울 동안 벌레들이 거의 없어 캠핑에 적합하고 캠핑장 풍경이 아름다워 여행하기에 최적이다.

요즘은 겨울에도 오로라를 보기 위해 많은 관광객들이 찾고 있다. 겨울에도 수도인 레이캬비크와 남부지방은 멕시코 난류가 흘러 우리나라의 평균 겨울 기온보다 높다. 눈이 자주 오고, 태양은 11~16시 정도까지만 볼 수 있다. 스노모빌, 스키, 스케이트 등의 다양한 겨울 스포츠를 즐길 수 있다. 다만 날씨의 변화가 심해 매일 날씨 체크는 꼭 해야 한다.

세련된 도시들

아이슬란드인들의 첫인상은 다소 무뚝뚝하지만 하루만 지나면 아이슬란드인들의 친절함에 고마운 마음이 생길 것이다. 큰 도시라고는 수도 레이캬비크가 유일하지만 다른 도시들도 활기찬 모습이다. 도시마다 뛰어난 북유럽 특유의 아기자기한 건축물이 있다. 또한 새로 짓는 건물도 특이하고 아름다워 건축 디자인의 정수를 감상할 수 있다고 해도 과언이 아니다.

많은 관광객들이 몰려들면서 맛집, 특이한 인테리어의 커피점, 화려한 나이트라이프를 즐길 곳도 많아졌다. 그만큼 물가는 더욱 높아졌지만 아이슬란드를 찾는 여행객들의 수는 점점 더 늘어나고 있다. 많은 뮤지션들에게 영향을 미치는 아이슬란드 출신 가수 '비요크'의 훌륭한 음악과 교회마다 들을 수 있는 파이프오르간 연주가 보수적인 면과 혁신적인 면을 동시에 지니고 있는 아이슬란드를 표현하고 있다. 찬란한 수도인 레이캬비크와 매혹적인 북부의 아이슬란드 제2의 도시를 돌아보며 아이슬란드 여행을 즐겨보자.

아이슬란드에서 꼭해야하는 10가지

골든서클

아이슬란드에서 가장 인기있는 관광지인 싱벨리어 국립공원, 게이시르^{Geysir}와 굴포스 ^{Gullfoss}, 이 3곳은 아이슬란드 여행에서 놓쳐서는 안 되는 필수 관광지이다. 게이시르는 전 세계에 간헐천^{geyser}이라는 이름을 만들어 주었지만, 최근에는 이웃 간헐천인 스트로쿠르 ^{Strokkur}에게 그 유명세를 내어주었다. 근처에 있는 어마어마한 3단 폭포인 굴포스에서는 온몸이 압도되는 경험을 하게 될 것이다.

🟥 블루 라군 & 스카이 라군

아이슬란드를 대표하는 온천은 블루 라군Blue Lagoon이 대명사였지만 최근에는 스카이 라군Sky Lagoon이 도전장을 내밀었다. 블루 라군은 케플라비크 국제공항에서 가까운 레이캬네스 반도의 용암대지 위에 위치해 아이슬란드 여행 마지막에 가고, 수도인 레이캬비크에 가까운 코파보구르에 위치한 스카이 라군은 여행 초기인 레이캬비크 여행 전이나 후에 찾는 추세이다.

레이캬비크 워킹투어, 자전거투어

아이슬란드 수도인 레이캬비크는 생기 넘치고 매력적이며 도회적인 분위기의 아이슬란드 인구 1/3이 사는 제1의 도시이다. (예전에는 아이슬란드 여행을 하는 관문역할을 했지만 지금은 다양한 문화적 명소와 맛집들은 물론이거니와 에샤Esja산이 보이는 도시의 풍경은 장관이다.)
이 도시를 여행하는 새로운 방법으로 워킹투어와 자전거투어가 인기를 끌고 있다. 여름밤의 나이트라이프와 겨울밤의 도시를 수놓는 오로라 또한 여행객들의 필수코스이다.

폭포 비교하기

아이슬란드에서는 골든 서클의 굴포스^{Gullfoss}부터 남부지방의 셸랴란즈포스, 스코가포스, 북부지방의 데티포스, 셀포스, 고다포스와 내륙의 하이포스까지 다양하고 신기한 폭포들이 넘쳐난다. 다양한 폭포들을 보면서 서로 비교해 보는 것도 아이슬란드를 여행하는 즐거움을 배가시킬 것이다.

요쿨살론의 빙하 체험

아이슬란드의 빙하를 표현하는 사진들을 보고 아이슬란드 여행을 결정하는 여행자들이 많다. 수많은 엽서에 등장한다 할지라도, 실제로 이 빙하호를 마주한다면 그 아름다움에 입을 다물 수가 없다. 2015년 모 아웃도어 광고에 배우 공유가 나온 광고로 더욱 인기가 올라가고 있다. 바트나요쿨Vatnajökull의 프레이다머 빙산에서 떨어져 나온 푸른빛의 빙하들은 라군을 떠다니다 결국엔 바다로 나가게 된다.

■ 피요르 지형 만끽하기

피요르 지형은 동부만 생각하는 관광객이 많지만 서부 피요르 지방의 수도인 이사피요르
루르Ísafjörður에서도 피요르 지형을 볼 수 있다. 동부의 세이디스피요르뿐만 아니라 서부 피
요르지방의 황량한 호른스트란디르Hornstrandir 반도를 탐험하고자 하는 하이커들에게 출발
지로도 손색이 없다.

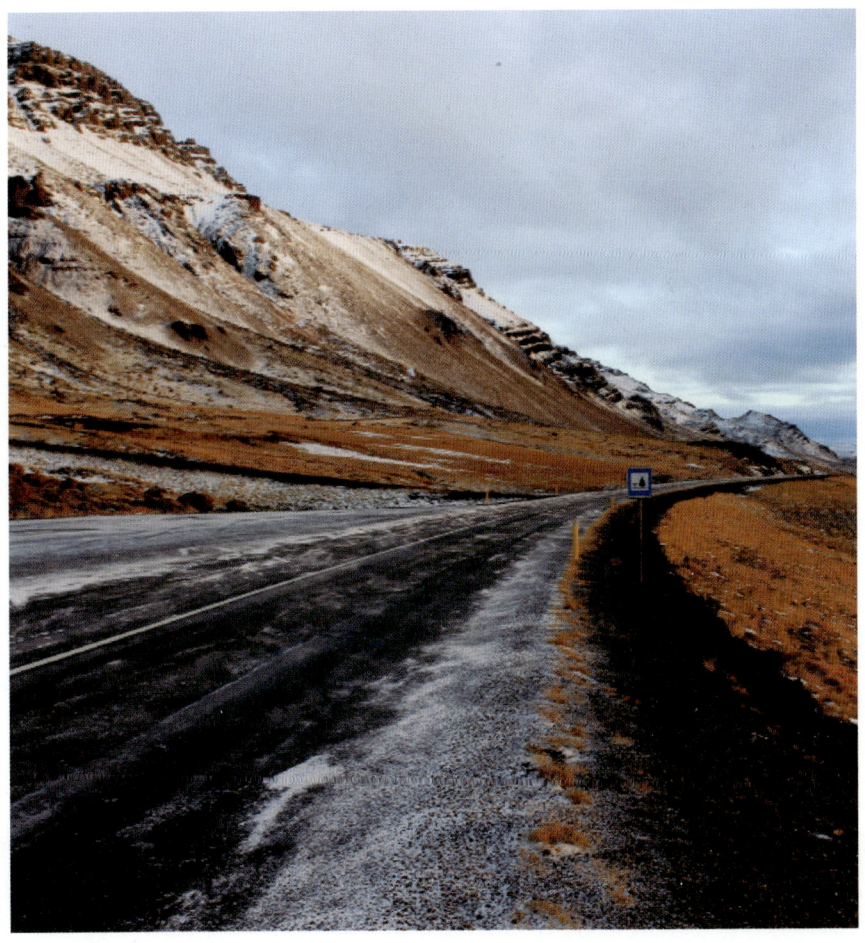

🟥 고래 투어와 퍼핀

아이슬란드 북부 지방에 있는 후사비크^{Húsavík}를 찾는 사람들은 대부분 고래를 보기 위해서이다. 다양한 종류의 고래가 자주 출몰하며 고래 박물관도 있다. 아이슬란드를 상징하는 새인 퍼핀은 주로 비크^{Vík}에서 관찰할 수 있다. 라우트라뱌르그^{Látrabjarg}의 해안에서부터 레이캬비크에서 조금 떨어진 아쿠레이^{Akurey}와 룬데이^{Lundey}섬이나 드랑에이^{Drangey}, 파페이^{Papey}, 헤이마에이^{Heimaey}섬까지 흥미롭고 다채로운 퍼핀의 군락을 만나볼 수 있다.

많은 관광객들이 아이슬란드에서만 볼 수 있는 '새'로 '퍼핀'을 이야기한다. 하지만 퍼핀은 아이슬란드에만 있는 것은 아니다. 북유럽에도 일부 서식하고 페로 제도에도 서식하고 있다. 다만 아이슬란드에 전 세계 퍼핀의 60%가 살고 있다고 한다. 퍼핀은 하늘을 잘 날지 못하고 땅에 곤두박질치는 경우도 많으며 물속에 있는 모래장어를 먹고 살기 때문에 물에서 여유롭게 지낼 수 있다. 그래서 옛날에는 물고기의 종류라고 생각하던 때도 있었다고 한다. 퍼핀은 바다쇠오리의 한 종류로 서부 피요르드지역 중에 라우트라비아르그에서 볼 수 있다. 아이슬란드 전통 음식 중에는 퍼핀 메뉴도 있다고 한다.

디르홀레이 퍼핀군락지

■ 온천

아이슬란드는 전 국토가 화산지대이기 때문에 어디서나 노천온천을 즐길 수 있다. 아이슬란드에서 가장 유명한 블루라군과 북부이 미바튼 네이쳐바스는 기본으로 찾아야하는 온천이다. 굴포스 근처의 로가바튼과 클뤼르 지역은 주로 현지인들이 찾는 곳이디.

링로드에서는 벗어나있기에 자칫 놓칠 수 있는 곳이지만 내륙의 멋진 풍경을 담고 있는 란드만나라우가에는 누구나 즐길 수 있는 노천온천이 관광객들의 눈을 즐겁게 한다. 큰 바위로 뒤덮인 산세 속에서 몸을 담그면 마치 외계행성에서 온천을 하는 착각에 빠지게 될 것이다.

오로라 / 얼음동굴

오로라
겨울에 아이슬란드를 찾는 여행자들은 대부분 신비로운 오로라를 보기 위해서이다. 아이슬란드는 낮에 비해 밤의 길이가 길어서 특정지역에서만 오로라를 관찰할 수 있는 핀란드나 캐나다와는 다르게 날씨만 괜찮다면 전국 어디서든 오로라를 볼 수 있다. 겨울 아이슬란드에 도착만 해도 당신은 오로라를 볼 수 있을 것이다.

얼음동굴
아이슬란드여행의 인기가 올라가면서 겨울에 오로라뿐만 아니라 얼음동굴을 보기 위해 겨울여행을 선택하는 여행자가 늘어나고 있다. 자연발생적으로만 생기는 얼음동굴은 매년 다른 모습의 얼음동굴을 만들어 낸다. 여름이 되면, 빙하가 녹고 녹은 빙하물이 빙하의 아래로 흘러가면서 얼음 동굴을 만들어 낸다.
1,000년의 빙하가 여름동안 흐르며 만들어 내는 얼음동굴은 겨울에 환상적인 작품을 보여준다. 자연이 만들어내는 말로 형언할 수 없는 작품은 환상적인 사진을 찍으려는 사진작가들이 출사를 위해 즐겨 찾았지만 아이슬란드가 알려지면서 겨울 얼음동굴도 일반 여행자들에게 인기를 끌고 있다.

란드만나라우가 트레킹

🟥 트레킹 여행지

아이슬란드의 수도인 레이캬비크뿐만 아니라 전국의 어느 도시나 조그만 어느 마을을 가도 걸을 수 있는 트레킹코스가 만들어져 있고, 팸플릿에 상세히 소개돼 있다. 또한 아이슬란드를 둘러싸고 있는 링로드를 트레킹으로 여행하는 트레킹여행자와 내륙의 란드만나라우가 트레킹을 5일 정도의 일정으로 걷는 여행도 인기가 높다. 일반 여행자라면 아침에 마을의 산책로를 따라 걸어도 머릿속이 맑아지고, 건강까지 좋아지는 자신을 발견할 수 있을 것이다.

인스타 감성, 아이슬란드

유기농 아이스크림 & 레스토랑

아이슬란드에서 관광객의 인기를 독차지하고 있는 유기농 레스토랑과 아이스크림을 판매하는 카페가 있다. 다만 입구의 간판이 크지 않아 찾아가기가 쉽지는 않다. 아이슬란드를 갈 때마다 항상 들르는 카페이자 지인과 같이 레스토랑에서 저녁식사를 하는 곳이다.

목장(소와 양)을 운영하면서 카페에서 유리창으로 소를 키우는 모습을 볼 수 있다. 가축이 매일같이 우유를 공급해주고 그 우유로 직접 수제로 아이스크림을 만들어 판매 (390~600kr)하고 있다. 양고기와 쇠고기 스테이크는 직접 키운 가축으로 공급하기 때문에 양질의 고기와 셰프의 음식을 맛볼 수 있다.

게이시르 인근 에프스티달루르(Effstidalur II)

크리스티 집안에서 4대에 걸쳐 이어지고 있는데, 현재는 둘째 딸이 남편과 함께 운영하고 있다. 로가바튼^{Laugarvatn}에 집을 두고 게이시르로 가는 왼쪽 오르막길을 올라가면 볼 수 있다.

도가바튼 온천을 지나 37번 도로를 따라가면 에프스티달루르Effstidalur II라고 써 있는 간판을 잘 보고 들어가야 놓치지 않는다. 1층에는 아이스크림이 주로 판매하는 카페가 있고 2층에는 레스토랑을 운영하고 있다. 대부분의 관광객은 1층에서 아이스크림을 먹는데 진한 우유의 맛이 나오는 아이스크림이 일품이다.

홈페이지_ www.efstidalur.is

주소_ Blaskogabyggd, 801 Laugarvatn

영업시간_ 5월 16일~9월 14일까지 / 카페 10~22시 / 레스토랑 11시 30분~22시

9월 15일~5월 15일까지 / 카페 10~21시 30분 (일~목요일 / 금~토요일은 동일)

/ 레스토랑 11시 30분~21시 30분(금~토요일 동일)

전화_ +354-486-1186

북부 미바튼 호수의 보가피오스(Vogafjos)

독일에서 이주해온 3대 목장을 운영
하면서 레스토랑과 호텔과 게스트하
우스를 운영하고 있다. 미바튼에서
온천을 하고 나왔다면 미바튼호수의
감라라우긴에서 햄버거를 주로 먹는
다. 그러나 미바튼 호수에서 왼쪽으
로 이동하면 보가피오스 지역을 만날
수 있는데 여기에서 오른쪽에 보가피
오스라는 젓소 간판을 볼 수 있다. 이
길로 들어가면 유기농 카페와 레스토

랑 통나무집으로 들어가면 같은 유기농 아이스크림과 케이크, 샌드위치를 맛볼 수 있다.

보가피오스는 비누와 차^{Tea} 등까지 생산하면서 기업형으로 바뀌고 있는 추세이다. 빵은 증
기로 하루 동안 통에 넣어 만든 빵으로 양질의 고기를 넣어 만든 샌드위치와 양고기 스테
이크, 송어 스테이크가 일품이다. 이곳은 겨울에 숙박을 하면 아침식사가 무료로 제공되며
오로라를 보기 위해 2~3일 묵는 관광객이 많다.

주소_ Vogafjos, 660 Myvatn
영업시간_ 10~22시 (11월~3월까지 21시까지 운영)
전화_ +354-464-3800

비교 체험(The Plane Wreck 2 Points)

S lheimasandur Plane Wreck

Path to Wrecked DC-3 Plane on Sólheimasandur, 871

아이슬란드는 미군에게 유럽에서 미국으로 가는 중간 기착지이자 항공노선을 제공하고 있다. 1973년, 미 해군 항공기인 더글라스 C-117D가 추락한 잔해가 있는 곳이 "왜 여기에 있을 것인가?" 하는 궁금증이 있을 수 있다. 강에 불시착하면서 승무원 7명은 구출되었다고 알려져 있다. 1번 도로 옆의 주차장에서는 상당히 오래 걸어가야 한다. 버스투어를 한다면 3,000Kr를 내고 비행기 잔해 근처까지 이동할 수 있다.

DC-3 Airplane Wreck - Eyvindarholt

Markarvegur - 248 Eyvindarholt, 861 Hvolsvöllur

위의 비행기 잔해보다 알려져 있지는 않지만 색상이 다채롭고 군용마크까지 있어 사진으로는 더 인상 깊은 사진을 얻을 수 있을 것이다. 또한 셀라란즈포스에서 글리우프라르포스 방향으로 차를 타고 이동하면 약 15분 정도면 도로 옆에 있어 쉽게 찾을 수 있다. 걸어서 3~5분이면 도착할 수 있어 더 쉽게 사진 찍기도 가능하다.

비행기 잔해가 있는 이유

1960년대에 아이슬란드 북동쪽 링가네스(Langanes)에 있는 헤이어아르펠(Heiðarfjall)산에 위치한 레이더 기지로 물품을 수송하는 임무가 있었다. 1969년 7월 25일 DC-3 C-47J(R4D-6)가 쏘르쇼픈(Þorshöfn) 근처 사우다네스(Sauðanes) 농장 옆에 위치한 활주로에서 그들의 도착을 기다리고 있었다.

비행기를 활주로에 착륙시키다가 제동 과정에서 비행기가 예기치 않게 오른쪽으로 방향을 틀었었으나 브레이크를 밟으려는 시도에도 불구하고 활주로를 이탈해 유목더미와 충돌해 바퀴가 부러지고 날개가 지면에 닿으며 날개는 부러져버렸다. 다행히 탑승자 4명 중 부상자는 없었다. 비행기를 수리하거나 나시 운송하는 데 비용이 많이 든다는 평가를 받아 비행기를 옆으로 견인하여 활주로 근처 들판에 두기로 결정했다. 농장의 말과 양을 위한 쉼터가 되어 북풍을 피할 수 있는 피난처를 제공하기도 하고 그곳에 거주하는 어린이들을 위한 놀이터 역할도 했다.

Sólheimasandur
Plane Wreck

DC-3 Airplane
Wreck -
Eyvindarholt

새롭게 인스타 감성의 포토 포인트

북부 흐비트세르쿼르(Hvitserkur)

바다의 파도가 바위를 깎아 만든 조각품이 흐비트세르쿼르(Hvitserkur)가 아닐까? 북부에서 서부로 내려가는 1번 도로의 바튼스네스 반도의 해안도로에 있는 바위로 찾아가는 길은 쉽지는 않다. 도로를 따라가다가 길가에 주차를 하고 걸어가야 한다. 바다위에 우뚝 서 있는 흐비트세르쿼르(Hvitserkur)는 갈매기가 둥지를 틀고 있어 지저분하게 보일 수도 있는데 밝은 날보다 흐린 날의 모습이 더 아름답다. 일몰의 풍경을 넋을 잃고 보게 된다.

흐비트세르쿼르
(Hvitserkur)

글라움바
(Glaumbæ

키르큐펠
(Kirkjufell)

스티키스홀뮈르
(Stykkisholmur)

그라브룩
(Grabrok)

스나이펠스요쿨
(SnaefellsJokull)

보르가네스
(Borgarnes)

게이시르
(Geysir)

브루아르포스
(Brúarfoss)

굴포스
(Gullfoss Water

레이캬비크
(Reyk]avik)

싱벨리어국립공원
(Thingvellir)

케플라비크 국제공항
(Kflavík Internation Airport)

블루라군
(Blue Lagoon)

셀라란즈포스
(Seljalandsfoss)

서부 키르큐펠(Kirkjufell)

아이슬란드를 여행하는 여행자가 아이슬란드 서부를 여행하는 비율은 높지 않다. 그런데 여름의 일몰 풍경이 아름다운 사진이 인기를 끌면서 여행자가 서부 아이슬란드로 발길을 돌리고 있다. 일몰의 키르큐펠은 빨간 태양이 물에 빠져드는 모습이 압권이다.

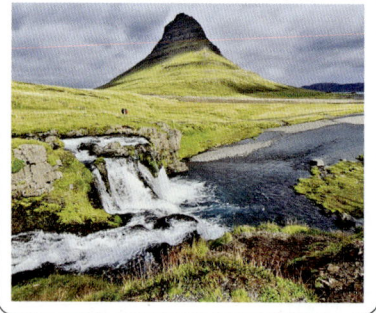

브루아르포스(Brúarfoss)

싱벨리어 국립공원을 지나 게이시르를 가기 10분 전에 왼쪽에 작은 간판이 보인다. 이곳에 2023년 4월에 관광객을 받기 시작한 폭포로 아직은 잘 알려지지 않았다. 아이슬란드 북부에 있는 알데이야포스(Aldyjafoss)와 비슷한 형태의 폭포로 높은 위치에서 떨어지는 물줄기가 만들어내는 아름다운 장경이 아니고 빙하수가 한 곳에 모이면서 보이는 에메랄드 색이 만드는 폭포수가 말로 표현하기 힘들 정도로 아름답다.

북부 알데이야포스(Aldyjafoss)

미바튼 호수를 지나 고다포스를 보고 아쿠레이리를 가는 것이
일반적인 아이슬란드 여행이었다면 남들과 다른 새로운 폭포를
보고 싶은 여행자가 찾는 곳이 알데이야포스(Aldyjafoss)이다. 1
번 도로를 가다가 842번 도로의 남쪽으로 이동을 하면 20분 정
도를 비포장도로를 따라가면 나온다.

빙하가 만든 거대한 물길이 엄청난 수량을 일으키는 폭포가 아
이슬란드 폭포의 특징인데 알데이야포스(Aldyjafoss)는 야금야
금 생명을 가진 빙하수가 한 곳에 모여들어 지하로 엄청나게 물
길을 뚫어버린 느낌이다. 알데이야포스(Aldyjafoss)는 특히 겨울
에 더 아름답지만 겨울에 보기는 쉽지 않다.

후사비크
〔Husavik〕

데티포스
〔Dettifoss〕

크라플라
〔Krafla〕

아쿠레이리 **고다포스** **미바튼**
〔Akureyri〕 〔Godafoss〕 〔Myvat〕

알데이야포스
〔Aldyjafoss〕

듀피보구르
〔Djúpivogur〕

베스트라혼
〔Vestrahorn〕

호픈
〔Höfn〕

스카프타펠
국립공원

요쿨살론
〔Jokulsarlon〕

베스트라혼(Vestrahorn)

'아이슬란드의 우유니사막'이라는 말로 관광객을 끌
어 모으고 있는 베스트라혼(Vestrahorn)은 호픈(Höfn)
에서 차로 약 10분 거리에 있는 혼(Horn) 지역이다.
454m 높이의 산인 베스트라혼(Vestra-Horn) 아래에
있다. 산이 돌쪽에는 바다까지 뻗어 있는 기묘한 모양
의 브룬호른(Brunnhorn)이 있다. 산 밑에 있는 얕은
물에 산의 모습이 반사되고 사람이 서 있으면 위, 아래
가 뒤집힌 풍경이 사진에 담겨진다. 사전에 장화를 준
비하면 뛰면서 사진을 찍을 때 지면에 착지를 해도 신
발이 젖지 않게 된다.

I·C·E·L·E·N·D

아이슬란드
여 행 에
꼭필요한
INFO

아이슬란드가 매우 추울 것이라는 오해

대서양 북쪽에 화산활동으로 생겨난 화산섬으로 최초로 아이슬란드를 발견한 바이킹은 북쪽의 빙하를 보고 이름을 지었다고 한다. 하지만 아이슬란드 전체가 얼음으로 덮여 있지는 않다. 빙하는 국토의 10분의 1 정도를 차지한다. 아직도 화산 활동이 활발하게 계속되고 있다.

나라 이름 때문에 아이슬란드는 굉장히 추운 나라라고 생각하는 사람들도 많지만 따뜻한 맥시코 난류의 영향을 받아서 북쪽에 있는 다른 나라들보다 날씨는 따뜻하다. 수도인 레이캬비크는 가장 추운 달의 평균 기온이 섭씨 영하 1도정도이다.

■ 물 반, 물고기 반

아이슬란드의 자연은 아름답지만 땅이 얼음, 용암, 돌 따위로 덮여 있어서 농사를 짓기에 좋지 않은 환경이다. 그래서 농업이 별로 발달하지 못해 먹을 것을 해외에서 수입해야 한다. 대신 아이슬란드는 섬나라답게 옛날부터 물고기가 식량의 일부분을 담당했다. 지금도 아이슬란드는 대구와 별빙어가 많이 잡히고 다른 나라에도 수출하는 수산업이 발전하였다.

■ 책 사랑과 민주주의

아이슬란드는 세계에서 최초로 의회가 생긴 나라이다. '알싱기'라고 부르는 의회에서는 섬 전체의 문제를 놓고 토의가 이루어졌다. 이처럼 앞서 가는 정치 문화를 바탕으로 세계 최초의 여성 대통령을 선출하였다. 이러한 민주주의의 역사 덕분인지 아이슬란드 국민들은 교육열이 매우 높다. 이러한 분위기에 걸맞게 사람들은 책을 열심히 읽는다.

특히 옛부터 전해진 북유럽의 전설을 기록한 문학을 '사가'라고 하는데, 이러한 전설을 다룬 책들이 인기가 많다. 사가 문학은 아이슬란드뿐만 아니라 북유럽과 세계 여러 나라에서 널리 읽히고 있다.

아이슬란드 역사

아이슬란드는 8세기경까지는 무인도였으나 9세기경 아일랜드인 및 노르웨이인이 처음 이주하여 930년에 독립국가를 세웠다. 11세기 중엽부터 노르웨이, 14세기 말부터는 덴마크의 지배를 받아오다가 1918년 덴마크의 자치령이 되었고, 1944년 6월 17일 덴마크로부터 독립하여 아이슬란드공화국을 선포하고, 헌법을 제정하였다.

국가원수는 임기 4년의 대통령이며, 실제 정치권력은 총리를 중심으로 하는 내각에서 행사한다. 2008년 5월 그림손^{Olafur Grimsson} 대통령이 4기로 선출되었으며, 그 아래 실권자 게일 힐마르 하이더^{Geir H.Haarde} 총리가 2006년 6월 취임하여 내각을 이끌고 있다. 대외적으로는 중도좌우의 입장을 취하고 있으며, 1946년 유엔에 가입하였다. 자체 군대가 없기 때문에 국방은 미국을 중심으로 하는 나토^{NATO}통합군에 의지하고 있다.

874년	노르웨이 출신 방이킹 정착
903년	세계 최초의 의회, 알싱기 탄생
1000년경	크리스트교 전파
1262년	노르웨이에 합병
1944년	덴마크에서 독립
1980년	세계 최초의 여성 대통령 비그디스 취임

경제 / 문화

경제는 어업과 수산물가공업이 그 근간을 이루고 있으며, 특히 수산물 수출이 총수출에서 차지하는 비율이 75% 이상으로 국제수산물 가격 및 어획량에 따라 경제가 좌우된다고 할 수 있다. 다른 북유럽 여러 나라와 같은 문화권에 속하며 의료·교육·연금 등의 사회보장제도가 잘 되어 있다.

아이슬란드 문학

아이슬란드 문학을 일컬어 '사가Saga'라고 한다. 우리나라에게 낯선 나라기도 한 아이슬란드는 디지털 시대에 종이책이 최고의 문화상품으로 대우받는 나라이다.

"누구나 태어날 때부터 배속에 자신만의 책을 갖고 있다"는 말이 있을 만큼 아이슬란드는 인구 대비 저술가 비율이 세계에서 가장 높은 국가로 꼽힌다. 인구 약 32만 명 중 1권 이상의 책을 출간한 작가가 10%나 된다. 저자가 많은 만큼 출판업, 서점 업계도 호황을 누리고 있다. 독서 토론프로그램이 TV 황금시간대에 편성돼 높은 시청률을 기록하는가 하면, 크리스마스 인기선물로는 언제나 책이 1위를 차지한다.

'불과 얼음의 나라'로 불릴 정도로 빙하와 화산으로 뒤덮인 장엄한 자연환경 속에서 국민들이 자연스럽게 자연과 인간, 신과 인간의 관계를 생각하게 됐고, 자신이 직접 책을 쓰거나 다른 사람이 쓴 책을 읽기 좋아하는 성향이 '국민 기질'로 깊이 뿌리내렸다는 것이다.
온 국민이 독서광이다 보니 아이슬란드에서는 1년 내내 책 관련 페스티벌이 이어진다. 매년 봄 시즌에 레이캬비크에서 열리는 '북마켓' 행사는 마음에 드는 책을 사려는 사람들로 늘 북새통을 이룬다.

9월에는 '국제문학페스티벌', 10월에는 전국의 모든 학교와 도서관들이 공동 개최하는 '독서 페스티벌'이 열린다. '독서 페스티벌'은 해마다 1권의 책 또는 하나의 주제를 선택해 온 국민이 함께 읽고 토론 해보자는 취지에서 열리는 행사이다.

1955년 노벨 문학상을 수상한 소설가 할도르 락스네스 등 아이슬란드 출신 작가들 중 세계적으로 인정받은 인물도 많다. 중세 아이슬란드 문학의 한 장르인 '사가'는 북유럽 신화와 역사적 인물들의 영웅담을 그린 이야기들로 가득하며 많은 중세 예술의 영감이 되었으며 대표적인 예로는 영국의 소설가 톨킨이 아이슬란드에 다녀 온 뒤 '반지의 제왕'을 쓴 것이라고 한다.

인터넷

다른 유럽보다 인터넷 접속이 쉽다. 하지만 이동 중에 인터넷을 사용하기는 쉽지 않다. 아이슬란드는 아직 다른 유럽과는 달리 우리나라 통신업체에서 제공하는 하루 무제한 데이터 사용지역이 아니므로. 패스트푸드점, 카페 등에서 무료로 제공하는 Wifi를 찾아 이용해야 한다.

환전

우리나라에서 아이슬란드 화페인 크로나를 환전할 수는 없다. 유로로 환전을 하고나서 케플라비크공항에서 크로나(kr)로 환전해야 한다. 공항에서는 바로 무료로 환전할 수 있는 아이슬란드 은행이 있다. 도시에 있는 은행은 월~금요일까지 오전 9시 15분에서 오후 4시까지 이용할 수 있다. 은행들은 현금은 바꾸는데는 90~100kr의 수수료를 받는다. 대부분의 환전은 관광안내소나 구세군(5~10월)에서 바꾸면 된다.

예전의 심카드 사용방법

① 심카드 뒷면에는 PIN 번호가 적혀있는 부분이 있다. 처음 심카드를 사면 비밀번호(PIN Number)가 가려져있다. 가려진 부분을 동전으로 긁어내면 PIN번호 4자리가 나온다.

② 핸드폰에서 기존의 심카드를 뺀다음 siminn의 심카드를 넣어준다.

③ PIN 번호를 입력하라는 메세지가 나오면 PIN번호 4자리를 입력해준다. (PIN 번호는 3회이상 잘못입력하면 심카드를 사용할 수 없으니 번호를 수첩같은 곳에 적어놓는 것이 좋다.)

아이슬란드를 인기 관광지로 만든 TV와 영화

2014년 초에 개봉한 영화 '월터의 상상은 현실이 된다'를 본 사람들은 촬영지에 대해 많이 들 궁금해 했다. 다들 어디인지 몰랐던 그 장소가 아이슬란드였다. 2014년말에는 우리나라에서 대단히 히트친 영화인 '인터스텔라'에서 보았던 얼음행성이 어디인지를 알고 싶어하면서 아이슬란드에 대한 관심이 올라가기 시작했다.
2014년부터 불과 1년 사이에 아이슬란드의 인기는 많이 올라갔지만 아직도 많은 이들은 아이슬란드를 몰랐다. 그러던 중 2016년 1월 1일, tv N의 '꽃보다 청춘'에 아이슬란드가 나오면서 아이슬란드의 장엄하고 아름다운 풍경은 전국민을 사로잡았다.

미국 드라마인 '왕좌의 게임'은 전 세계적인 인기로 전 세계인들을 아이슬란드로 끌어들이고 있다. 하지만 이런 영상물의 인기에도 아이슬란드가 별 볼 일 없는 관광지였다면 전 세계인들을 아이슬란드로 몰리게 하지는 않았을 것이다. 아이슬란드에서 최근 촬영하는 헐리우드 영화와 드라마가 연간 헐리우드 영화의 30% 정도가 된다고 한다.
올해 개봉한 영화인 '캡틴 아메리카 : 시빌워'와 '세기의 대결'을 비롯해 2014년의 인터스텔라에서 보았던 얼음행성의 장면도 아이슬란드에서 촬영하였다. 외계행성이나 옛 전투장면을 가장 잘 묘사하는데 좋은 촬영지인 것은 부인할 수 없다. 게다가 아이슬란드 정부는 발 빠르게 영화촬영의 세금 중 20%를 환급해주어 헐리우드 관계자들의 발걸음을 아이슬란드로 돌리고 있다.

1. 꽃보다 청춘
해외 배낭 여행기를 담은 리얼 버라이어티 프로그램으로 페루, 라오스에 이어 아이슬란드가 방송되어 다시 핫한 여행지를 만들어냈다. 마치 다른 행성에 있는 듯한 풍경이 펼쳐졌다. 사진으로 담을 수 없는 생동감이 있는 아이슬란드 편에서는 옹기종기 이쁘게 모여있는 주택들과 웅장한 폭포, 믿을 수 없는 겨울 자연풍경이 방송되었다. 2016년, 아이슬란드를 누구나 아는 여행지로 태어나게 하는데 꽃보다 청춘이 일조하였다.

2. 인터스텔라
최근에 아이슬란드에 대한 관심을 상승시킨 가장 큰 공을 세운 영화이다. 아이슬란드가 얼음행성의 장면으로 나오면서 다른 행성같은 장면이 CG가 아니라 실제 장면이라는 사실에 더욱 놀라워했다. 놀란 감독은 10년 전 '배트맨 비긴즈'를 촬영할 때 아이슬란드를 마지막으로 방문하여, '인터스텔라'의 탐험 장면을 촬영하기에 아이슬란드가 적합하다는 생각을 가지고 있었다고 한다. 아이슬란드의 지형은 영화 속 얼음행성이나 화성같은 행성을 촬영하기에 적합한 나라이다.

3. 월터의 상상은 현실이 된다.

아이슬란드를 배경으로 한 영화에서 가장 먼저 관심을 일으킨 영화이다. 자신의 꿈은 접어두고 16년째 라이프 잡지사에서 포토에디터로 일하고 있는 월터 미티라는 일상의 '우리'같은 인물이 용감한 히어로이자 로맨틱한 주인공으로 변하는 장면에서 아이슬란드를 기억하게 만들었다. 그린란드에서 아이슬란드를 거치면서 폭발 직전의 화산으로 돌진하는 장면부터 보드를 타고 내려가는 아름다운 자연이 동부의 세이디스피요르라는 사실이 알려지면서 세이디스피요르로 내려오는 도로는 한번씩 포즈를 취하는 장소로 변했다.

4. 왕좌의 게임

바이킹이 정복한 아이슬란드는 북유럽 신화의 진원지로 서양 판타지의 땅이다. 성인 판타지물로 최고의 인기를 누리고 있는 판타지 문학작품인 '얼음과 불의 노래A Song of Ice and Fire가 드라마로 만들어져 인기를 끈 미국 드라마가 '왕좌의 게임'이다. 전 세계인들에게 아이슬란드를 홍보하는 드라마라고 새도 과언이 아니다. 시즌 1, 6이 아이슬란드에서 촬영되었는데, 드래곤과 흑마술이 등장하는 가상대륙인 웨스트로스에서 미지의 땅으로 등장하였다. 왕좌의 게임은 많은 지역에서 촬영될 때마다 새로운 투어가 만들어지는 인기 드라마이다.

꽃보다 청춘, 아이슬란드의 배경음악

아이슬란드는 웅장하고 장엄한 자연으로 유명해서일까, 유난히 신비롭고 웅장한 실험적인 곡을 많이 선보인 뮤지션이 많다. tvN 프로그램 '꽃보다 청춘, 아이슬란드'는 대한민국의 아이슬란드 관광객이 늘어나는데 도움을 주었다. 이 프로그램에 나온 배경음악은 대부분 아이슬란드 뮤지션들의 음악이고, 배경음악 중 아이슬란드 출신 음악가들의 곡을 알아보자.

1 파스칼 피논 Pascal Pinon
에키 반메타(Ekki Vanmeta)

'파스칼 피논'은 여성 쌍둥이 그룹으로 쌍둥이 가운데 한 명인 멤버는 13세 때 곡을 쓰기 시작했을 정도로 천재 음악가이다.
소개한 곡은 2013년에 발매된 두 번째 정규 앨범에 실린 음악으로 가볍고 사이다 같은 톡 쏘는 느낌의 곡이다.

2 에프엠 벨패스트 FM Belfast
위 아 패스터 댄 유(We are faster than you)

여성 1명, 남성 2명이 함께 활동하는 그룹이다. 2008년 데뷔했고 주로 일렉트로닉 음악을 선보여왔다.

3 오브 몬스터스 앤 맨 Of Monsters and Men
식스 윅스(Six Weeks)

남성 4명, 여성 1명으로 이루어진 그룹이다. 2011년 데뷔 앨범 '마이 헤드 이즈 언 애니멀(My head is an animal)'을 발매했다. '식스 윅스'는 이 앨범에 두번째로 실린 곡이다. 삼성 '지펠 냉장고' 광고에도 들어갔었다.

4 오브 몬스터스 앤 맨 Of Monsters and Men
마운틴 사운드(Mountain Sound)

이 곡은 '꽃보다 청춘 : 아이슬란드 편' 2화에 굴포스로 가는 길 배경음악으로 들어갔다. '오브 몬스터스 앤 맨' 1집 앨범 수록곡이다. 곡명을 한국어로 번역하면 '산의 소리'다. 웅장한 자연 경관을 가진 아이슬란드 밴드의 위엄이 느껴진다.

5 신 팡 Sin Fang
룩 앳 더 라이트(Look at the Light)

이번에 소개할 곡도 아이슬란드 느낌이 물씬 풍긴다. 노래 제목이 '저 빛을 보라'다. 신 팡은 소위 '분위기 깡패'라 불리는 아이슬란드 인디 음악가다. 그의 음악은 마치 오로라처럼 오묘하면서 몽롱한 느낌을 준다는 평을 듣고 있다.

6 시규어 로스 Sigur Rós
스타알퍼(Staralfur)

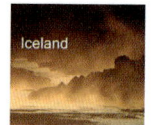

남자 세명으로 구성된 '시규어 로스'는 1994년, 5명으로 결성된 뒤 두 명의 멤버가 빠져 지금의 3명이 됐다. 보컬 욘시(Jónsi)가 만든 언어에 '희망어'라는 이름을 붙여 이 언어로 노래를 만들고 있다. 꽃보다 청춘, 아이슬란드에 시규어 로스 음악, '스타알퍼(Staralfur)'는 첫 정규 앨범 'Ágætis byrjun' 수록곡으로 '좋은 시작'이라는 뜻이라고 한다.

7 아우스게일 Ásgeir
니팔리오 렌(Nyfallio Regn)

솔로로 활동하는 아이슬란드 음악가다. 2012년에 데뷔한 뒤 아이슬란드 슈퍼스타 '시규어 로스'와 비교될 만큼 빠른 속도로 성장한 신예다. 아이슬란드 국민 10명 가운데 1명이 그의 데뷔 앨범을 갖고 있다는 이야기도 있다. 2013년 7월에 발매한 싱글 앨범 수록곡으로 한국에서 공연을 하기도 했다.

여행 중 알면 편리한 아이슬란드 어

요쿨(Jökul) | 빙하

론(lón) | 라군

바튼(Vatn) | 호수

비크(Vík) | 만

포스(Foss) | 폭포

키르캬(kirkja) | 교회

팔(Fjall) | 산

달루르(Dalur) | 계곡

선드라우그(Sundlaug) | 수영장

피요르두르(fjörður) | 피요르

네스(Nes) | 반도

카피(Kaffi) | 커피

브라우드(Braið) | 빵

필사(Pylsa) | 핫도그

보르(Bjor) | 맥주

아이슬란드 현지 여행 물가

항공권과 숙소, 렌트카 예약을 끝마치고 아이슬란드에 도착하면 여행하면서 어느 정도의 여행경비를 챙겨야 하는지 궁금하다. 현지의 여행비용을 알아보자.

만약에 당신이 아이슬란드를 2008년 이전에 여행하려고 했다면 지금보다 1.5배 정도는 더 비싼 여행비용이 나왔을 것이다. 2008년의 금융위기로 아이슬란드 크로나(kr) 가치가 평가절하되어 관광객이 다니기에 저렴한 나라가 되었다. 하지만 현재 33만 명의 적은 인구와 높은 수입비용은 여전히 아이슬란드가 다른 국가보다 여행비용이 비싼 나라로 인식하도록 하고 있다.

① 여름 성수기 시즌이 다가오면 숙박요금이 심하게 올라가는데 여름 성수기를 벗어나면 심지어 30%수준까지 떨어지기도 한다.

② 레스토랑에서의 점심식사는 1,500kr(원화 15,000원)정도 부터이고 저녁은 2,500kr부터이다.

③ 술은 더욱 비싸다. 주류판매소 빈 부딘Vín Búðin에서 파는 작은 병맥주가 약 300kr이며, 중간 정도의 수입와인은 20,000kr 정도이다. 카페나 레스토랑에서는 빈 부딘 가격의 3배 수준이라고 생각하면 된다.
가능한 세관통관이 허용되는 만큼의 술을 집에서 가져가든지, 아니면 공항의 면세 주류를 미리 구입하는 편이 낫다.

④ 시내버스요금은 350kr이다(현금만 가능,

거스름돈 없음). 택시는 매우 비싸니 되도록
이용하지 않는 것이 좋다.
레이캬비크에서 케플라비크 국제공항까지
약 15,000kr이다.(Flybus 티켓 가격은 2,500kr
이다. www.re.is)

시내버스   공항버스

여름 성수기에 여행할 때 저렴한 호텔에 묵
고, 식당에서 먹고, 2~3개의 액티비티를 하
고 하면 여행비용이 1인당 25,000kr(원화 25
만원 정도)이상 들어간다. (2명이 방을 같이
쓸 경우) 그러나 게스트하우스나 유스호스
텔에 묵고, 좀 저렴한 식사를 하면 비용을
절감하는 것이 가능하다. 이렇게 하면 하루
에 1,5000kr 은 감안해야 한다. 캠핑이나 취
사를 하면 하루에 5,000kr 정도 들 것이다.

아이슬란드가 여행하기 싼 곳이 아니지만
박물관과 갤러리 입장료는 적당한 수준이
다. 대부분의 박물관 입장료는 700~1,300kr
수준으로 생각하면 된다. 한번 입장권을 끊
으면 무료입장권을 하나 더 주거나 다른 박
물관의 입장료를 할인해주기도 한다. (같은
단체가 운영할 경우)
겨울에 펍이나 괜찮은 식당에서는 들어갈
때 외투를 맡기는 비용을 내야할 때가 있다.
거절하면 입장이 안 될 수도 있다.

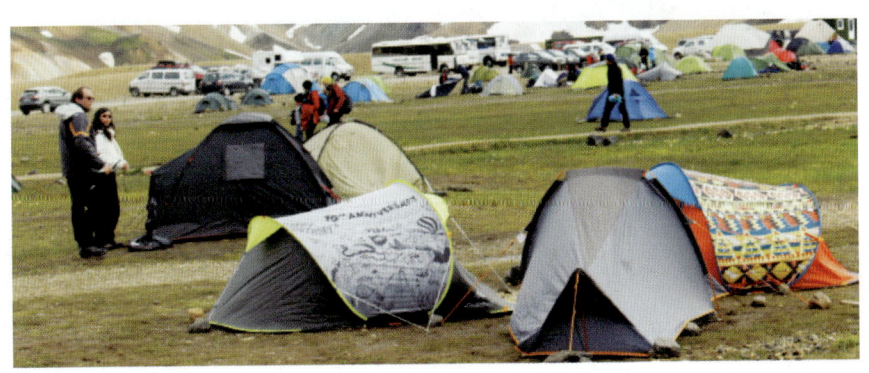

아이슬란드 현지 여행 복장

"비가 온다면 30분만 기다려라. 곧 바뀔 것이다"라는 아이슬란드 속담이 있다. 여름여행은 반팔을 입고 여행을 하려고 하는데 아이슬란드의 'ICE'라는 영어단어가 눈에 밟힌다. 혹시나 춥지는 않을까 걱정을 하는 것이 아이슬란드를 처음 여행하는 여행자들이 걱정하며 하는 질문이다.

일반적인 여름 아이슬란드 여행이라면, 우리나라의 가을복장으로 준비해야 한다. 긴팔로 준비를 하고, 출발할 때에 입은 반팔 복장을 여름복장으로 대체하는 것이 좋다. 비가 많이 올 때를 대비해 겨울 오리털 파카 정도는 가지고 가는 것이 추울 때 도움이 된다. 차량을 운전하면서 여행하므로 차량 내에서는 춥지 않다. 오히려 운전 중에는 덥지만 밖으로 나오면 바람 때문에 추울 수 있다.

1 방풍 방수점퍼와 폴리스 자켓정도를 미리 준비해 비올 때 입어야 한다. 우산은 바람이 강해 필요없다.

2 신발은 운동화 혹은 등산화를 신고 다니는 것이 편안하다. 많은 아이슬란드의 관광명소가 걸어서 이동해야하고 울퉁불퉁하고 거친 길을 가야 하는 관광지이다.

③ 캠핑 여행을 준비하려면 히트텍 같은 내의와 핫팩은 매우 유용하다.

④ 걸어서 란드만나라우가 트레킹이나 아우스비르기 트레킹을 걸으려 한다면 사람이 없는 장소를 걸을 수 있으므로 제대로 갖춰 입어야 한다. 반드시 등산화를 가져가야 신발 때문에 고생을 안 한다. 시간이 된다면 미리 등산화를 신고 하루정도는 신어서 발이 걸을 때 아프지 않은지 확인하면 좋다.

⑤ 고급 레스토랑을 가려고 한다면 복장에 신경을 써야 한다. 고급 레스토랑은 우리나라도 마찬가지로 복장이 중요한 것처럼 아이슬란드인들도 복장에 민감하다. 만약 고급 레스토랑에서 멋진 저녁을 할 계획이 있다면 정장은 아니어도 차려 입어야 한다.

⑥ 11~4월의 겨울 아이슬란드를 여행한다면 기온이 영하 20도 정도로 떨어질 수 있고, 바람 때문에 체감온도는 더 낮게 느껴질 수도 있으므로 방한대책을 제대로 갖춰야 한다.
(아이슬란드 겨울 여행 참고)

⑦ 아이슬란드에는 수영장과 온천이 매우 많으므로 수영복은 꼭 챙겨야 한다. 아이슬란드 모든 마을에는 온천이 있는 수영장이 있어 겨울에도 온천과 수영장에서 피로를 풀 수 있다.

아이슬란드 여행에서 알면 더 좋은 지식

아이슬란드 여름은 하얀 밤의 백야

백야는 밤에도 해가 지지 않아 어두워지지 않는 현상이다. 주로 북극이나 남극 등 위도가 48도 이상으로 높은 지역에서 발생한다. 아이슬란드의 수도인 레이캬비크의 위도가 65도인데 전 세계의 수도로는 가장 높은 위도에 위치해 있으므로 여름에는 백야가 일어난다. 겨울에는 반대로 극야가 나타나게 된다. 백야가 일어나는 원인은 지구가 자전축이 기울어진 채 공전하기 때문이다.

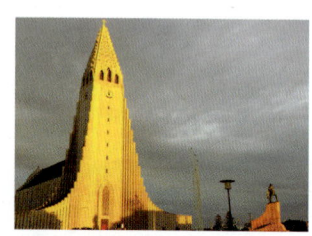

즉 지구가 기울어진 머리를 태양 쪽으로 기울고 자전하는 동안 아이슬란드 땅에 태양 빛을 받는 시간이 많아지므로 여름에 24시간의 대부분은 늘 햇빛을 받는다.

백야는 위도가 높을수록 기간이 길어지므로 6~8월까지 백야가 일어난다. 이 기간에 어두운 밤은 길어야 6시간 정도밖에 지속되지 않는다. 반대로 겨울에는 밤이 길다. 그래서 추운 겨울이 더욱 오랜 시간 지속된다.

아이이슬란드는 봄, 여름, 가을, 겨울이 아니라 여름과 겨울만이 존재한다. 11~4월까지 겨울이 지속되어 봄은 건너뛰고, 여름에 백야는 해를 맞이하는 축제와 다름없다. 여름에 아이슬란드 관광객이 몰려들어 숙소를 찾기 힘든 것은 이 때문이다.

백야와 극야는 왜 생길까요?

백야와 극야는 지구의 자전축이 기울었기 때문에 일어난다. 아이슬란드는 북극에 가깝기 때문에 여름이면 태양쪽으로 기울고, 겨울이면 태양의 반대쪽으로 기울어진다.

겨울은 어두운 밤의 극야, 극야의 즐거움 오로라

6~8월까지 짧은 여름이 끝나고 나면 가을은 1달도 지속되지 않고 10월부터 추워져 11월이면 겨울이라고 생각되며, 극야에서 나타나는 오로라도 11월부터는 볼 수 있다. 오로라 여행으로 캐나다의 옐로우 나이프 지역을 찾는 오로라 여행자들이 많다. 캐나다의 옐로우 나이프는 오로라만 보러 여행을 계획해야 하지만 아이슬란드 여행에서는 여행을 하다가 오로라를 볼 수 있어 오로라와 겨울 여행을 원하는 여행자들을 모두 만족시킬 수 있는 장점이 있다.

오로라는 지구 밖에서 지구로 들어오는 태

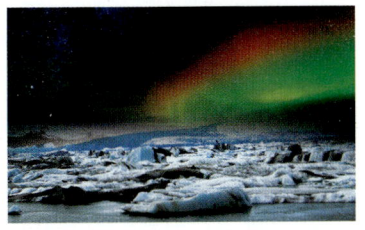

양의 방출된 입자가 지구대기의 공기 분자와 충돌하면서 빛을 내는 현상이다. 태양풍을 따라 지구 근처로 다가오면 지구의 자기장에 끌려 대기 안으로 들어온다. 지구 자극에 가까운 북반구와 남반구의 고위도 지방에서 주로 볼 수 있다.

여름의 백야가 일어나는 같은 지역에서 겨울 극야에 오로라가 관측된다. 위도가 64∼66도 사이에 있는 아이슬란드의 겨울에 오로라를 볼 수 있는데 아이슬란드의 겨울여행의 장점은 어느 지역에서든 밤에 오로라를 관측하여 긴 겨울밤을 보낼 수 있어 겨울 여행의 또 다른 재미로 다가온다.

주상절리

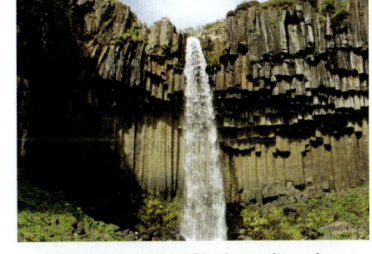

주상절리는 화산에서 분출한 용암이 지표면에 흘러내리면서 식을 때 규칙적인 균열이 생겨 형성된 것이다. 용암은 표면부터 식을 때 균열이 육각형 모양으로 형성되고 점점 깊은 곳도 식어가면서 균열은 큰 기둥을 만들어 낸다. 단면의 모양이 육각형, 오각형 등 다각형의 긴 기둥모양을 이루는 절리는 거대한 지형을 이루게 된다.

아이슬란드의 어디에서든 주상절리를 볼 수 있지만 아이슬란드의 남부지방에 위치한 레이니스퍄라, 스카프타펠 국립공원의 스바르티포스, 북부의 호프소스는 대표적인 기둥모양의 주상절리를 가장 잘 관찰할 수 있는 관광지이다.

화산과 지진

지구는 하나의 동그란 땅으로 되어 있는 것이 아니라 여러 조각의 지각 판들로 이루어져 있다. 이 지각 판들이 가만히 있지 않고 조금씩 움직이면서 여러 가지 변화가 생겨난다. 지구의 표면인 지각은 5∼100㎞ 두께의 커다란 7개의 판과 여러 개의 작은 판으로 구성되어 있다.

이 판들은 서로 경계를 맞대고 있는데 판의 경계에서는 판이 서로 멀어지거나 부딪히기 때문에 지각이 약하여 지진과 화산이 살 일어난나. 아이슬란드는 북대서양 판과 유라시아 판이 만나는 중앙해령이 아이슬란드 내부를 지나친다. 땅속에 있는 가스, 마그마가 지각의 터진 틈을 통해 지표로 분출하는 지점이나 결과로 생기는 분출물이 쌓여 생겨난 화산체로 폭발이나 함몰에 의하여 생기는 오목한 지형을 말한다.

아이슬란드 음식

바다와 면해 있는 섬 국가여서 그런지 아이슬란드의 요리에서는 생선이 많은 부분을 차지한다. 이외에 낙농제품이나 양고기가 주재료로 쓰인다. 인기 있는 음식으로는 스퀴르^{skyr}나 연기로 익힌 양고기 항기키외트^{hangikjot} 등이 있다.

아이슬란드에서는 각 지방마다 특산물의 종류가 다양하게 나뉜다. 질은 아주 좋은 편이며 좋은 환경 덕택에 오염되지 않은 재료로 음식을 맛볼 수 있다. 산악 지역에서 양이 자유롭게 방목되기 때문에 양고기 소비가 많은 편이다. 아이슬란드는 육류 생산에 아주 엄격한 편이며 호르몬 주사를 동물에 주입하여 인위적으로 생산하는 것은 엄중 처벌 대상이다. 가금류를 키우는 농장도 상당히 많으며 닭과 오리 그리고 칠면조를 많이 기른다.

아이슬란드인에게 있어 우유를 비롯한 유제품은 없어서는 안 될 식품이다. 평균적으로 아이슬란드인은 1년에 평균 380리터에 달하는 낙농제품을 소비한다. 치즈나 다른 관련 제품이 국내에 많고 자국 내에만도 치즈가 80종류가 넘는다.

아이슬란드가 북극권에 드는 나라인 것은 확실하지만 대서양 난류로 인해 그렇게 춥지 않다. 밭이나 작은 정원에서 채소를 많이 키우고 감자나 양배추가 많다. 하우스에서 화훼나 과일류를 재배하기도 한다.

아이슬란드에는 유명한 음식이 없다. 하지만 아이슬란드에도 전 세계의 음식들과 합쳐진 새로운 음식들이 나오고 있어 몇 레스토랑에는 유명한 셰프들의 요리도 먹을 수 있다.

아이슬란드의 대표적 요거트, 스퀴르

지금으로부터 1,000년 전에 바이킹 족이 아이슬란드에 정착하면서 전래된 음식으로, 오늘날까지도 아이슬란드 사람들의 자랑거리이자 특산물이다. 요구르트와 비슷하며, 시장에서도 요구르트처럼 팔리고 있지만, 사실 요구르트는 아니다.

스퀴르는 레닛(효소)을 넣어 응고시킨 뒤 물기를 조금 빼낸 우유로 만든 신선한 저지방 치즈다. 요구르트에 들어 있는 박테리아를 함유하고 있으며 우유보다 빠르고 쉽게 소화된다. 먹고나서 1시간 안에 90% 가까이 흡수되는데, 우유는 약 30% 밖에 흡수되지 못한다. 저지방이고 흡수율이 좋아서 건강에 매우 좋은 음식이다.

공장에서 생산한 저지방 요구르트에 흔히 들어가는 안정제나 탈지분유가 전혀 들어가지 않는다. 단맛과 질감을 부드럽게 하기 위해 우유나 크림을 섞기도 한다. 아이슬란드 사람들은 전통적으로 아침식사로 디저트와 함께 먹는다. 맛을 떠나서 아이슬란드에 왔으면 스퀴르는 꼭 먹어봐야 한다. 스퀴르의 맛은 크리미하지만 매끄럽지는 않으며 사뭇 뻑뻑하다. 우유의 깨끗한 맛을 간직하고 있다.

현지인들이 먹는 빵

비나르브라우드Vinarbraud 아이슬란드인들이 좋아하는 빵 종류이다. 얇은 빵 위에 잼을 살짝 바르고 초콜릿이나 딸기 등을 이용하여 데니스 페이스트리로 빵을 길게 만들어 판매한다.

스누두르Snudur는 초콜릿이나 카라멜을 빵 전체에 올려서 우리의 입맛에는 매우 달아서 1개 이상 먹기는 힘들다. 하지만 커피와 먹으면 단맛을 상쇄해준다.

코코스쿨루르Kokosoulur는 아이들에게 맞춰 오트밀과 초콜릿이나 코코아를 뿌려서 코코넛 플레이크를 묻혀 동그랗게 만든 빵이다.

비나르브라우드   스누두르   코코스쿨루르

아이슬란드 맥주

독일이나 체코처럼 아이슬란드 맥주의 역사가 오래되지는 않았지만 아이슬란드에도 20세기부터 맥주가 생산되고 있다. 아이슬란드에서는 1989년까지 맥주는 합법이 아니었다. 하지만 아이슬란드인들이 맥주를 지속적으로 마시면서 지금은 매우 많은 맥주가 생산되고 있다.

아이슬란드에서 맥주를 마시려면 마트에서는 구입할 수 없고(라이트 맥주는 구입가능) 빈부딘Vinbudin에서만 구입할 수 있다. 빈부딘의 운영시간은 각 도시마다 다르기 때문에 잘 확인해야 한다.(레이캬비크 11~18시) 아이슬란드 맥주값은 비싸기 때문에, 공항에 도착하면 공항 면세점에서 사가지고 나가는 관광객들이 많다.

울푸르 | Ulfur

감귤류 과일의 맛이 강하게 나고 쓴 맛이 강하다. 아이슬란드에서 처음으로 시장에 에일맥주로 나온 맥주이다. 미국의 홉hop을 사용하여 서부해안의 공장에서 만들어진다.

왼쪽부터 울푸르, 브리오

브리오 | Brio

독일 홉을 사용하여 부드러운 맛을 내는 맥주이다. 독일식의 맥주를 표방하며 아이슬란드인들에게 인기를 끈 맥주이다.

왼쪽부터 칼디, 에인스톡

바이킹 | Viking
바이킹 맥주는 비엔나 스타일의 맥주로 몰트향이 강하고 쓴 맛이 중간정도의 부드러운 맥주에 속한다.

칼디 | Kaldi
매우 부드러운 체코, 필스너^{Pilsner}스타일의 맥주로 신선한 맛이다. 2006년부터 생산을 시작하였지만 레이캬비크에 칼디 바^{Kaldi Bar}까지 있을 정도로 인기있다.

레이캬비크의 칼디바

굴 | Gull
금^{Gold}이라는 뜻의 아이슬란드어의 맥주로 아이슬란드에서 우리나라 관광객에게는 '굴'이라는 맥주가 유일한 것처럼 알려진 때도 있었다. 라거스타일의 맥주로 우리나라의 라거맥주와 비슷한 맛이다.

에인스톡 아틱 페일 에일 | Einstok Arctic Pale Ale
부드럽게 목넘김이 좋은 맥주를 생산하는데 아이슬란드 여성들이 좋아한다. 바이킹의 투구를 보면 단번에 아이슬란드 맥주인 것을 알 수 있어 자연스럽게 손이 가는 맥주이다.

아이슬란드 마트

아이슬란드 공항에서 처음으로 만나는 수퍼마켓은 10~11, 레이캬비크의 보니스^{Bónus}, 남부지방의 비크^{Vik}에서 보는 캬르발^{Kjarval} 등 다양한 이름의 마트이다. 이들의 이름보다 우리에게 중요한 부분은 언제까지 이용할 수 있는가이다.
대부분의 아이슬란드 수퍼마켓 체인점(Hagkaup, Nóatún, Krónan)은 저녁 8~9시까지 문을 연다. 대형할인마트인 보니스^{Bónus}, 네토^{netto}는 좀 짧다. 보통 오후 6시에 닫는다. 기본적인 식료품을 파는 많은 동네상점들은 밤 10시나 더 늦게까지 열기도 한다.

보니스 | Bónus
아이슬란드 전역에 29개의 매장을 가지고 있는 아이슬란드를 대표하는 할인마트이다. 대도시 위주로 영업을 하는데, 특히 레이캬비크와 수도권에 집중 배치되어 있다. 다양한 식료품 가격이 저렴하여 주로 찾는 할인마트로, 보통 오후 6시에 닫는다.

월~목요일 11:00~18:30, 일요일 12:00~18:00(도시나 매장에 따라 영업시간이 다르기도 하니 확인)

10 · 11

아이슬란드의 공항에서부터 만나게 되는 편의점으로 24시간 문을 연다. 하지만 매장마다 24시간을 운영하지 않는 곳도 있다. 할인마트처럼 할인율은 크지 않지만, 늦은 시간까지 영업을 하기 때문에 백야로 활동이 많은 여름 아이슬란드 여행에서 보니스 Bónus처럼 많이 찾는다. 레이캬비크의 수도권을 중심으로 매장이 있지만 북부의 아쿠레이리에도 매장이 있다.

네토 | netto

레이캬비크 시내와 남부지방을 빼고는 대부분 위치해 있는 할인마트이다. 아이슬란드 제 2의 도시인 아쿠레이리에서 태어난 마트로 식료품의 종류는 많지만 보니스보다 할인율이 작다. 규모로는 보니스와 거의 차이가 없어 아이슬란드여행에서 많이 보게 되는 마트이다.

캬르발 | Kjarval

아이슬란드 남부지방에만 있는 마트로 비크나 호픈 등의 남부지방에만 있는 할인마트이다.

크로난과 카스모 | Kronan & Kasmo

셀포스Selfoss와 후사비크Husavik에서 만나게 되는 마트로 고기와 식료품 등의 먹거리가 주로 매장에 배치되어 있다.

삼카우프 | Samkaup

아이슬란드의 동부와 북부 지방을 중심으로 있는 마트로 잘 모르는 여행자들이 많지만 오랜 아이슬란드 여행이라면 많이 찾게 된다. 저녁시간대에는 키오스크 kiosk에서 식료품, 과자류 등을 판매한다. 삼카우프Samkaup체인점 중 주유소와 함께 있다면 20~22시까지 영업하는 경우가 많다.

아이슬란드 쇼핑

아이슬란드 여행객들의 관심사는 쇼핑이 아니라 주로 경이로운 풍경이다. 물가가 지나치게 높아 관광객들은 양털제품을 주로 구입한다. 아이슬란드 여행자가 늘어나고 관심이 변화하면서 아름다운 아이슬란드 의류, 화장품 등의 구입이 늘어나고 있다.

아이슬란드에서는 품질과 디자인에 제 값을 지불하려는 관광객들을 대상으로 하기 때문에 우리나라 여행자들은 디자인 제품을 구입하지 않고 있다. 하지만 대부분의 상점들은 세금을 돌려주는 텍스 리펀드tax refund를 시행하여 상품가격의 7~15퍼센트를 할인해 주고 있다.

쇼핑시간은 다양하다. 레이캬비크 라우가베루르의 가게들은 주말에 몇 시간밖에 열지 않거나, 아예 문을 닫는다. 서점과 토나르 같은 레코드가게들은 매일 늦게 까지 문을 연다. (월~목 10~18시, 금 10~19시, 토 10~12시 또는 16시)

책 | Books
좋은 책들이 많지만 대부분 영어로 되어 있다. 에이문드 서점에서 구입할 수 있다.

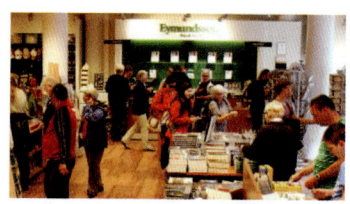

의류 | Clothing
아웃도어와 하이킹 의류인 66 North가 유명하다. 가격은 높지만 의류들은 품질이 뛰어나고, 방수가 잘되며 디자인도 좋다. 유명한 디자이너로는 엔더슨 Andersen & 라우스Lauth, 브리나Birna, ELM, 구스트 GuSt, 스파크스만스랴르리르Spaksmannsspjarir같은 디자이너들이다.

음악 | Music
비요크와 시규어 로스가 아이슬란드의 최고 뮤지션으로 알려져 있지만 최근에는 어브 몬스터스 & 멘Of monsters & men 등이 알려지고 있으며 새로운 밴드도 계속 생겨나고 있다. 12 토나르에서 음악을 들을 수 있다.

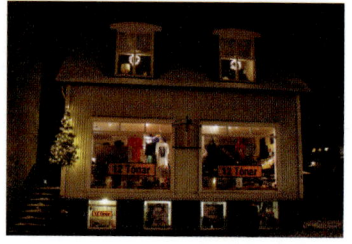

양피 제품 | Sheepskin goods

가격은 비싸지만 질은 좋다. 모자, 슬리퍼, 장갑은 약 한화 4~9만원 정도에 구입할 수 있다.

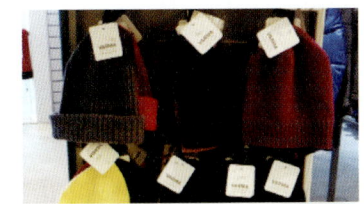

양털 제품 | Woollen Goods

아이슬란드 양은 순종의 혈통을 이어오는 동물이며 양털은 최고의 품질을 자랑하는데, 튼튼하고, 자연 방수가 되며 부드럽고 따뜻한 양모제품의 재료가 된다. 전통 문양의 손뜨개 스웨터lopapeysa를 만드는 재료가 되는 양털이다.

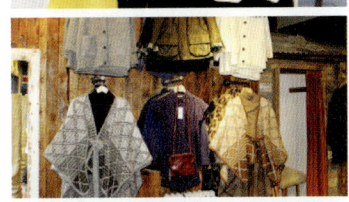

레이캬비크의 대부분 상점은 하프나스트레티 Hafnarstræti, 아우스투르스트래티Austurstræti, 라우가베 구르Laugavegur, 스콜라보르두스티구르Skólavörðustígur 의 3개 거리에 집중되어 있으며 패션상점의 본거지 이다. 할그림스키르캬 교회에서 대각선으로 내려오 는 스콜라보르두스티구르Skólavörðustígur는 공예품과 디자인 제품의 구입이 가능한 곳이다.

택스 리펀드 받는 방법

아이슬란드에서는 4,000kr 이상을 구매하면 택스 리펀드를 받을 수 있다. 대부분의 나라에 서는 공항에서 택스 리펀드를 받을 수 있지만 여행자를 위한 인프라를 잘 갖추고 있는 아 이슬란드에서는 시내 곳곳에 위치한 인포메이션센터에서도 택스 리펀드를 받을 수 있다. 단 운영시간에만 택스 리펀드를 받을 수 있으니 시간에 맞춰 가야 한다. 저녁이나 아침 일 찍은 어쩔 수 없이 공항에서 택스 리펀드를 받아야 한다.

레이캬비크 공항에서 받을 때는 1층으로 가지 말고 2층에 있는 세관검사Customs Check for Tax Free 표지판을 보고 찾아야 한다. 주의할 사항은 다른 유럽나라들과 다르게 검색대를 지나 출국심사를 한 후에 택스 리펀드를 받을 수 있다는 점이다. 엘리베이터를 타고 택스 리펀 드Tax Refunf 간판을 보고 따라가면 빅토리아 시크리트 매장 옆 2번째에 위치하고 있다.

출국심사를 하고 택스 리펀드를 받았기 때문에 아이 슬란드 돈인 크로나를 사용할 일이 없으니 되도록 신용카드로 환전받는 것이 좋다. 한국으로 아이슬란 드 크로나를 가지고 와도 다시 우리나라 원화로 바 꿀 수 없다는 점도 생각하자.

TAX FREE 란?
여행을 위해 방문한 국가에서 외국인이 여행 중에 구입한 물 품을 현지에서 사용하지 않고 자국으로 가져간다는 조건으로 여행 중에 구입한 물건(품)에 붙은 부가가치세를 말한다.

아이슬란드 여행 잘하는 방법

■ 도착하면 관광안내소(Information Center)를 가자.

어느 도시가 되도 도착하면 해당 도시의 지도를 얻기 위해 관광안내소를 찾는 것이 좋다. 특히 아이슬란드는 관광 안내가 잘 되어 있다. 공항에서 나오면 정면에 관광 안내소가 있다. 환전소는 왼쪽으로 돌아가면 찾을 수 있다. 물론 잘 몰라도 문의하면 친절하게 알려준다. 방문기간에 이벤트나 변화, 각종 할인쿠폰이 관광안내소에 비치되어 있다.

■ 심(Sim)카드나 무제한 데이터를 활용하자.

공항에서 시내로 이동을 할 때 자신의 위치를 알고 이동하는 것이 편리하다. 자신이 예약한 숙소를 찾아가는 경우에도 구글맵이 있으면 쉽게 숙소도 찾을 수 있어서 스마트폰의 필요한 정보를 활용하려면 데이터가 필요하다. 아이슬란드에서 심카드를 사용하는 것은 매우 쉽다.

심카드를 사용하는 방법은 쉽다. 심카드를

72

넣고 스마트폰을 껐다가 다시 켜면 된다. 이전에는 스마트폰을 보여주고 사용하려고 하는 날짜를 선택하면 매장의 직원이 알아서 다 갈아 끼우고 문자도 확인하여 이상이 없으면 돈을 받았지만 지금은 거의 없어졌다.

■ 아이슬란드 화폐 크로나인지 아닌지 확인해야 한다.

유럽의 대부분의 나라들이 EU에 가입되어 유로(€)를 사용하지만 아이슬란드는 자국의 화폐인 크로나^{Króna}를 사용한다. 북유럽의 국가들은 자국화폐를 사용하고 있다.

'유로(€)'를 사용하는 것에 대비해 미리 한국에서 필요한 돈을 환전해 가도 다시 환전이 필요하게 된다. 물론 아이슬란드는 대부분 신용카드만으로 이용이 가능하지만 언제 현금이 필요하게 될지 모르니 공항에서 환전을 하고 자신의 숙소로 이동하는 것이 현명하다.

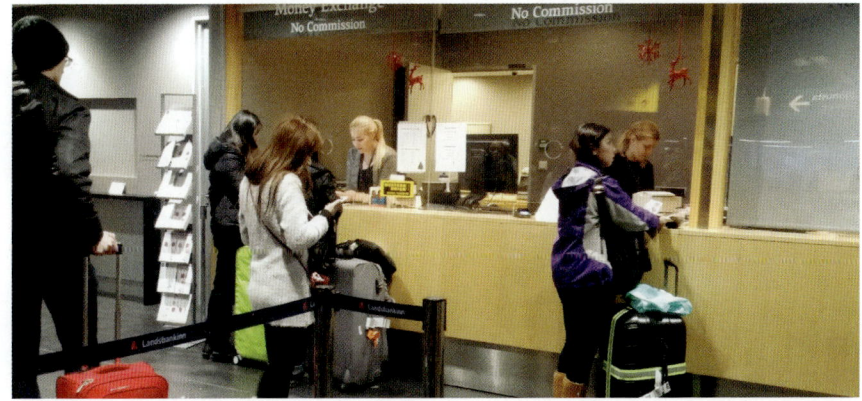

■ 렌트카로 여행할 것이 아니라면 버스로 아이슬란드에 대한 간단한 정보를 갖고 출발하자.

아이슬란드는 많은 여행자들이 렌트카로 여행을 하지만 렌트카로 여행을 하지 않는다면 버스를 많이 이용하기 때문에 버스가 중요한 여행의 교통수단이다. 그러니 버스시간이나 정류장 같은 정보를 아는 것이 필요하다. 어디서 버스를 타는지 비용은 얼마인지 등에 대한 버스정보를 몰라 당황하는 경우가 발생한다.

■ '관광지 한 곳만 더 보자는 생각'은 금물

아이슬란드의 대부분 도시들은 소도시이다. 소도시들은 대부분 하루 안에 도시를 둘러볼 수 있으므로 어렵지 않게 여행이 가능하다. 무리해서 관광지를 다 보고 오겠다는 생각을 하고 다니면 탈이 날 수 있다. 사람마다 생각이 다르겠지만 평생 한번만 갈 수 있다는 생각을 하지 말고 여유롭게 관광지를 보는 것이 좋다.
한 곳을 더 본다고 여행이 만족스럽지 않다. 자신에게 주어진 여행 기간 만큼 행복한 여행이 되도록 여유롭게 여행하는 것이 좋다. 아이슬란드는 여유롭게 지내면서 자신을 돌아볼 수 있는 여행지이다. 편안한 마음으로 여행한다면 오히려 더 여유롭게 여행을 하고 만족도도 더 높을 것이다.

 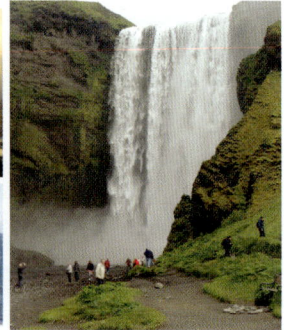

■ 아는 만큼 보이고 준비한 만큼 만족도가 높다.

아이슬란드의 관광지는 자연과학에 관련된 부분과 긴밀한 관련이 많다. 그런데 아무런 정보 없이 본다면 자연에서 아름답다만 생각하니 재미도 없고 본 관광지는 아무 의미 없는 장소가 되기 쉽다. 기본적인 아이슬란드 역사와 아이슬란드에서 볼 수 있는 자연과학에 관련한 정보는 습득하고 아이슬란드 여행을 떠나는 것이 준비도 하게 되고 아는 만큼 만족도가 높다.

■ 작은 문제에 대해 관대해져야 한다.

해외에서 단기간이든, 장기간이든 작은 다툼 등의 문제가 발생할 수 있다. 국내처럼 신경을 쓰지 않아도 다니기는 쉽지 않다. 그래서 작은 문제들이 발생한다면 빨리 문제를 잊고 감정을 추스르는 것이 필요하다. 고급 레스토랑에서 팁을 주는 것에서도 가끔씩 문제가 발생할 수 있다.

아이슬란드 숙소에 대한 이해

아이슬란드 여행 강의를 하면 가장 많이 하는 질문이 숙소에 대한 것이다. 대부분 아이슬란드 여행이 처음이기 때문에 숙소예약이 쉽지 않다. 특히 가장 큰 문제는 요금인데 물가가 높은 아이슬란드에서 가격대비 괜찮은 숙소를 예약할 수 있는 방법은 없을까 고민한다.

1. 해외여행에서 일반적인 호텔을 이용한다면 당연히 룸 안에 샤워실과 화장실이 같이 있다고 생각한다. 그러나 아이슬란드 호텔은 다르다. 호텔은 공용욕실부터 시작해 침낭을 가져가야 하는 호텔도 많다. 호텔을 예약할 때는 반드시 공용욕실을 이용하지 않으려면 다음 단계의 가격으로 선택해야 한다.
2. 아이슬란드의 수도인 레이캬비크만 호텔이 많지, 다른 소도시에는 호텔보다 개인이 운영하는 게스트하우스, 아파트가 많다. 아파트는 연인이나 가족, 단체 여행객들이 같이 요리를 하고 대화를 나눌 수 있는 큰 공간이 있어서 유용하다. 전국에 호텔보다 아파트와 게스트하우스가 숫자가 많아 어디에서나 저렴한 가격에 이용할 수 있다.
3. 아이슬란드 농장인 팜할러데이스도 통나무집 형태로 상당히 좋은 시설을 저렴하게 제공하고 있다. 아직 아이슬란드 여행은 레이캬비크와 남부지방을 제외하면 여름 성수기에도 농장은 예약하기가 쉽다.

숙소 예약 추천 사이트
부킹닷컴 www.booking.com
에어비앤비와 같이 가장 많이 이용하는 숙박예약 사이트이다. 부킹닷컴에서 아이슬란드를 대부분 도시 위주로 검색하여 숙소를 찾으면 숙박비가 비싸므로 자신이 이동하는 지역을 찾아 근처에서 숙소를 찾으면 편리하게 저렴한 숙소를 찾을 수 있다.

팜할러데이스 www.farmholidays.is
숙박은 물론 렌트카와 여행일정까지 질문할 수 있어 아이슬란드를 여행할 때 알고 있으면 유용하다. 팜할러데이스의 특징은 렌트와 숙박을 묶어 패키지 형식으로 제공하고 있어 자신에 맞게 선택하면 된다.
① 메뉴에서 MAP을 클릭하면 아이슬란드 지도가 나오면서 오른쪽에 숙박형태가 보일 것이다.
② Farmhouse, Farmer's guesthouse 등을 선택하면 된다. 궁금한 것은 메일로 질문할 수 있고 예약도 사이트에서 가능하다.

아이슬란드 여행이 처음이고 한 달 살기라면 숙소예약이 의외로 쉽지 않다. 짧은 자유여행이라도 아이슬란드는 숙소 선택이 난감해질 때가 많다. 아이슬란드 숙소의 전체적인 이해를 해보자.

숙소의 위치

아이슬란드 여행에서 관광객은 도시의 어느 곳에 숙소를 정해야 할지 고민하게 된다. 시내로 정할지 도시 외곽에 정할지 고민이다. 아이슬란드에서 수도인 레이캬비크와 제2의 도시인 아쿠레이리만 제외하면 어디에 숙소를 정해도 상관없다.

아이슬란드 여행에서는 렌트카로 여행하는 경우가 많기 때문에 자동차로 당일 여행이 끝나는 지점에 숙소를 정하는 것이 가장 편리하다. 숙소의 위치가 도심에서 멀어지면 숙소의 비용이 저렴해지므로 숙소의 비용이 저렴해지기도 한다. 결론적으로 숙소의 위치보다 자신이 해당일에 여행하는 마지막 지점이 중요하다. 처음 아이슬란드를 오는 사람들은 어디가 여행의 마지막 지점인지 파악이 쉽지 않다. 그래서 많이 여행하는 일정대로 2~3일 정도의 숙소를 예약하고 나서 도착하여 숙소를 정하는 것도 좋은 방법이다.

■ 숙소예약 앱의 리뷰를 확인하라.

숙소는 2010년대만 해도 호텔과 호스텔이 전부였다. 하지만 에어비앤비나 부킹닷컴 등을 이용한 아파트도 있고 다양한 숙박 예약 어플도 생겨났다. 가장 먼저 고려해야 하는 것은 자신의 여행비용이다. 항공권을 예약하고 남은 여행경비가 200만 원 정도라면 대략 절반 정도인 100만 원 이내의 숙소를 정하는 것이 좋다.

■ 내부 사진을 꼭 확인

숙소의 비용은 우리나라보다 비싸지만 시설이 좋지 않은 경우가 많다. 북유럽은 숙소가 필요한 것들만 들어있는 방들이 많아서 비싼 숙소비용이어도 생각만큼 좋지 않은 상황을 생각하는 것이 좋다. 반드시 룸 내부의 사진을 확인하고 선택하는 것이 좋다.

■ 숙소 예약 앱을 이용할 때 주의사항

에어비앤비나 부킹닷컴을 이용해 아파트를 이용하려면 숙소에 도착해 어떻게 주인과 만날 수 있는지 전화번호와 아파트에 도착할 수 있는 방법을 정확히 알고 출발해야 한다. 물론 농장인 팜할러데이스를 이용해도 마찬가지이다. 아파트에 도착했어도 주인과 만나지 못해 아파트에 들어가지 못하고 1~2시간만 기다려도 화도 나고 기운도 빠지기 때문에 여행이 처음부터 쉽지 않아진다.

아이슬란드 여행 비용

아이슬란드는 서유럽에 비하면 물가가 비싼 곳이다. 하지만 비싸다고 하여 모든 것들이 다 비싼 것이 아니기 때문에 오해를 하지 말아야 한다. 비싸다는 생각만으로 여행을 한다면 아이슬란드에서 배고픈 여행만 하고 실망할 가능성이 높다.

여행을 계획하고 실행에 옮기면 가장 많이 돈이 들어가는 부분은 항공권과 숙소비용이다. 또한 여행기간 동안 사용할 식비와 렌트카(버스) 같은 교통수단의 비용이 가장 일반적이다. 아이슬란드 여행을 했던 기억을 바탕으로 여행비용을 파악했다.

항목	내용	경비
항공권	아이슬란드로 이동하는 항공권이 필요하다. 항공사, 조건, 시기에 따라 다양한 가격이 나온다.	약 130~210만원
숙소	아파트나 호텔 등의 숙소가 필요하다. 홈스테이부터 숙소들을 부킹닷컴이나 에어비앤비 등의 사이트에서 찾을 수 있다. 또한 아이슬란드만의 농장인 팜할레데이스를 위한 전문 예약 사이트(어플)에서 예약하는 것도 추천한다.	하루 100,000~ 200,000원
식비	아파트 같은 숙소를 이용하려는 이유는 식사를 숙소에서 만들어 먹으려는 하기 때문이다. 아이슬란드의 대형마트에서 장을 보면 물가는 생각보다 저렴하다는 것을 알 수 있다. 외식물가는 비싸지만 아이슬란드 여행은 의외로 마트에서 구입해 식사를 하는 경우가 많다.	하루 약 30,000~200,000원
교통비	렌트카는 개인의 여행일정에 따라, 함께 여행하는 인원에 따라서 비용이 달라지고, 렌트카 회사마다 비용이 달라진다.	교통비 500,000~1,000,000원
TOTAL		250~450만원

아이슬란드 여행 준비물

아이슬란드 여행을 준비하면 아이슬란드가 춥다고만 생각하기 때문에 두꺼운 옷들만 챙기거나 아예 준비를 하지 않고 가는 경우가 많다. 하지만 아이슬란드의 여름여행에서는 가을정도의 날씨를 대비해 긴옷에 얇은 옷들을 여러벌 겹처입는 것이 보온에도 좋다. 왜냐하면 아이슬란드 추위의 대부분은 바닷바람이 주원인이기 때문이다.

아이슬란드 여행을 가기 전에 준비물 체크리스트를 보고 준비하면 편리할 것이다. 또한 렌트카여행을 다니는 특성으로 이동중에 점심 먹을 레스토랑을 찾기 힘들 수도 있다. 아파트나 게스트하우스에서 숙박을 정했다면 저녁에는 숙소에서 해결해야 할 수도 있기 때문에 출발 전에 아이슬란드에서 먹을 식량도 챙겨가면 유용하게 끼니 해결이 될 것이다.

분야	품목	개수	체크(V)
생활용품	수건(수영장이나 온천이용시 필요)	2~4	
	썬크림	1	
	치약(2개)	2	
	칫솔(2개)	2	
	샴푸, 린스, 바디샴푸	1	
	숟가락, 젓가락		
	카메라		
	메모리		
	두통약		
	방수자켓(우산은 바람이 많이 불어 유용하지 않음)		
	트레킹화(방수)		
	멀티어뎁터		
식량	쌀		
	커피믹스	1	
	라면	10	
	깻잎, 캔 등	10	
	고추장, 쌈장	3	
	전투식량	5	
	김	10	
	동결 건조김치	5	
	즉석 자장, 카레	5~10	
약품	감기약, 소화제, 지사제		
	진통제		
	슬리퍼		
	대일밴드		
	패딩점퍼		
	감기약		

아이슬란드 여행 계획 짜기

■ '점'이 아니라 '선'을 따라가는 여행이라는 차이를 이해하자.

아이슬란드 여행강의나 개인적으로 질문하는 대다수가 여행일정을 어떻게 짜야할지 막막하다는 물음이었다. 해외여행을 몇번씩 하고 여행에 자신이 있다고 생각한 여행자들이 아이슬란드 여행을 자신만만하게 준비하면서 실수를 하는 경우가 많다. 예를 들어 우리가 유럽여행에서 런던에 도착을 했다면 3~5일 정도 런던의 숙소에서 머무르면서 런던을 둘러보고 다음 도시로 이동을 한다. 하지만 아이슬란드는 대부분 1번의 링로드를 따라 이동하기 때문에 자신이 이동하려는 지점을 정하여 일정을 계획해야 한다. 다시 말해 유럽은 각 도시를 점으로 생각하고 점을 이어서 여행 계획을 만들어야 한다면 아이슬란드는 도시가 중요하지 않고 이동거리(㎞)를 계산하여 여행계획을 짜야 한다.

밑의 샘플 아이슬란드 일정은 가장 일반적으로 아이슬란드를 여행하는 일정으로 계획해 두었는데 이동하는 지점마다 이동거리를 표시해 두었다. 이 일정을 참고해 자신이 아이슬란드의 여행 기간이 길면 링로드에서 벗어나 다른 관광지를 추가하거나 이동거리를 줄여서 여행한다고 생각하여 일정을 만들면 쉽게 여행계획이 만들어진다.

일정표

No.	일정	거리(㎞)
1일차	레이캬비크 시내관광	
	레이캬비크	
	싱벨리어 (Thingvellir)	52
	게이시르 (Geysir)	
	굴포스 (Gullfoss)	9.7
	셀포스 (Selfoss)	16.1
	이동거리	**195.2**
	셀랴란즈포스 (Seljalandsfoss)	70.3
	스코가포스 (Skogarfoss)	13.8
	디르홀레이 (Dyrholay)	27.7
3일차	레이니스피아라 (Reynisfiara)	19.9
	비크 (Vik)	10.8
	스카프타펠 (Skaftafell) 국립공원 & Svartifoss	140
	이동거리	**297.9**

No.	일정	거리(㎞)
4일차	스카프타펠 (Skaftafell) 국립공원 – 트레킹 4시간 바트나요쿨 (Vatnajokull)	
	요쿨살론 (Jokulsalon)	56.6
	호픈 (Hófn)	79.8
	이동거리	**136.4**
	듀피보구르 (Djupivogur)	104
	흐발네스 (Hvalnes), 호르나 전망대	
5일차	에이일스타디르 (Egilsstadir)	86
	세이디스피요르 (Seyðisfjörður)	26.4
	에이일스타디르 (Egilsstadir)	26.4
	이동거리	**242.8**
	데티포스 (Dettifoss)	161
6일차	크라플라 화산지대 (Krafla Geothermal Area) Viti 분화구 트레킹(30분~4시간까지 다양함) 레이흐르뉴크르 (Leirhnjukur) – 필수코스!!	71.3
	흐베리르 (Hverir) 화산지대 – 1시간	
	미바튼 (Myvatn)	24.3
	고다포스 (Godafoss)	39.7
	이동거리	**296.3**

No.	일정	거리(㎞)
7일차	오전에 전 날 못 둘러본곳 보기	
	후사비크 (Husavik) – 고래투어(1시 투어 목표)	47.2
	아쿠레이리 (Akureyri) 7시 도착 목표	93.6
	이동거리	**140.8**
8일차	오전에 아쿠레이리 둘러보기	
	달비크	41.6
	사그루피요르	34.9
	호프소스 (Hofsos)	60.3
	글라움베어 (Glaumbaer)	51.5
	이동거리	**307.3**

No.	일정	거리(㎞)
9일차	스티키스홀뮈르 (Stykkisholrmur)	200
	그룬다피요르 (Grundafjordur) 마을	39.1
	스나이펠스요쿨 (Snaefellsjoekull) 국립 공원	56.7
	아르나르스타피 (Arnarstapi)	8.8
	이동거리	**381.3**
10일차	흐라운포사르 (Hraunfossar)	106
	레이크홀트 & 데일라르툰구르베르 (Reykholt & Deildartunguhver) – 흐라운포사르 서쪽에 위치한 작은 마을	17.4
	트레킹	
	2시까지 레이캬비크 도착 목표	14.8
	이동거리	**238.2**

■ 여름에는 백야를 겨울에는 극야를 알고 여행을 계획하자.

아이슬란드는 위도 65도에 위치하여 6~8월에 밤 12시에 해가 진다. 심지어 7월 초에는 아예 해가 안 지는 느낌도 받는다. 여름 여행에서는 낮의 길이가 길어 이동거리가 길어지기도 하고 오전에 일찍 출발하지 않고 오후에 출발해도 이동거리에는 영향을 받지 않는다. 반대로 겨울에는 10~4시 사이에 해가 진다. 밤의 길이가 매우 길어지는 극야로 오로라를 보기 위해 아이슬란드를 여행하는 관광객도 늘어났다. 마치 아이슬란드인들이 아침에 출근하는 모습이 저녁에 퇴근하는 모습처럼 느껴지기도 하니 9시까지 출근하는 우리의 모습과는 다른 장면이 아이슬란드에서 펼쳐진다.

예를 들어, 낮의 길이가 짧기 때문에 오전 10시 이후에 레이캬비크에서 출발하여 골든 서클을 보러가면 싱벨리어 국립공원을 보고 나면 해가 질듯할 수도 있다. 이때 시계를 보면 오후 1시 밖에 되지 않았지만 우리나라의 겨울에 4시 이후 같다. 그래서 게이시르를 지나 굴포스에 도착하면 어느새 해가 져서 굴포스의 저녁장면을 사진에 담을 수도 있을 것이다. 해가 뜨고 지는 시간이 짧으니 이동거리가 짧아지는 만큼 일정도 길어져야 할 것이다.

데티포스
[Dettifoss]

후사비크
[Husavik]

크라플라
[Krafla]

미바튼
[Myvat]

에이일스타디르
[Egilsstaðir]

세이디스피오르드
[Seyðisfjörður]

두피보구르
[Djupvogur]

흐픈
[Höfn]

요쿨살론
[Jökulsárlón]

스카프타펠
국립공원
[Skaftafell]

디르홀레이 비치
(검은모래)
[Dyrholaey]

비크
[Vik]

스코가포스
[Skógafoss]

셀라란즈포스
[Seljalandsfoss]

블루라군
[Blue Lagoon]

케플라비크 국제공항
[Keflavik International Airport]

레이캬비크
[Reykjavik]

싱벨리어국립공원
[Thingvellir]

게이시르
[Geysir]

굴포스
[Gullfoss Waterfall]

보르가네스
[Borgarnes]

그라브록
[Grabrok]

스티키스홀뮈르
[Stykkisholmur]

스나이펠스요쿨
[Snaefellsjökull]

글라움베어
[Glaumbear]

아쿠레이리
[Akureyri]

고다포스
[Godafoss]

달비크
[Dalvik]

한글-(Da

187km(약 2시간 30분~3시간 20분) 3일차

291km(약 1시간) 3일차

8km(약 10~20분)

54km(약 1시간)

52km(약 1시간) 7일차

40km(약 50분)

138km(약 1시간 20분)

185km(약 2시간) 8일차

176km(약 1시간 30분~2시간) 9일차

63km(약 1시간)

39km(약 1시간)

143km(약 3~4시간 30분)

104km(약 1시간 30분)

80km(약 1시간)

56km(약 50분)

140km(약 1시간 30분~2시간)

19km(약 20분) 3일차

28km(약 40분)

3일차

3일차

2일차

1일차

4일차

아이슬란드 추천 일정

13박 14일 아이슬란드 탐험 코스

레이캬비크(2) – 골든서클(1) – 란드만나라우가 트레킹(2) – 스코가포스 – 디르홀레이 – 비크 – 요쿨살론 – 호픈(1) – 듀피보구르 – 에이일스타디르 – 세이디스피요르(1) – 데티포스 – 크라플라화산지대 – 미바튼(1) – 아쿠레이리(1) – 후사비크(1) – 서부 스나이펠스네스반도(2) – 블루라군(1)

10박 11일 구석구석 아이슬란드 일주코스

레이캬비크(2) – 골든서클(1) – 스코가포스 – 디르홀레이 – 비크 – 요쿨살론 – 호픈(1) – 듀피보구르 – 에이일스타디르 – 세이디스피요르(1) – 데티포스 – 크라플라화산지대 – 미바튼(1) – 아쿠레이리(1) – 후사비크(1) – 서부 스나이펠스네스반도(1) – 블루라군(1)

8박 9일 인기 있는 아이슬란드 코스

레이캬비크(1) – 골든서클(1) – 스코가포스 – 디르홀레이 – 비크 – 요쿨살론 – 호픈(1) – 듀피보구르 – 에이일스타디르 – 세이디스피요르(1) – 데티포스 – 크라플라화산지대 – 미바튼(1) – 아쿠레이리(1) – 블루라군(1) – 레이캬비크(1)

7박 8일 아이슬란드 일주코스

레이캬비크(1) – 골든서클(1) – 스코가포스 – 디르홀레이 – 비크 – 요쿨살론– 호픈(1) – 듀피보구르 – 에이일스타디르 – 세이디스피요르(1) – 데티포스 – 크라플라화산지대 – 미바튼(1) – 아쿠레이리(1) – 블루라군(1)

편안한 레이캬비크근교 투어코스

레이캬비크(2) – 골든서클(1) – 서부 스나이펠스네스반도(2) – 스코가포스 – 디르홀레이 – 비크 – 요쿨살론 – 호픈(1) – 블루라군(1)

5박 6일 효도관광코스

레이캬비크(2) – 골든서클(1) – 서부 스나이펠스네스반도(1) – 블루라군(1)

2박 3일 유럽인들의 단기여행코스

레이캬비크(1) – 골든서클 – 블루라군(1)

엑티비티 중심의 아이슬란드 여행(10일)

| 누구와? | 아이슬란드의 자연 속에서 엑티비티를 즐기고 싶은 여행자에게 추천

| 여행 일정 | 일반적인 엑티비티는 4시간 이상이 소요되므로
10일 정도 시간이 필요하다

| 엑티비티 | 래프팅, 스노클링, 빙하 트레킹, 빙하 보트 투어,
동굴 체험, 고래 투어, 낚시, 블루라군, 미바튼 네이처 바스

| 숙 박 | 엑티비티는 여유롭게 시간이 필요하므로 일정이 뒤바뀔 수 있다.
3일 정도의 숙박만 미리 예약한다

일차	시간	일정	km	분	비고	숙소
1일차	09:10	케플라비크 도착			핀에어로 헬싱키에서 08:45 출발	레이캬비크
		렌터카 인수			간단한 장보기	
		레이캬비크	50	45	시내 관광, 장보기	
		*총거리				

일차	시간	일정	km	분	비고	숙소
2일차	08:00	싱벨리어	49	60		굴포스
		게이시르	60	30		
		굴포스	10	15		
		*총거리				
3일차		스코가포스				스카프타펠 숙박
		디르홀레이	50	50		
		비크				
		스카프타펠(빙하 트레킹)				
		*총거리	315			
4일차		요쿨살론			빙하 보트 투어	데티포스
		호픈				
		듀피보구르	104			
		*총거리	318			
5일차		에이일스타디르	86			
		데티포스				
		*총거리	365		화산 지대	
6일차		크라플라	169			미바튼
		미바튼	24		호수 걷기, 온천	
		고다포스	40			
		후사비크				
		*총거리				
7일차		아쿠레이리	53	50	시내 관광	글라움베어
		달빅				
		*총거리	193			
8일차		글라움베어(잔디지붕마을)	101			레이캬비크
		그라브록	199			
		보르가네스	31		2중 분화구	
		레이캬비크	75			
		블루라군			시내 관광	
		*총거리	305			
9일차		레이카비크			스나이펠스네스 반도 여행으로 변경 가능	공항 근처
		케플라비크 국제공항	50			
10일차		케플라비크 국제공항 07:20 출발				아이슬란드 여행 종료
		헬싱키				
		인천				
	참조	*래프팅, 빙하 트레킹, 빙하 보드 투어, 고래 투어, 낚시, 블루라군, 미바튼 네이처 바스				

아이슬란드 여행 표준 (6박 7일)

| **누구와?** | 시간이 없는 직장인에게 특히 추천하는 여행

| **여행 일정** | 아이슬란드 여행의 가장 일반적인 일정

| **엑티비티** | 블루라군, 미바튼 네이처 바스, 빙하 트레킹, 고래 투어

| **숙 박** | 시간이 빠듯하니 숙박은 미리 모두 결정할 것

	여정	km	분	비고	숙소
1일차	• 케플라비크 도착				스코가포스
	• 렌터카 인수				
	• 레이캬비크	50	45	간단한 장보기	
	• 싱벨리어	49	60		
	• 게이시르	60	30		
	• 굴포스	10			
	• 스코가포스				
2일차	• 디르홀레이				호픈
	• 비크				
	• 요쿨살론			빙하 보트 투어	
	• 호픈				
3일차	• 듀피보구르	104			데티포스
	• 에이일스타디르	86			
	• 세이디스피오르	24		화산 지대	
	• 데티포스	48		데티포스 근처까지 이동	
4일차	• 고다포스	40			아쿠레이리
	• 후사비크	53		고래 투어	
	• 아쿠레이리				
5일차	• 글라움베어	101		잔디지붕마을	레이캬비크
	• 그라브록	199		2중 분화구	
	• 레이캬비크	99		시내 관광	
6일차	• 레이캬비크			시내 관광 – 파이프오르간 연주 관람	공항 근처 숙박
	• 케플라비크 국제공항	50			
	*총거리	1546			
7일차	• 케플라비크 국제공항 출발				아이슬란드 여행 종료

아이슬란드 세부 여행(12일)

| **누구와?** | 2주일 이상 여행이 가능한 여행자

| **여행 일정** | 아이슬란드를 천천히 자세히 보고 싶은 일정

| **엑티비티** | 달빅에서 달빅 고래 투어 추천
서부 지방의 지구 속 여행의 무대인 동굴 탐험 추천
스카프타펠 빙하 트레킹
블루라군, 미바튼 네이처 바스

| **숙 박** | 여행 일정 이동이 힘들지 않으니 미리 숙박은
예약하면 편하다

날짜	여정	엑티비티	숙소	비고
1일차	• 레이카비크 시내	블루라군		렌터카 픽업
2일차	• 골든서클 루트 • 싱벨리어 국립공원 • 게이시르 • 고다포스	싱벨리어 국립공원 스노클링	골든서클 (싱벨리어 국립공원, 게이시르, 굴포스)	

날짜	여정	엑티비티	숙소	비고
3일차	• 골든서클 → 비크 이동 • 케리오 분화구 • 셀랴란드포스 • 스코가포스 • 검은 모래 해변 • 솔헤이마센두르 플레인 렉 • 스카프타펠 국립공원	출발 전 마트 장보기		
4일차	• 스카프타펠 → 호픈 이동 • 스카프타펠 국립공원 빙하 트레킹 • 스바르티포스	스카프타펠 빙하 트레킹 보트 관람 @Jokulsarlon Glacial Lagoon	스카프타펠	
5일차	• 호픈 → 에이일스타디르 이동 • 동쪽 피오르드 지방		호픈	
6일차	• 에이일스타디르 → 미바튼 이동 • 데티포스 • 스쿠투스타오기가 분화구 • 크라플라 지대 • 미바튼 호수	미바튼 네이처 바스	에이일스타디르	
7일차	• 미바튼 → 후사비크 이동 • 미바튼 호수 자전거 투어 • 고다포스 • 후사비크 고래 투어	고래 투어 & 낚시	미바튼	
8일차	• 후사비크 → 아쿠레이리 이동 • 아쿠레이리 이동 • 시내 투어 • 박물관 투어 • 달빅 숙박	아쿠레이리 수영장 즐기기	아쿠레이리	
9일차	• 달빅 → 서부 스나이펠스네스 반도 이동 (약 5시간 소요) • 이동 중간 글라움베어 • 잔디지붕마을 체험 • 그라브록 2중 분화구 • 스티키스홀위르			
10일차	• 서부 시장 → 레이캬비크 이동 • 스나이펠스네스 국립공원 • 지구 속 여행 동굴 체험 • 레이캬비크 이동		스나이펠스네스	
11일차	• 레이캬비크 → 블루라군 • 블루라군		온천 수영장 즐기기	
12일차	• 케플라비크 국제공항 출발		골든서클	

아이슬란드 항공 이용

모든 국제선 항공은 레이캬비크^{Reykjavik}에서 49㎞ 떨어진 케플라비크^{Keflavik} 국제공항으로 도착한다. 모든 항공기가 도착하면 도착시간에 맞춰 공항버스가 있고 레이캬비크 중심가에서 1.5㎞ 떨어진 BSI버스터미널까지 이동하여 다시 각 지역의 숙소로 분리하여 재 탑승한 후 숙소까지(45분 소요) 데려다 준다. 티켓은 공항 출구에 있는 버스 티켓 창구에서 살 수 있다.

아이슬란드에어^{Icelandair}가 아이슬란드로 가는 대부분의 항공이다. 핀에어^{Finair}, 스칸디나비아 항공(SAS)를 타고 헬싱키나 코펜하겐 등의 경유를 해도 결국 마지막에는 아이슬란드 에어를 타고 케플라비크로 도착한다. 코드쉐어로 아이슬란드로 들어가는 노선은 아이슬란드 에어가 책임지고 있다. 아이슬란드 에어는 약 39개의 유럽과 북미를 잇는 노선이 있다.

여름에는 최저 가격에 구입하기 위해서는 미리 예약하는

것이 좋다. 런던에서 아이슬란드에어가 운항되는 곳은 히드로London Heathrow공항, 게트윅 London Gatwick이다. 유럽에서는 암스테르담, 바르셀로나, 코펜하겐, 프랑크푸르트, 헬싱키, 오슬로, 파리, 스톡홀름, 북미에서는 보스턴, 덴버, 핼리팩스, 미니애폴리스, 뉴욕, 올랜도, 시애틀, 토론토, 워싱턴 D.C에서 운항된다. www.icelandair.co.uk 또는 www.icelandair.com 에서 예약 가능하다.

아이슬란드로 가는 저가항공

이지젯(EasyJet)
아이슬란드로 가는 노선이 늦게 생겼지만 런던 루튼 공항(London Luton)에서는 매일 1회이상, 에든버러(Edinburgh), 맨체스터 (Manchester)에서 일주일에 두 번 정도 출발한다. 항공권 가격의 차이가 와우 항공처럼 심하지는 않다.
▶ 홈페이지 _www.easyjet.com

와우 에어(WOW Air)
와우 에어(WOW Air)의 항공권 가격은 자주 바뀌며 일찍 예약할수록 매우 저렴한 가격에 살 수 있다. 런던은 게트윅 공항과 루튼 공항, 코펜하겐 공항에서는 연중 내내 출발하며, 알리 칸테(Alicante), 바르셀로나(Barcelona), 베를린(Berlin), 파리(Paris), 짤츠부르크(Salzburg), 빌 뉴스(Vilnius), 바르샤바(Warsaw)에서는 매주 1회 출발하고 있다. 매년 노선이 달라지므로 최 신 노선을 확인해야 한다.
▶ 홈페이지 _www.wowair.com

국내 항공사인 에어 아이슬란드(Air Iceland)
페로제도 또는 그린란드 사이를 연결하는 노선을 운행한다.

항공 동맹

각 항공사들은 서로 제휴를 통해 자신들이 취항하지 않는 도시나 나라의 영역을 넓혀서 좌석을 공유(코드쉐어)하 는 항공동맹을 맺어 마일리지를 공유하고 공동 마케팅을 한다.

스카이팀(Skyteam) | www.skyteam.com
대한항공, 네덜란드항공, 러시아항공, 아르헨티나 항공, 멕시코 항공, 에어유로파, 에어프랑스, KLM, 알리텔리아, 중화 항공, 동방 항공, 남방 항공, 체코 항공, 델타 항공, 케냐 항공, 사우디아라비아 항공, 타롬루마니아 항공, 베트 남 항공, 샤먼 항공, 가루다인도네시아 항공, 중동 항공 등

스타얼라이언스(Staralliance) | www.staralliance.com
아시아나 항공, 스칸디나비아 항공, 아드리아, 에어웨이, 아게안 항공, 에어 캐나다, 에어 차이나, 에어 인디아, 에 어 뉴질랜드, 아나 항공, 오스트리아 항공, 브뤼셀 항공, 크로아티아 항공, 이집트 에어, 에티오피아 항공, 에바 항 공, 폴란드 항공, 루프트한자, 싱가포르 항공, 남아프리카 항공, 스위스 항공, 포르투갈 항공, 타이 항공, 터키 항공, 유나이티드 항공

원월드(Oneworld) | www.oneworld.com
핀 에어, 영국 항공, 일본 항공, 에어 베를린, 아메리칸 항공, 케세이퍼시픽 항공, 란 항공, 말레이시아 항공, 콴타스 항공, 로얄 요르단 항공, S7 항공, 카타르 항공, 스리랑카 항공, 이베리아 항공

버스 / 페리 노선도

아르스코가산두르Árskógssandur → 흐리세이Hrísey

3월부터 10월까지 새바르Sævar페리가 매일 2시간 운
행한다.(월~금 07:20~21:30, 토~일 09:30 / 왕복
1,700kr) 여름에는 주중에 아쿠레이리에서 버스가 제공
된다.
▶ 전화 : 695-5544
▶ 홈페이지 : www.hrisey.net.

스티키스홀무르Stykkishólmur → 플라테이Flatey
→ 브랸스래쿠르Brjánslækur

카페리carferry 발두르Baldur가 6월 중순~8월 말까지 매
일 두 번, 오전 9시와 오후 3시 45분에 스티키스홀무르
Stykkishólmur를 출발한다. 브랸스래쿠르Brjánslækur에서
돌아오는 시간은 오후 12시 15분과 오후 7시이다. 여름
철에는 중간에 항상 플라테이Flatey 섬에 들른다. 만일
플라테이 섬에서 머무르고 싶다면, 다음에 오는 페리를
타면 된다. 브랸스래쿠르에서는 서부 피오르드의 여러 마을
들 사이를 연결하는 버스는 여름철에만 운행된다.
▶ 요금 : 5,950kr, 16~20세 3,475kr, 16세 미만 무료
 5m까지의 차량 4,950kr 추가(차량을 싣기 위해서는
 예약 필수)
▶ 전화 : 433-2254
▶ 이메일 : seatours@seatours.is.
▶ 홈페이지 : www.seatours.is.
이 외의 기간 : 매일, 일요일까지(5월말/7월
초/8월말/9월초에는 토요일 추가) 1회 운행한다. 스티
키스홀무르Stykkishólmur에서는 오후 3시(토요일은 오전
9시), 브랸스래쿠르에서는 오후 6시(토요일은 오후 12
시)에 출발한다.(2시간 30분 소요)

란데야르호픈Landeyjarhöfn → 헤이마에이Heimaey

베스트만네야르Vestmannaeyjar 흐볼스볼루르Hvolsvöllur에서
남동쪽으로 30km 떨어진 란데야르호픈Landeyjarhöfn항구
에서 가는 페리(소요시간 약 35분)가 5월 중순~9월 중
순까지 화요일 4번, 수요일~월요일 5번 운행되며, 9월
중순~5월 중순까지는 매일 4번 운행된다. 차량을 싣
고 이동하려는 여행자는 차량을 싣기 위해 최소, 출발
30분 전까지 예약해야 한다.
날씨가 좋지 않을 경우에 베스트만네야르Vestmannaeyjar
페리는 란데야르호픈Landeyjarhöfn으로 가는 대신 본토의
쏘르라크스호픈Þorlákshöfn항구로 이동한다. (2시간 45분
소요)

※레이캬비크에서 란데야르호픈Landeyjarhöfn항구까지
가는 버스
페리 출발 시간 2시간 30분 전에 레이캬비크 시내에서
출발.
▶ 전화 : 540-2700
▶ 이메일 : www.straeto.is

쏘르라크스호픈Þorlákshöfn → 헤이마에이Heimaey
(Vestmannaeyjar) : 겨울철(매일 2번)
▶ 요금 : 1,260kr(편도), 차량 소지자 2,130kr
 (1대, 5m까지 제한)
▶ 홈페이지 : www.herjolfur.is.

달비크Dalvik → 그림세이Grimsey(흐리세이Hrisey 경유)
더 사파리The Sæfari가 월, 수, 금 오전 9시에 달비크
Dalvik에서 출발하여 3시간 후에 그림세이Grimsey에 도
착하고, 오후 4시에 그림세이Grimsey에서 출발한다.
아쿠레이리와 달빅을 연결하는 버스
▶ 요금 : 9,800kr(왕복)
▶ 홈페이지 : www.straeto.is
▶ 전화 : 458-8970, 853-2211
▶ 홈페이지 : www.landflutningar.is/saefari.

이사파르다르듐İsafjarðardjúp → 요쿨피르디르Jökulfirðir
→ 호른스트란디르Hornstrandir
여름에만 이사피오르두르İsafjörður에서 서부 피오르드
의 다른 장소들로 가는 페리가 있다. 출발 날짜와 소요
시간이 다 다르며, 각각의 구간은 모두 가격이 다르다.
▶ 전화 : 456-5111
▶ 이메일 : westtours@westtours.is.
▶ 홈페이지 : www.vesturferdir.is.

641 641a
SBA3
SBA 1 SBA 1a
SBA4
661 661a
SBA 2 SBA 2a
17 17a
62 62a
SBA5
14 14a
10 10a
9 9a

▲레이캬비크 익스커젼스
▲SBA-노르뒤르레이드
▲스테르나
▲아이슬란드 익스커젼스
▲아이슬란드 가이디드 투어스
▲버스트레블 아이슬란드

아이슬란드 버스/ 버스투어

아이슬란드는 아이슬란드를 둘러싸고 있는 1번도로를 따라 자동차로 여행하는 것이 편하게 세세히 여행하는 방법이다. 이 1번도로를 반지의 '링' 같다고 해서 링로드라고 부른다. 여름에는 투어버스나 버스 티켓을 이용해 아이슬란드 일주와 일부분 여행도 할 수 있다. 겨울에는 노선이 많이 줄어들어 수도인 레이캬비크 근처와 남부를 주로 이용할 수 있다. 아이슬란드는 렌터카를 이용하여 여행하는 경우가 더 많지만 요즈음은 가까운 서부나 남부는 버스를 타고 여행하기도 한다. 또한 투어를 이용하여 아이슬란드를 일주하는 경우도 많다. 유럽의 젊은 청춘들은 자전거를 타고 한 달 정도의 기간을 잡아 아이슬란드를 일주하기도 한다. 혼자서 아이슬란드를 여행할 때 렌터카를 이용하면 교통 비용이 더 많이 든다. 렌터카는 두 명 이상이 여행할 때 주로 이용하는 방법이다. 홀로 여행할 때는 교통 경비도 줄이고 다른 여행자들을 사귈 수도 있는 버스투어를 추천한다.

아이슬란드 장거리 버스는 4개의 회사가 운영하고 있다. 관광객의 증가로 소규모 버스 회사가 많아지고 있다. 버스 회사는 BSI라는 조직에서 관리하기 때문에 BSI 버스터미널(레이캬비크 시내지도 참조)로 가면 레이캬비크에서 출발하는 모든 버스 투어의 정보를 알 수 있다.
또한 버스패스도 구입이 가능하다. 관광안내소에 가면 버스투어와 버스패스에 대한 설명을 들을 수 있고 구입도 가능하다. 대부분의 노선은 6~9월에 1번도로를 따라 주요 도시와 서부 피오르드 지역으로 가도록 운영된다. 10월부터는 일부 구간에서만 버스 운행이 되니 BSI에서 확인해야 한다. 단, 노선버스는 하루에 1회 정도 운행하므로 시간을 잘 확인해서 여행 루트를 짜야 한다.

스테르나 버스패스

패스 종류	가격	운행 지역
풀서클 패스포트 (Full circle passport)	35,000kr	1번도로를 따라 도는 순환도로를 한쪽 방향으로 한 바퀴 돌 수 있는 패스로 원하는 곳에서 내릴 수 있다.
풀서클 & 서부 피오르드 (Full circle & the Westfjords passport)	51,000kr	풀서클 패스포트에 서부 피오르드 지역을 볼 수 있는 패스
아이슬란드 서부 & 서부 피오르드 (The West of Iceland & the Westfjords passport)	25,000kr	서부 피오르드와 스나이펠스네스 반도를 돌아오는 패스
스나이펠스네스 반도 (Snæfellsnes passport)	16,000kr	레이캬비크에서 출발해 스나이펠스네스 반도를 한 바퀴 돌아 다시 레이캬비크로 돌아오는 패스

※분실 시 재발급받을 수 있으나 환불은 받을 수 없다. 스테르나패스는 타고 지나간 코스는 다시 탈 수 없으니 조심해서 패스를 타야 한다. 다시 돌아가려면 추가로 패스를 구입해야 하기 한다.

레이캬비크 익스커전스 버스패스

패스 종류	가격	운행 지역
하이라이트 패스포트 (Highlights passport)	38,000~ 65,000kr	레이캬비크 근교와 남부, 즉 싱벨리어 국립공원, 게이시르, 굴포스, 란드만나라우가, 요쿨살론 등을 여행할 수 있는 패스이다.
하이랜드 서클 (Highland circle passport)	51,000kr	아이슬란드의 높은 지역인 스프랑기산뒤르, 키윌뤼르를 통과해 아이슬란드 북부를 돌아보는 패스

※레이캬비크 익스커전스 회사의 6, 9, 10, 11, 12, 14, 15, 16번 버스와 SBA-노르뒤르레이드 회사의 610, 641, 661번 버스를 무제한
으로 이용할 수 있는 장점이 있다.

아이슬란드를 운행하고 있는 버스 회사와 운행 지역

버스 회사	홈페이지	운행 지역
레이캬비크 익스커전스 (+354-580-5400)	www.re.is	케플라비크 국제공항과 레이캬비크의 구간과 골든서클, 남부 아이슬란드 노선
SBA-노르뒤르레이드 (+35-550-0700)	www.sba.is	아이슬란드 북쪽 지역(아쿠레이리와 근교)과 동부 지역(에이일스타디르와 세이디스피오르)
스테르나 (+354-551-1166)	www.sterna.is	아이슬란드 전역을 운행하고 있는 유일한 회사
스토르누빌라르 (+354-456-5518)	www.stjornubilar.is	서부 피오르드 지역을 운행하는 유일한 회사

아이슬란드의 투어 회사들

아이슬란드에는 많은 투어 회사가 운영되고 있다. 관광객이 늘어나고 있어 작은 규모의 회
사가 계속 설립되고 있다. 레이캬비크에서 근교를 운행하는 투어가 가장 많고, 남부 아이
슬란드를 운행하는 경우가 다음으로 많다.

요즘은 서부의 스나이펠스네스 반도를 운행하는 회사들도 조금씩 늘고 있다. 그래서 레이
캬비크 근교와 남부는 투어를 이용하여 여행하거나 렌터카를 이용하는 경우가 대부분이
다. 아이슬란드 북부와 동부를 여행할 때는 버스패스를 이용한다.

레이캬비크에서 투어를 운영하는 대표적인 투어 회사들

버스 회사	홈페이지	운행 지역
아이슬란드 가이디드 투어스 (+354-580-5400)	www.icelandguiededtours.is	케플라비크 국제공항과 레이캬비크의 구간과 골든서클, 남쪽 아이슬란드 노선
버스트레블 아이슬란드 (+354-511-2600)	www.bustravel.is	아이슬란드 북쪽 지역(아쿠레이리와 근교)과 동부 지 역(에이일스타디르와 세이디스피오르)
아이슬란드 익스커전스 (+354-551-1166)	www.icelandexcurssions.is	아이슬란드 전역을 운행하고 있는 유일한 회사

※레이캬비크 익스커전스와 스테르나에서도 레이캬비크 근교와 남부로 가는 투어 상품을 운영하고 있다.

아이슬란드 렌트카 예약하기

글로벌 업체 식스트(SixT)

① 식스트 홈페이지(www.sixt.co.kr)로 들어간다.

② 좌측에 보면 해외예약이 있다. 해외예약을 클릭한다.

③ Car Reservation에서 여행 날짜별, 장소별로 정해서 선택하고 밑의 Calculate price를 클릭한다. (대부분은 케플라비크 공항에서 선택을 많이 함)

④ 차량을 선택하라고 나온다. 이때 세 번째 알파벳이 "M"이면 수동이고 "A"이면 오토(자동)이다. 우리나라 사람들은 대부분 오토를 선택한다. 차량에 마우스를 대면 Select Vehicle가 나오는데 클릭을 한다.

⑤ 차량에 대한 보험을 선택하라고 나오면 보험금액을 보고 선택하고 밑에는 Gravel Protection은 자갈에 대한 차량문제일 때 선택하라는 말이고, 세 번째는 ash and sand로 말 그대로 화산재나 모래로 차량에 문제일 때 선택을 하라는 이야기이다. 선택을 하고 넘어간다. 이때 세 번째에 나오는 문장은 패스하면 된다.

⑥ Pay upon arrival은 현지에서 차량을 받을 때 결재한다는 말이고, Pay now online은 바로 결재한다는 말이니 본인이 원하는 대로 선택하면 된다. 이때 온라인으로 결재하면 5%정도 싸지지만 취소할때는 3일치의 렌트비를 떼고

환불을 받을 수 있다는 것도 알고 선택하자. 다 선택하면 Accept rate and extras를 클릭하고 넘어간다.

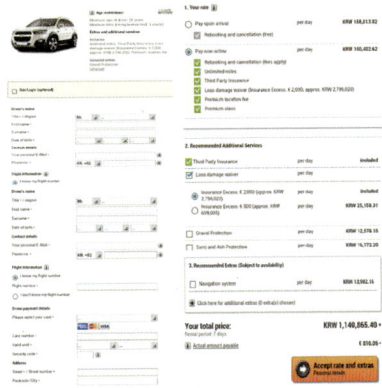

[7] 세부적인 결재정보를 입력하는데 *가 나와 있는 부분만 입력하고 밑의 Book now를 클릭하면 예약번호가 나온다.

[8] 예약번호와 가격을 확인하고 인쇄해 가거나 예약번호를 적어가면 된다.

[9] 이제 다 끝났다. 현지에서 잘 확인하고 차량을 인수하면 된다.

Dear Mr. CHO,

Many thanks for your Reservation. We wish you a good trip.

Your Sixt Team

Reservation number: 9810507752

Location of Sixt pick-up branch: Please check in advance the details of your vehicle's pickup.

Your reservation:

FFAR - Samp
- Pickup: Ke
- Return: Ke
- Rental leng
- miles: unli

Please find

가민내비게이션 사용방법

① 전원을 켜면 'Where To?'와 'View Map'의 시작화면
이 보인다.

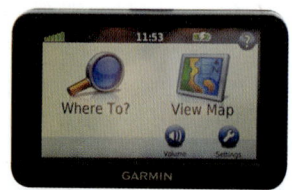

② 'Where To?'를 선택하면, 위치를 찾는 여러 방법이
뜬다.

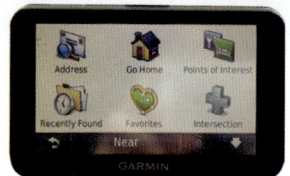

－ 주소(Address) : street 이름과 번지수로 찾기 때문에,
주소를 정확히 알 때 사용
－ 관심지점(Points of interest) : 관광지, 숙소, 레스토랑
등 현 위치에서 가까운 곳 위주로 검색할 때 좋다.
－ 도시(Cities) : 도시를 찾을 때
－ 좌표(Coordinates) : 위도와 경도를 알 때 사용하며,
가장 정확할 수 있다.

③ 위치를 찾으면 바로 갈지(GO), 즐겨찾기(Favoites)에 저장(Save)해놓을지를 정하면 된다.
바로 간다면, 그냥 'GO'를 누를 수도 있지만, 위치를 한번 클릭해준 후(이때 위치 다시
확인) 'GO'를 누르면 안내가 시작된다.
'Save'를 선택하면 그 위치가 다시 한 번 뜨고 이름을 입력할 수 있다. 이 내용이 두 번
째 화면의 즐겨찾기(Favorites)에 저장되고, 시작화면의 즐겨찾기(Favorites)를 클릭하면
언제든지 확인할 수 있다.

우리나라의 내비게이션과 조금 다른 점

■ 전체 노선을 보기가 어렵다. 일단 길찾기를 시작하면, 화면을 옆으로 미끄러지듯 터치하면 대략의 노
선을 보여주지만, 바로 근처의 노선만 확인할 수 있다.

■ 우리나라 내비게이션처럼 1km, 500m, 200m앞 좌회전. 이런 식으로 반복해서 안내하지 않으므로,
대략적 노선과 길 번호 정도는 알아두면 좋다.

■ 즐겨찾기(Favorites)를 활용하여, 이미 정해진 숙소나 갈 곳은 입력해놓고(주소(address)나 좌표
(coordinates)를 이용), 그때 그때 도시(cities), 가보고 싶은곳(points of interest)을 사용하여 검색하면 거
의 못 찾는 것이 없다. 또 아이슬란드 지도는 테마별로 잘 만들어져 있어서, 인포메이션이나 호스텔, 렌
터카회사 등에서 지도를 구하면 지도만 보고도 운전할 수 있을 정도로 도로정비와 표지판이 정확하다.
걱정하지 말자.

아이슬란드 도로 사정

아이슬란드의 도로는 일부 비포장도로를 제외하면 운전하기가 편하다. 운전에서도 우리나라와 차이가 거의 없다. 아이슬란드는 고속도로가 없고 해안을 따라 아이슬란드를 둘러싼 도로인 1번 국도만 있다. 1번 도로는 왕복 2차선 도로로 시속 90㎞정도의 속도를 낼 수 있다.

아이슬란드의 아름다운 자연을 보면서 가기 때문에 속도를 높여서 이동할 일은 별로 없다. 아이슬란드에는 일부 오프로드가 있고 그 오프로드는 운전을 피하라고 권하고 있다. 또한 렌트카를 오프로드에서 운전하다가 고장이 나면 많은 추가비용이 나오기 때문에 오프로드를 운전할 거라면 보험을 풀full보험으로 해 놓고 렌트하는 것이 좋다.

Gravel roads
Speed limit : Max 80 km/h
Paved roads
Speed limit: Max 90 km/h

도로 운전 주의사항
아이슬란드를 렌트카로 여행할 때 걱정이 되는 것은 도로에서 "사고가 나면 어떡하지?"하는 것이 가장 많다. 지금, 그 생각을 하고 있다면 걱정일 뿐이다.

시내도로

아이슬란드의 도로는 수도인 레이캬비크 정도를 제외하면 차량의 이동이 많지 않고 제한속도가 90㎞로 우리나라의 100㎞보다도 느리기 때문에 운전 걱정은 하지 않아도 된다.
레이캬비크를 제외하면 도로에 차가 많지 않아 운전을 할 때 오히려 차량을 보면 반가울 때도 있다. 렌트카로 운전할 생각을 하다보면 단속 카메라도 신경써야 할 것 같고, 막히면 다른 길로 가거나 내 차를 추월하여 가는 차들이 많아서 차선을 변경할 때도 신경을 써야 할거 같지만 아이슬란드는 중간 중간 아름다운 장소가 너무 많아 제한속도인 90㎞로 그 이상의 속도도 잘 내지 않게 되고, 레이캬비크를 세외하면 난속 카베라노 거의 없다.

1. 안전벨트 착용
우리나라도 안전벨트를 매는 것이 당연해지기는 했지만 아직도 안전벨트를 하지 않고 운전하는 운전자들이 있다. 안전벨트는 차사고에서 생명을 지켜주는 생명벨트이기 때문에 반드시 착용하고 뒷좌석도 착용해야 한다. 운전자는 안전벨트를 해도 뒷좌석은 안전벨트를 하지 않는 경우가 많은데 뒷좌석에 탔다고 사고가 나지않는 것은 아니다. 혹시 어린아이를 태우고 렌트카를 운전한다면 아이들은 모두 카시트에 앉혀야 한다. 카시트는 운전자가 뒷좌석의 카시트를 볼 수 있는 위치에 놓는것이 좋다.

2. 도로의 신호등은 대부분 오른쪽 길가에 서 있고 도로 위에는 신호등이 없다.

신호등이 도로 위에 있지 않고 사람이 다니는 인도 위에 세워져 있다. 신호등이 도로 위에 있어도 횡단보도 앞쪽에 있다. 그렇기 때문에 횡단보도위의 정지선을 넘어가서 차가 정지하면 신호등의 빨간불인지 출발하라는 파란불인지를 알 수 없다. 자연스럽게 정지선을 조금 남기고 멈출 수밖에 없다. 횡단보도에는 신호등이 없는 경우도 있으니 횡단보도에서는 반드시 지정 속도를 지키도록 하자.

3. 비보호 좌회전이 대부분이다.

우리나라는 좌회전 표시가 있는 곳에서만 좌회전이 된다. 이것도 아직 모르는 운전자가 많다는 것을 상담을 통해 알게 되었다. 아이슬란드는 좌회전 표시가 없어도 다 좌회전이 된다. 그래서 더 조심해야 한다. 반드시 차가 오지 않음을 확인하고 좌회전해야 한다.

4. 우회전할 때 신호등이 빨간불이면 정지해야 한다.

우리나라는 우회전할 때 횡단보도에 파란불이 들어와 있어도 사람들이 길을 건너가는 중에도 사람들 틈으로 차를 몰아 지나가는 것을 목격할 수 있지만, 아이슬란드에서는 '신호위반'사항이다. 신호등이 없으면 문제가 되지 않지만 우회전할 때 신호등이 서 있다면, 빨간불인지를 확인하고 반드시 신호를 지켜야 한다.

운전이 허락되지 않은
주의해야할 비포장지도

5. 신호등 없는 횡단보도에서도 잠시 멈추었다가 지나가자.

횡단보도에서는 항상 사람이 먼저다. 하지만 우리는 횡단보도를 건널 때 신호등이 없다면 양쪽의 차가 진입하는지 다 보고 건너야 하지만, 아이슬란드는 건널목에서 항상 사람이 우선이기 때문에 차가 양보해야 한다. 그래서 차가 와도 횡단보도를 지나가는 사람들이 많다. 근처에 경찰이 있다면 걸려서 벌금을 물어야 할 것이다.

6. 시골 국도라고 과속하지 말자.

수도인 레이캬비크를 제외하면 차량의 통행량이 많지 않아 과속하는 경우가 있다. 혹시 과속을 하더라도 마을로 들어서면 30㎞까지 속도를 줄이라는 표시를 보게 된다. 절대 과속으로 사고를 내지 말아야 한다. 렌트카의 사고 통계를 보면 주택가나 시골로 이동하면서 긴장이 풀려서 사고가 나는 경우가 대부분이라고 한다.

마을진입 표지판

사람이 없다고 방심하지 말고 신호를 지키고 과속하지 말고 운전해야 사고가 나지 않는다. 우리나라의 운전자들이 아이슬란드에서 운전할 때 과속카메라가 거의 없다는 것을 확인하고 경찰차도 거의 없는 것을 알고 과속을 하는 경우가 많다. 재미있는 여행을 하려면 과속하지 않고 운전하는 것이 중요하다. 마을로 들어가서 제한속도는 대부분 30~40㎞인데 마을입구에 제한속도 표지를 볼 수 있다.

마을 나왔다는 표지판

7. 교차로의 라운드 어바웃이 있으니 운행방법을 알아두자.

우리나라에도 교차로의 교통체증을 줄이기 위해 라운드 어바웃을 도입하겠다고 밝히고 시범운영을 거쳐 점차 늘려가고 있다. 하지만 아직까지 우리에게는 어색한 교차로방식이다. 아이슬란드에는 교차로에서 라운드 어바웃^{Round About}을 이용하는 교차로가 대부분이다.

라운드 어바웃방식은 원으로 되어있어서 서로 서로가 기다리지 않고 교차해가도록 되어 있다. 교차로의 라운드 어바웃은 꼭 알아두어야 할 것이 우선순위이다. 통과할 때 우선순위는 원안으로 먼저 진입한 차가 우선이다. 예를 들어 정면에서 내 차와 같은 시간에 라운드 어바웃 원으로 진입하는 차가 있다면 같이 진입해도 원으로 막혀 있어서 부딪칠 일이 없다.(그림1)

그림[1]   그림[2]

하지만 왼쪽에서 벌써 라운드 어바웃으로 진입해 돌아오는 차가 있으면 '반드시' 먼저 라운드 어바웃 원으로 들어가서는 안 된다. 안에서 돌면서 오는 차를 보았다면 정지했다가 차가 지나가면 진입하고 계속 온다면 어쩔 수 없이 다 지나간 후 라운드 어바웃 원으로 진입해야 한다.

아이슬란드는 우리나라와 같은 좌측통행시스템이기 때문에 왼쪽에서 오는 차가 거리가 있다면 내 차로 왼쪽 차가 부딪칠 일이 없다고 판단되면 원으로 진입하면 된다. 라운드 어바웃이 크면 방금 진입한 차가 있다고 해도 충분한 거리가 되므로 들어가기가 어렵지 않다.

라운드 어바웃 방식에서 차가 많아 진입하기가 힘들다면 원안에 진입한 차의 뒤를 따라 가다가 내가 원하는 출구방향 도로에서 나가면 되고 나가지 못했다면 다시 한 바퀴를 돌고 나가면 되기 때문에 못 나갔다고 당황할 필요가 없다.

8. 교통규칙을 잘 지켜야 한다.
예를 들어 큰 도로로 진입할때는 위험하게 끼어들지 말고 큰 도로의 차가 지나간 다음에 진입하자.
매우 당연한 말이지만 우리나라는 큰 도로에 차가 있음에도 끼어드는 차들이 많아 위험할 때가 있지만 아이슬란드에서는 차가 많지가 않아서 큰 도로의 차가 지나간 후 진입하면 사고도 나지 않고 위험한 순간이 발생하지 않는다.

9. 교통규칙중에서도 정지선을 잘 지켜야 한다.

교차로에서 꼬리물기를 하면 우리나라도 이제는 딱지를 끊는다. 하지만 아직도 우리에게는 정지선을 지키지 않는 운전자들이 많지만 아이슬란드에서는 정지선을 정말 잘 지킨다. 정지선을 지키지 않고 가다가 사고가 나면 불법으로 위험한 상황이 발생할 수 있다. 정지선을 지키지 않아 사고가 나면 사고의 책임은 본인에게 있다.

1번도로

1. 아이슬란드의 1번도로는 대부분 왕복 2차선인데 앞차를 추월하려고 하면 반대편에서 오는 차와 충돌사고 위험이 있어 반대편에서 차량이 오는지 확인해야 한다.

레이캬비크를 제외하면 대부분의 도로가 한산하다. 가끔 앞의 차량이 서행을 하고 있어 앞차를 추월하려고 할 때 반대편에서 오는 차량이 있는지 확인을 하고 앞차를 추월해야 한다. 반대편에서 오는 차량과 정면 충돌의 위험이 있으니 조심하자. 관광지에서나 차량이 많지 대부분은 한산한 도로이기 때문에 마음의 여유를 가지고 운전하기 바란다.

2. 한산한 도로라서 졸음운전의 위험이 있다.

7~8월 때의 관광객이 많은 때를 제외하면 레이캬비크를 빼고 차량이 많지 않다. 어떤 때는 1시간 동안 한 대도 보지 못하는 경우가 있어 오히려 심심하다. 심심한 도로와 아름다운 자연을 보고 이동하고 있노라면 졸음이 몰려와 반대편 도로로 진입하는 경우가 생길 수 있다. 졸음이 몰려오면 차량을 중간중간에 위치한 갓길에 세워두고 쉬었다가 이동하자. 쉬었다가 이동해도 결코 늦지 않다.

주유소에서 셀프 주유

아이슬란드의 셀프 주유소는 'N1'과 'Olis'주유소가 대부분이다. 요즈음은 A/O라는 주유소가 저렴하게 생겨 가격경쟁을 벌이고는 있지만 아직까지 주유소의 수가 많지 않다.
기름값은 우리나라와 거의 비슷하다. 아이슬란드가 북유럽이라 비싼 기름가격을 생각했다면 우리나라와 비슷한 기름값에 놀라워할 것이다.
아이슬란드에서는 큰 도시를 제외하고는 주유소의 거리가 멀어 운전을 하다가 기름이 중간 이하로 된다면 주유를 하는 것이 좋다. 기름을 넣는 방법은 쉽다.

1 렌트한 차량에 맞는 기름의 종류를 선택하자. 렌트할 때 정확히 물어보고 적어 놓아야 착각하지 않는다.

2 주유기 앞에 차를 위치시키고 시동을 끈다.

3 자동차의 주유구를 열고 내린다.

4 신용카드를 넣고 화면에 나오는 대로 비밀번호와 원하는 양의 기름값을 선택한다. (잘 모르더라도 주유한 만큼만 계산되니 직접하지 않아도 된다.)

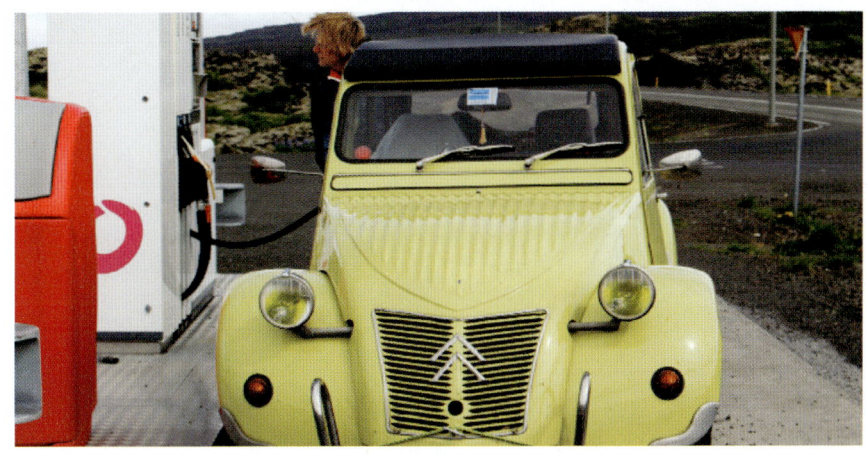

5 차량에 맞는 유종을 선택한다. (렌트할 때 휘발유인지 경유인지 확인한다.)

6 주유기의 손잡이를 들어 올린다. (혹시 주유기의 기름이 나오지 않을때는 낭황하시 말고 눈금이 '0'으로 돌아간 것을 확인한다. 0으로 안 되어있으면 기름이 나오지 않기 때문이다. 잘 모르면 카운터에 있는 직원에게 문의한다.)

7 주유구에 넣고 주유기 손잡이를 쥐면 주유를 할 수 있다.

8 주유를 끝내면 주유구 마개를 닫고 잠근다.

9 현금으로 기름값을 계산하려면 카운터로 들어가서 주유기의 번호를 이야기하면 요금이 나와 있다.

이 모든 것을 처음에 잘 모르겠다면 카운터로 가서 설명해 달라고 하면 친절하게 설명하고 시범을 보여주기도 한다.
옆에 기름을 주유하는 사람에게 설명을 요청하면 역시 친절하게 설명해 주기 때문에 걱정하지 않아도 된다. 경유와 휘발유를 구분하지 못해서 걱정을 하는 여행자들도 있지만 주로 디젤의 주유기는 디젤이라고 적혀 있고 다른 하나의 손잡이는 휘발유다. 하지만 처음에 기름을 넣을때는 디젤인지 휘발유인지 확인하고 주유해야 잘못 넣는 경우를 방지할 수 있다.

교통표지판

각 나라의 글자는 달라도 부호는 같다. 도로 표지판에 쓰인 교통표지판은 전 세계를 통일시켜놓아서 큰 문제가 생기지 않는다. 그래서 표지판을 잘 보고 운전해야 한다. 다만 아이슬란드에서만 볼 수 있는 교통표지판이 있어 미리 알고 떠나는 것이 좋다.

1차선 다리

펜스 없는 도로

절대 가지 말것

예를 들어 사진의 표시는 1차선 다리라는 표시이다. 동부지역은 1차선 다리가 많아서 다리를 건너기 전, 사진의 표시가 1㎞ 전에 표지판으로 나와 있고 다리 앞에는 도로에 표시가 되어 있다. 1차선 다리 지점이 끝나면 끝나는 표시가 나와 있다.

유료 주차장 주차하기

아이슬란드에서는 대부분은 무료 주차장이지만 레이캬비크와 2번째로 큰 도시인 아큐레이리에는 유료 주차장도 있다. 유료 주차장도 2시간은 무료이므로 2시간이 지나면 주차비를 내면 된다. 또한 차량에 사진의 시계 그림처럼 차량에 부착하여 자신이 주차한 시간을 볼 수 있도록 해 놓아야 한다.

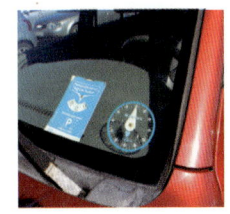

① 라인에 주차를 한다.
② 주차증이 차량의 앞 유리에 보이도록 차량 내부에 놓는다.
③ 나올 때 주차요금 미터기에 돈을 넣고 원하는 시간을 누른다. 이 주차 표시증은 경찰서에 가서 받을 수 있다.

주차 / 교통위반 스티커

다른 유럽의 나라들처럼 아이슬란드에는 도로변에 무인주차 기계가 없다. 남한 면적의 크기에 인구는 32만 명 정도밖에 안되기 때문에 아이슬란드인의 차량이 많지 않아 무인주차 기계가 필요없다고 볼 수 있다. 아이슬란드에서 한번도 단속 경찰을 본 적이 없다. 차량이 과속하는 경우도 별로 없고 차가 막혀 늦게 도착하는 경우가 없어 과속할 일도 없어서인지 아이슬란드에서는 교통을 단속하는 경찰을 볼 일이 없다.

운전 사고

아이슬란드에서 운전할 때 도로에서 빠르게 가는 차들로 위험하지는 않지만 비가 오거나 바람이 많이 불어 도로가 위험해질 경우도 있다. 그럴 때는 갓길에 주차하고 잠시 쉬었다 가는 편이 좋다.

아이슬란드 속담에 "비가 오거든 30분만 기다리라"라는 속담처럼 하루에도 몇 번씩 기상상황이 바뀔 수 있기 때문에, 잠시 쉬었다가 날씨의 상태를 보고 운전을 계속 하는 편이 낫다. 렌트카를 운전할 때 도로가 나빠서 차량이 도로에 빠지는 경우는 많지만 차량끼리의 충돌사고는 거의 일어나지 않는다.

우리나라 사람들이 렌트카 여행할 때, 자동차 사고는 대부분이 여행의 기쁜 기분에 '방심'하여 사고가 난다. 안전벨트를 꼭 매고, 렌트카 차량보험도 필요한 만큼 가입하고 렌트해야 한다. 다른 나라에 가서 남의 차 빌려서 운전하면서 우리나라처럼 편안한 마음으로 운전할 수는 없다. 그러다 오히려 사고가 나니 적당한 긴장은 필수적이다.
그러나 혹시라도 사고가 난다면, 사고가 나도 처리는 렌트카에 들어있는 보험이 있으니 크게 걱정할 필요는 없다. 차를 빌릴 때 의무적으로, 나라마다 선택해야 하는 보험을 들으면 거의 모든 것을 해결해 준다.

렌트카는 차량인수 시에 받는 보험서류에 유사시 연락처가 크고 굵직한 글씨로 나와있다. 회사마다 내용은 조금씩 다르지만 아이슬란드의 어느 지역에서든지 연락하면 30분 정도면 누군가 나타난다. 그래서 혹시 걱정이 된다면 식스트나 허츠같은 한국에 지사를 둔 글로벌 렌트카업체를 선택하면 한국으로 전화를 하여 도움을 받을 수도 있다.

렌트카는 보험만 제대로 들어있다면 차를 본인의 잘못으로 망가뜨렸다고 해도, 본인이 물어내는 돈은 없고 오히려 새 차를 주어 여행을 계속하게 해 준다. 시간이 지체되어 하루 이상의 시간이 걸리면 호텔비도 내주는 경우가 있다. 그래서 렌트카는 차량을 반납할 때 미리 낸 차량보험료가 아깝지만 사고가 난다면 보험만큼 고마운 것도 없다.

셍겐조약

아이슬란드는 셍겐 조약 가입국이다. 아이슬란드를 장기로 여행하려는 관광객들이 갑자기 듣는 단어가 '셍겐 조약'이라는 것이다. 셍겐 조약은 무엇일까? 유럽 26개 국가가 출입국 관리 정책을 공동으로 관리하여 국경 검문을 최소화하고 통행을 편리하게 만든 조약이다. 셍겐 조약에 동의한 국가 사이에는 검문소가 없어서 표지판으로 국경을 통과했는지 알 수 있다. EU와는 다른 공동체로 국경을 개방하여 물자와 사람간의 이동을 높여 무역을 활성화시키고자 처음에 시작되었다.

셍겐 조약 가입국에 비자 없이 방문할 때는 180일 내(유럽국가중에서 셍겐 조약 가입하지 않은 나라들에 머무를 수 있는 기간) 90일(유럽국가중에서 셍겐 조약 가입한 나라들에 머무를 수 있는 기간) 까지만 체류할 수 있다.

유럽을 여행하는 장기 여행자들은 이 조항 때문에 혼동이 된다. 아이슬란드는 1년에 90일 이상은 체류할 수 없다.

셍겐조약 가입국

그리스, 네덜란드, 노르웨이, 덴마크, 독일, 라트비아, 룩셈부르크, 리투아니아, 리히텐슈타인, 몰타, 벨기에, 스위스, 스웨덴, 스페인, 슬로바키아, 슬로베니아, 아이슬란드, 에스토니아, 오스트리아, 이탈리아, 체코, 포르투갈, 폴란드, 프랑스, 핀란드, 헝가리

지구상에서 가장 위도가 높은 국제공항
케플라비크 국제공항 & 자동차로 시내로 이동하기

태초의 지구 모습을 볼 수 있다는 아이슬란드에 도착하면 가장 먼저 작고 아담한 케플라비크 국제공항에 도착한다. 마치 몇 십억 년으로 돌아가기 위한 타임머신으로 들어가는 통로 같기도 하다.

케플라비크(Keflavík)
아이슬란드를 들어가는 관문인 케플라비크는 레이카네스 북쪽 해안을 따라 해안에 위치해 있다. 케플라비크는 약 8,000명이 살고 있는 아이슬란드에서는 큰 도시에 속한다. 중세 시대 이후로 무역의 거점 역할을 해온 이곳은 대구의 어획과 기타 상업 시설을 공유하고 있다. 2006년, 케플라비크에 위치해 있던 미 공군 기지가 논란 속에 빠르게 철수되자 지금은 서서히 재기 중에 있다. 케플라비크 국제공항에서 나와 41번 국도를 타고 수도인 레이캬비크로 들어가는 길은 약 45분 정도 소요된다.

아담한 국제공항

모든 국제선 항공은 레이캬비크에서 49㎞ 떨어진 케플라비크 국제공항으로 도착한다. 공항은 매우 아담한 편이다. 따라서 공항을 파악하는 것은 어렵지 않다. 입국 통로를 나와 오른쪽에는 1011 편의점이 있고, 왼쪽에는 환전소와 렌터카 업체들이 늘어서 있다. 공항을 나오면 고객의 이름을 써 놓은 렌터카 회사 직원들이 관광객을 기다리고 있는 장면을 볼 수 있다. 정면에는 공항버스 티켓 부스가 있으며 왼쪽으로 걸어가 다시 왼쪽으로 돌아서면 출국할 때 보딩 패스를 받을 수 있는 항공사들이 늘어서 있다.

아이슬란드 시내 이동 간편 팁!

① 아이슬란드는 자동차 여행이 대세
렌터카를 미리 예약하고 왔다면 공항에서 렌터카를 인수해 여행을 시작해야 한다. 글로벌 렌터카 업체인 허츠(Hertz)나 에이비스(Avis) 등은 공항 왼쪽에 부스가 있지만, 로컬 렌터카 업체들은 공항 밖의 건물에 렌터카 회사가 있어 예약을 확인하고 고객을 태워 사무실로 이동하여 렌터카를 준다.

② 공항버스로 레이캬비크 시내까지 이동하기
밤늦은 시간에 공항에 도착하면 렌터카를 이용하기가 힘들다. 대신 밤늦게까지 버스가 운행을 하기 때문에 시내로 들어갈 때 '대중교통이 없으면 어떡하지?' 하는 걱정은 하지 않아도 된다.
공항버스는 그레이 라인과 레이캬비크 익스커션 버스 회사가 운행을 하고 있다. 공항 정면에 있는 버스 회사에서 버스 티켓을 구입하고 나오면 오른쪽으로 버스가 보일 것이다.
택시는 정면에 위치해 있지만 매우 비싸기 때문에 대부분의 관광객은 이용하지 않고 버스를 이용한다. 공항에서 대형 공항버스에 탑승해 모든 좌석이 차고 나면 레이캬비크 중심가에서 1.5km 떨어진 BSI 버스터미널까지 이동한다. 그 후 다시 각 지역의 숙소로 분리하여 재탑승한 후 숙소까지 데려다준다. 티켓은 공항 출구에 있는 버스 티켓 창구에서 살 수 있다.

반드시 확인하자!

슈퍼마켓 & 환전
공항 2층을 통해 입국을 한 후 1층에서 짐을 찾아 에스컬레이터를 타고 내려오면 슈퍼마켓이 보인다. 이곳에서 심 카드(Sim Card)를 구입해 아이슬란드에서 사용할 데이터와 전화번호를 개통해야 한다. 가끔 통신사의 1일 무제한 데이터를 사용하기도 하지만 비용이 비싸 대부분의 여행자들은 심 카드를 이용한다. 또한 아이슬란드는 맥주나 술이 비싸므로 공항의 면세 주류를 구입하는 관광객이 대부분이다. 다음으로 입국 통로를 나오면 가장 먼저 해야 할 일은 아이슬란드 화폐로 환전하는 것이다. 입국 통로에서 좌측으로 환전소가 있는데 환전 수수료가 없으니 환전을 하려면 공항에서 환전해야 편리하고 수수료가 없어 이익이다.

아이슬란드 겨울여행

여름의 아이슬란드가 초록색 이끼로 덮여 있는 장면만 보고 "겨울 여행도 괜찮겠지"하는 생각을 할 수도 있지만 겨울에는 어디를 가든 하얀 눈으로 뒤덮여 있어서 아이슬란드 여행은 주의를 해야 한다. 겨울에 하는 렌트카 운전은 각별한 주의사항을 알고 있는 것이 필요하다. 아이슬란드는 같은 위도상의 북유럽에 비해 온도가 그리 낮은 편은 아니다. 겨울 평균기온이 영하 5~6도에서 영상 2~3도로 의외로 기온이 낮지는 않다. 그러나 바람이 심하게 불어서 체감온도가 떨어지며, 날씨가 아주 변덕스럽기도 하다.

01. 낮의 길이 약 5~6시간

12~2월은 오전 10시 정도에 떠서 오후 4시 정도에 지기 때문에 활동이 가능한 밝은 시간은 5~6시간 정도밖에 안 된다. 따라서 여름 여행의 정보를 알고 이동하면 여행 중에 문제가 많이 발생한다. 하루 이동거리를 200㎞미만으로 제한하고 여유로운 마음으로 여행하는 것이 필요하다. 여름여행 때에 하루에 갈 수 있었던 거리도 2~3일로 나누어야 한다.

02.빙판도로

아이슬란드는 레이캬비크를 벗어나면 한 산할 정도로 차량을 보기 힘들다. 주변 풍경도 환상적이어서 경치에 빠지다 보면 차량이 도로에서 벗어나기도 하고 눈으로 덮혀 있어 도로를 혼동해 문제가 생기는 경우도 있다.

차량이 많이 다니고 차량이 다녀야 도로 사정도 좋아지지만 통행량이 적다보니 눈이 오면 바로 쌓이고 잘 녹지 않는다. 제설차가 다니기는 하지만 마냥 기다리기는 쉽지 않다.

처음부터 눈이 쌓여 있거나, 빙판이 있으면 방어운전으로 대비하지만 갑자기 나타나는 '블랙아이스'는 대처하기가 쉽지 않다. 특히 다리 위나 터널에서 빠져 나오는 경우에 조심해야 한다.

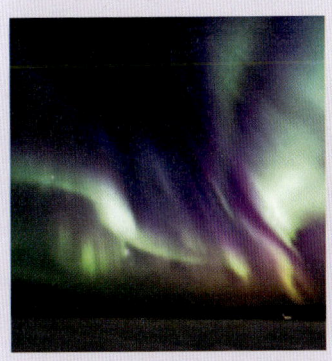

03. 오로라

아이슬란드는 북위 64~66도에 위치해 있어 겨울에 어느 지역에서든 오로라를 볼 수가 있다. 오로라 투어에 참가하지 않아도 구름이 없는 맑은 날씨에 오로라 지수만 높으면 밤에 어디서나 오로라를 볼 수 있다. 오로라가 나타나는 시간은 주로 늦은 밤 10시~새벽 2시 정도이다.

만약에 오로라를 보기 힘든 일정이라면 오로라 투어를 신청하자. 투어 회사는 오로라를 관찰하기 쉬운 장소와 시간대를 알기 때문에 오로라를 편하게 볼 수 있다.(투어는 플라이버스^{Flybus}나 레이캬비크 익스커젼스^{Reykjavik Excursions} 등을 비롯해 많은 투어회사가 운영되고 있다)

04. 먹거리

아이슬란드는 겨울에 마트들이 일찍 문을 닫기 때문에 식사시간을 놓치는 경우도 많다. 굶지 않으려면 시전에 미리 먹거리를 준비해아 한다. 우리나라에서 떠나기 선에 라면, 햇반 , 고추장, 통조림, 밑반찬 등 마트에서 필요한 식품들을 사두면 편리하다. 공항의 마트나 레이캬비크의 보니스^{Bonus}마트에 들러 미리 먹거리는 챙겨두고 차량에 가지고 다니는 것이 중요하다.

05. 방한대책

여름의 날씨도 무척 변덕스럽기 때문에 체감온도가 낮지만 겨울에는 해안에서 불어오는 바람이 심하게 불어서 체감온도가 더욱 낮아진다. 털모자, 털장갑, 마스크, 귀마개, 두터운 보온양말, 목도리 등을 준비하고 핫팩은 미리 한국에서 챙겨가면 유용하게 사용하게 된다.

06. 렌트카와 보험

핀에어로 케플라비크 국제공항에 도착하면 공항이 운영하는 시간대라 문제가 없지만, 스칸디나비아 항공으로 밤 12시 정도에 도착하면 미리 렌트카회사에 확인을 하여 밤 늦게라도 렌트카를 받는 데 문제가 없는지 알고 가야 문제가 발생하지 않는다. 만약 불가능하다면 버스로 시내 숙소로 이동하고 다음날 시내에서 받는 방법이 있다. 반납할 때는 대부분 새벽이나 늦은 밤에 렌트카 사무실 앞에 있는 우편함Post box에 열쇠를 넣는 방법으로 반납하게 된다.

렌트카를 예약할 때 가능하면 풀 커버Full Cover보험으로 가입하고, 자기면책금을 0유로로 하거나 "자기면책금 환불상품"을 따로 구입해 두는 것이 현명하다. 아이슬란드에서만 가입하는 자갈보험Gravel Insurance과 모래 및 화산재 보험도 가입하는 것이 좋다.

07. 공항에서 버스 이용

아이슬란드의 국제공항인 케플라비크는 밤새도록 도착하는 항공기들에 공항버스도 항공기가 도착하는 시간까지는 운행을 한다. 공항에 도착하면 주저하지 말고 밖으로 나오면 앞에 플라이 버스Flybus와 그레이 라인Grey Line의 2회사의 버스가 대기하고 있다.
수하물은 버스 옆 하단에 싣고 버스에 오르면서 운전기사에게 호텔 이름을 알려주고 탑승하면 된다. 신용카드도 바로 결제된다. 버스는 레이캬비크 BSI버스터미널까지만 운행을 하고, 도착 후 작은 미니버스로 갈아타고 숙소 앞까지 가게 된다.

08. 실시간 날씨 검색

아이슬란드를 여행하면서 항상 촉각을 곤두세우고 일기예보 검색을 하는 것이 좋다. 도로사정과 기온, 풍속, 오로라 지수 등을 검색하면서 항상 유사시에 대비하는 것이 좋다.

▶ www.vedur.is
▶ en.vedur.is
▶ www.vegagerdin.is

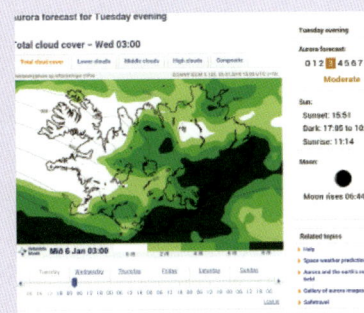

09. 차량 주유 방법

아이슬란드 주유소는 모두 무인주유 시스템이며 신용카드로 바로 결제하는 방식이다. 먼저 주유기에 신용카드를 넣고 비밀번호 입력하고 주유 가격(얼마인지)을 입력하는 방식인데, 만일 입력한 금액보다 실제로 주유한 금액이 적을 경우는 주유금액만 청구된다. 간혹 추운 날씨로 혼동하여 주유한 뒤에 차량이 멈추는 경우도 발생하고 있으니 경유와 휘발유를 잘 구분하여 주유하자.

10. 숙소 예약

겨울 아이슬란드에 도착하고 나면 먼저 날씨를 체크해야 한다. 날씨가 좋다면 상관없지만 겨울 여행은 예기치 않은 폭설 또는 조난사고로 예약한 숙소에 도착하지 못할 수도 있으니 가능하면 미리 예약하지 않고, 현지에서 이동하면서 하루 전이나 당일에 예약을 하는 것이 현명하다.

11. 긴급 상황에서의 언어 소통

아이슬란드는 원래 고유의 업어가 있고, 모든 표지판과 안내판이 난해한 아이슬란드어로 되어 있어서 알아보기 어렵지만 모든 국민이 영어를 잘 구사하므로 어려움 없이 여행을 할 수가 있다. 긴급한 상황에 영어를 사용하기가 힘들다면 긴급구조상황의 영어는 미리 알고 가는 것이 좋다. 아니라면 스마트폰의 번역기를 이용해도 편리하다.

12. 치안

아이슬란드는 전 세계에서 치안 1위를 유지하고 있는 안전한 국가이다. 아기를 태운 유모차를 밖에 놓아 둔 채로 아기 엄마들이 시장도 보고 커피도 마시고 할 정도이니 밤이 긴 겨울 아이슬란드 여행도 문제없다.

14. 기타 준비사항

예기치 않은 폭설이나 좋지 않은 도로사정에 대비하여 차에 '뿌리는 스프레이 스노체인'을 준비하면 유용하다. 하지만 '일반 체인'은 오버하는 행동이니 준비하지 말고 필요하다면 렌트카 회사에 요청하면 된다. 아침에 언 차량의 앞 유리긁개도 빨리 출발하는 데 필요하다.

아이슬란드 겨울여행 일정표

아이슬란드를 겨울에 여행하는 여행자도 늘어나고 있다. 하지만 겨울의 아이슬란드는 어떻게 여행할지 당황스럽다는 여행자부터, 준비를 어떻게 해야 할지도 모르겠다는 질문이 대다수이다. 아이슬란드를 여행하는 일반적인 일정부터 다양한 여행일정을 소개한다.

레이캬비크(2) – 골든 서클(1) – 셀라란스포스(2) – 스코가포스 – 디르홀레이 – 비크 – 요쿨살론(1) – 호픈(1) – 블루라군(1)

레이캬비크(1) – 골든 서클(1) – 스코가포스 – 디르홀레이 – 비크 – 요쿨살론 – 호픈(1) – 듀피보구르 – 에이일스타디르 – 세이디스피오르(1) – 데티포스 – 크라플라화산지대 – 미바튼(1) – 아쿠레이리(1) – 블루라군(1)

겨울에만 느낄 수 있는 짜릿한 경험 Top 10

1. 레이캬비크 아이스링크

겨울 아이슬란드에서 실내의 스케이팅을 즐기려는 많은 시민들이 찾아오는 장소이다. 성인들은 수영장을 많이 찾지만 어린이들과 젊은이들은 아이스링크에서 스케이팅을 하면서 겨울을 이겨나간다.

2. 스카프타펠 겨울 트레킹 & 얼음 동굴 투어

인터스텔라의 얼음행성에 나왔던 스카프타펠 국립공원의 빙하트레킹도 색다른 경험이지만 겨울에는 스카프타펠 국립공원의 오른쪽으로 나있는 트레킹 코스로 30분정도 이동하면 아름다운 빙하를 바로 앞에서 만날 수 있고 겨울 트레킹의 색다른 경험도 할 수 있다. 가이드가 동반된 당일코스 빙하 트레킹 투어는 스카프타펠(바트나요쿨들 국립공원 내에 있음)방문자 센터에 있는 두 회사를 통해 예약가능하다. 여름보다 겨울에는 낮의 길이가 짧고 날씨의 변화가 심해 빙하트레킹의 횟수가 적어지고, 있던 투어도 취소되는 경우가 많아 예약이 되었다고 트레킹이 가능한 것은 아니라는 사실을 알고 가자.

얼음 동굴은 이동시간이 길뿐 실제 얼음동굴을 보는 시간은 짧다. 하지만 얼음동굴 안은 매우 추우므로 방한대책을 미리 강구해야 한다.(세부적인 얼음 동굴 투어 내용은 아이슬란드 엑티비티(P.149 참조)

>> Icelandic Mountain Guides
전화_ 587-9999
홈페이지_ www.mountainguide.is

>> Glacier Guides
전화_ 659-7000
홈페이지_ www.glacierguides.is.

3. 오로라

11월부터 4월까지 오로라가 관측된다. 아이슬란드는
겨울의 날씨 변화가 심하고 국지적인 날씨가 다른 경
우가 많아 12~2월까지 거의 매일 오로라투어가 진행
된다. 밤 8~9시 경에 출발하여 새벽 2시 경에 돌아온
다. 아이슬란드 전국에서 오로라를 볼 수 있는데 날씨
와 오로라 지수가 중요하기 때문에 여행장소에서 오
로라를 보기가 힘들 수도 있다. 오로라는 북부 미바튼
호수에서 가장 선명하게 관측되므로 미바튼 호수에서
는 2일이상 숙박하면서 오로라를 보는 즐거움을 맞보
는 것도 좋은 경험이 될 것이다.

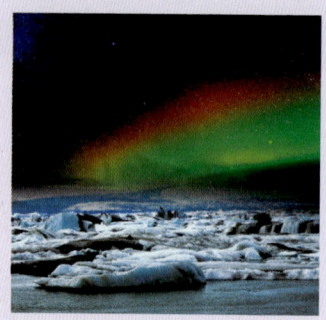

오로라 예보 보는 방법

오로라를 보기 위한 조건
① 오로라 지수가 높아야 한다.
② 맑은 날씨와 구름이 없어야 한다.
③ 달빛이 적으면 좋다.

아이슬란드 기상청의
오로라 예보 페이지
en.vedur.is

홈페이지로 들어가면 오로라의 푸른빛이 나오는 화면이 나온다. 이 화면은 오로라를 표시하는
것이 아니고 구름의 양을 나타내는 화면이니 혼동하지 말자. 푸른색이 짙어질수록 구름의 양이
많아지고 있다는 표시이다. 오른쪽 그림을 보면 중부와 동부 지역은 구름으로 가득하다. 수도
레이캬비크와 서부지방은 맑은 하늘을 나타내고 있으므로 레이캬비크와 서부 지방이 오로라를
볼 수 있다.

구름의 양을 확인하였으니 다른 요건을 살펴보자.
화면 오른쪽 상단의 Aurora forecast 오로라 지수를 나타낸다. 9에 가까워질수록 강력한 오로라
가 나타난다. 화면 오른쪽 중간 Sun 태양의 움직임을 나타내고 있다. 일몰과 일출 시간, 오로라
관측에는 어두워야 오로라를 관측할 수 있다.
Moon 달의 월몰 시간, 달의 크기(그믐달~보름달)를 확인할 수 있다.
Timeline 시간대별로 바뀌는 기상상태를 확인한다.

4. 스노우모빌 투어(Snowmobile Ride)

겨울에 골든 서클이나 남부의 눈으로 덮인 눈밭을 질주
하는 투어로 장소는 투어 회사에서 이동하면서 물색하
는 경우가 많다. 스노우모빌 투어는 추운 겨울에 하는
체험이어서 체력 소모가 심하니 해당 여행일자에는 다
른 일정은 생략하는 것이 안전하다. 특히 스노우모빌 투

어를 하고 바로 렌트카 여행은 위험할 수도 있다. 헬멧과 부츠 등의 복장을 입은 두명이 1대의 스노우모빌을 함께타는 쾌감은 짜릿하다.

5. 겨울 오프로드 체험

겨울 아이슬란드 링로드를 따라 여행하다보면 오프로드 차량을 특히 많이 볼 수 있다. 눈이 많이 오는 동부와 북부의 오프로드 차량을 이용해 데티포스 로드를 따라 아우스비르기까지 이동하는 도로는 특히 오프로드 운전자들의 로망인 장소이다.

또한 4륜 지프차로 빙하 위로 올라갈 수도 있지만 경험이 필요하다. 오프로드 체험에는 외딴 농가의 교통수단인 스키두도 활용되고 있다.(호픈^{Höfn}에서 바트나요쿨 빙하까지 1일 투어 운영 / 1~2시간의 가이드 스키두 투어도 가능)

>> **Glacier Jeeps Glacier Tours**
(링로드의 Smyrlabjarg에서 출발)
주소_ 780 Hornafjörður
전화_ 478-1000
이메일_ glacierjeeps@simnet.is
홈페이지_ www.glacierjeeps.is

>> **스나이페들스요쿨**Snæfellsjökull **빙하 투어**
주소_ Ferðaþjónustan Snjófell, Arnarstapi,
355 Ólafsvík에서 가능
전화_ 435-6793
이메일_ snjofell@snjofell.is
홈페이지_ www.snjofell.is

6. 아쿠레이리 스키장

아쿠레이리의 흘리다르피얄^{Hlíðarfjall} 스키장은 아쿠레이리외 북쪽으로 약 20분성도 이동하면 높은 고도의 스키장을 볼 수 있다. 작은 스키장이지만 아쿠레이리의 가파른 스키장을 내려오는 스릴은 스노우 모빌보다 짜릿하다.

아쿠레이리 시민들은 가족단위로 저녁에 주로 이용하러 오기 때문에 스키장은 붐비지 않는다. 리프트는 6개. 눈은 매우 많이 오기 때문에 설질은 좋다. 운영시간이 기상에 따라 달라

질 수 있으므로 연락을 미리 해보고 이동하자. 스키장으로 가는 버스는 아쿠레이리 시내버스를 타는 정류장에서 탑승이 가능하다.

요금_ 종일권 3,000kr, 부츠 & 스키대여 4,700kr
영업시간_ 리프트 월~금 14:00~21:00
　　　　　　　토~일 10:00~17:00
전화_ 462-2280 **홈페이지_** www.hlidarfjall.is

7. 겨울 데티포스 트레킹

겨울 데티포스로드는 위험하다. 여름에 이용할 수 있는 도로는 비포장인 864번 도로와 포장인 862번 도로가 있지만 겨울에는 포장 도로인 862번 도로만 사용이 가능하다. 그마저도 눈이 많으면 데티포스를 가지 못할 수도 있다. 하지만 4륜 차량이나 오프로드 전용차량은 데티포스 주차장까지 이동할 수 있다.

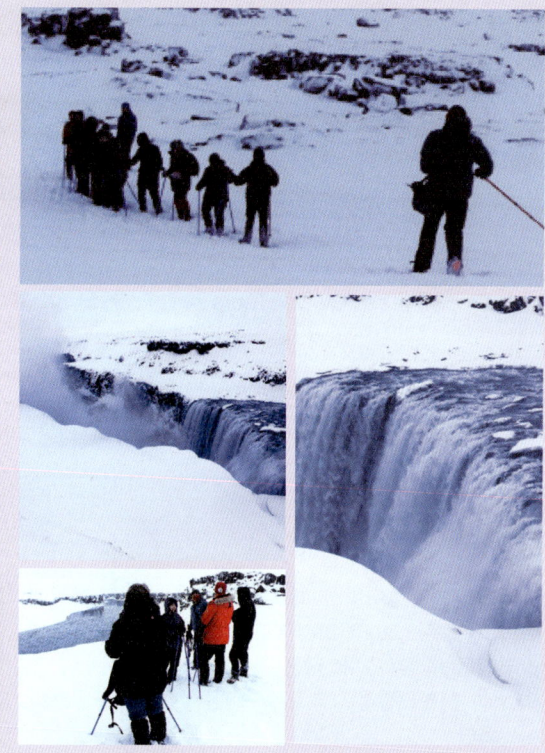

데티포스 주차장에 차를 주차하고 나서 눈 덮인 데티포스를 찾아 갈 때는 방한화가 필수이다. 30분 정도를 더 이동하고 나서야 데티포스를 볼 수 있는데 겨울의 데티포스는 장엄한 장면을 연상시키며 자연의 위대함을 보고 자신을 다시 되돌아 볼 수 있는 시간이 될 것이다.

8. 여름과는 다른 아이슬란드 폭포와 온천 체험

아이슬란드의 성수기는 여름이다. 백야로 24시간 내내 해가지지 않는 경험도 놀랍다. 많은 아이슬란드의 폭포는 그 자체로 감동이지만 겨울의 아이슬란드 폭포들은 또 다른 감동을 불러일으킨다. 특히 골든 서클의 굴포스 Gullfoss와 북부의 데티포스, 고다포스는 장엄한 자연의 위대함을 느끼는 시간을 경험하게 된다.

온천은 여름보다는 겨울에 더 알맞다. 아이슬란드의 겨울은 건조하고, 여행을 하면서 몸이 피곤하게 되어 온천을 이용하는 것이 필수적이다. 거의 대부분이 노천 온천이고 늦은 시간까지 이용이 가능하여 몸의 피로를 푸는데 적합하다. 가끔은 눈 내리는 노천 온천에서 눈을 맞으며 이용하는 온천은 최고의 분위기를 연출해준다.

9. 여름 성수기의 호화로운 숙소, 렌트카 저렴하게 이용하기

여름 성수기 시즌이 다가오면 숙박요금이 심하게 올라가는데 겨울 아이슬란드 여행은 호화롭고 비싼 숙박 시설을 최대 30% 수준에 이용할 수도 있다. 레이캬비크의 힐튼 호텔은 18,000~20,000kr(원화 18~20만 원), 아쿠레이리의 노루드 랜드Nordurland 호텔은 9,000kr(원화 9만 원)에 이용이 가능하다. 특히 여름 성수기에 5개월 전부터 숙소예약이 힘든 미바튼 호수의 보가 피오스Vogafjósi도 13,000kr(원화 13만 원)에 묵을 수 있다. 겨울의 관광객이 줄어들면서 숙소와 렌트카도 저렴하게 이용할 수 있어 겨울 여행 경비는 상당히 줄어들 수 있고 호화시설까지 이용할 수 있는 1석 2조의 효과를 누릴 수 있다. 렌트카도 여름보다 최대 50%까지 할인 받아 이용이 가능하다.

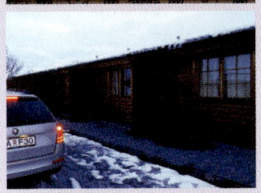

10. 겨울만의 레이캬비크, 아쿠레이리 도시 둘러보기

아이슬란드의 제 1, 2도시인 레이캬비크, 아쿠레이리에서 겨울에 도시를 돌아보는 도시의 느낌은 여름과 다르다. 겨울만의 운치를 느낄 수 있는 도시 체험은 낮 겨울 여행의 운치를 느끼게 하고, 밤에는 음악을 들으며 긴 밤을 보내는 경험은 아이슬란드에서만 느낄 수 있다.

아이슬란드에서 꼭 가봐야할 교회

할그림스키르캬와 아큐레이라르키르캬

수도 레이캬비크의 상징이 할그림스키르캬Hallgrímskirkja 교회라면 아이슬란드 제2의 도시
인 아큐레이리의 상징은 아큐레이랴르키르캬Akureyrarkirkja교회이다. 이 두 교회를 보고 있
노라면 비슷한 교회같다는 인상이 든다. 레이캬비크의 할그림스키르캬 교회의 건축가인
구드욘 사무엘손Guðjón Samúelsson에 의해 아큐레이랴르키르캬교회도 건축되었다. 할그림스
키르캬 교회에는 5,276개의 파이프 오르간이 있다면 아큐레이랴르키르캬 교회에는 3,200
개의 파이프 오르간이 있다.
레이캬비크에서 가장 높이 솟아 있는 상징물은 누가 뭐라고 해도 할그림스키르캬

Hallgrímskirkja church교회이다. 티외르닌 호수의 동쪽 길을 따라 로우 가베이걸 오르막길을 오르면, 현대식 콘크리트 건축물인 하틀그림스키르캬 교회가 높이 서 있다. 화산폭발로 형성된 현무암 기둥형태를 본떠 지어졌다. 가장 높은 73m 짜리 탑의 끝으로 올라가면, 레이캬비크 최고의 경관을 볼 수 있다.

교회 앞에는 아메리카 대륙의 발견자인 레이뷔르 에릭손Leifur Eiríksson의 동상이 있다. 이 동상은 1930년 알싱기 설립 100주년을 기념하기 위해 미국이 선물한 것이다.

아큐레이리의 중심부인 하프나스트레티 거리의 오르막에는 현무암질 아쿠레이라르키르캬Akureyrarkirkja가 1940년 건축된 이래로 도시의 상징이 되었다. 내부에는 아이슬란드의 역사부터 예수의 삶까지 스테인드 글라스로 그려져 있다.

바다에 나간 어부들을 보호한다는 아이슬란드, 그린란드, 페로제도의 전통적인 믿음으로 천장에 매달려 있는 선박모형이 가장 인상적이면서 호기심을 갖게 한다.

아이슬란드에서 대표적인 폭포

굴포스와 스코가포스

아이슬란드에서는 아름다운 폭포를 자주 보게 된다. 폭포 중 가장 잘 알려진 황금폭포라는
뜻의 굴포스^{Gullfoss}와 남부를 대표하는 폭포인 스코가포스를 만날 수 있다. 골든 서클의 마
지막은 굴포스를 보게 된다. 여기서 남부지방을 내려가면 스코가르마을 근처에 스코가포
스가 있다. 굴포스나 스코가포스는 맑은 날에 무지개가 걸린 폭포를 볼 수 있는데 보고 있
노라면 꼭 행운이 올 거 같은 생각이 들었다. 굴포스는 3단의 계단식폭포라면 스코가포스
는 1단의 직접폭포라는 차이점이 있다.

흐비타^{Hvítá}강의 32m 높이에서 떨어지는 굴포스는 3단 폭포로 마지막에 땅속으로 떨어지

는 것같은 장면을 보면 높이가 100m는 족히 된다. 직접 폭포수가 흐르는 장면을 옆에서 볼 수 있는 거리까지 가볼 수 있다. 필히 방수가 되는 등산복을 입는 것이 좋다. 맑은 날 무지개를 만들어내는 물보라가 바람이 불어 내 몸을 머리부터 발끝까지 적시게 할 것이다.

시그리뒤르 토마스도티르
(Sigriður Tómasdóttir)

폭포를 보러가는 입구에는 명판이 비석과 설명이 되어 있는데 꼭 읽고 갈 것을 추천한다. 브라트홀트에서 살았던 농부의 딸인 시그리뒤르 토마스도티르Sigriður Tómasdóttir를 기리는 비석과 표지판이다. 1920년대, 굴포스의 낙차를 이용한 수력발전소를 건립하기 위해 흐비타 강에 댐을 설치하려는 계획이 나왔다.

시그리뒤르는 수력발전소 안에 반대하기 위해 레이캬비크까지 걸어가 정부에 항의하고, 만일, 공사에 착수하면 스스로 폭포로 투신하겠다고 선언까지 했다. 민심은 수력발전소를 반대하는 방향으로 흘러갔고, 정부는 굴포스를 사들여, 1975년 국가기념물로 지정하게 되었다. 지금의 아름다운 굴포스는 아이슬란드인들이 직접 지킨 폭포라 더 아름답다.

아이슬란드에서 꼭 가봐야 할 온천
미바튼 네이쳐 바스와 블루라군

블루라군Blue Lagoon은 세계인의 버킷리스트 Top 10에 올라갈 정도로 누구나 알고 있지만 미바튼 네이쳐 바스Mývatn Nature Baths는 잘 모른다. 아이슬란드에서 가장 큰 도시인 레이캬비크와 아큐레이리 근교에 있는 블루라군Blue Lagoon과 미바튼 네이쳐 바스Mývatn Nature Baths는 꼭 가봐야 할 온천으로, 다녀오면 여행의 피로가 풀려 힘든 여행에 도움을 준다.

둘 다 자연적인 노천온천으로 우열을 가리기 힘들다. 블루라군은 외국인들의 관광지로 개발하기 위해 근방의 스바르트챙기Svartcengi 지열발전소에서 표면 2㎞ 아래까지 섭씨 240도

128

미바튼 네이쳐 바스(담수)   블루라군(해수)

의 물을 끌어 올린 후 식힌다. 미바튼 네이쳐 바스는 물은 바로 밑의 현지 지열원에서 약 38~40℃로 식혀져 온천을 즐기도록 되어 있다.

블루라군이 규모가 2배이상 더 크지만 관광객들이 자주 이용한다. 미바튼 네이쳐 바스는 거의 현지인들이 이용하고 메인 풀장 외에 두 개의 증기식 사우나와 열탕이 있어 작다.

미바튼 네이쳐 바스Mývatn Nature Baths(매일 6월~8월 9am~자정, 9월~5월 정오~10pm)는 황량하고 주황빛과 갈색빛이 뒤섞인 모래평원인 뱌르나르플라그Bjarnarflag지역에 있다. 블루라군에 북부지방에 하나 더 있다고 생각하기도 하지만 노천 지열로 이용객 수가 훨씬 적어서, 방해받지 않고 조용히 온천을 즐길 수 있다. 몸도 힐링이 되지만 드넓게 펼쳐진 평원을 보며 마음도 힐링이 된다. 몸이 늘어지지만 피로는 풀려 마음이 뻥 뚫리는 느낌도 든다.

서부 피오르드(웨스트 피오르, The West fjord)와
동부 피오르드(East fjord)

서부 피오르드지역은 아이슬란드 사람들도 거의 가지 않는 지역이었다. 그래서 마법과 주술로 접근하기 힘든 지역으로 악명 높았지만 지금은 버려진 마을을 관광상품으로 개발하고 퍼핀과 바다새, 북극여우를 볼 수 있도록 되었다.

피오르드를 경험하려면 접근하기 힘든 서부 피오르드보다는 아름다운 피오르드와 예쁜 마을이 모여 아기자기하고 깜찍한 전경을 보여주는 동부로 여행하는 경우가 대부분이다. 아이슬란드 경제의 입장에서는 동부가 아이슬란드 알루미늄 산업의 중심지로 유명하다.

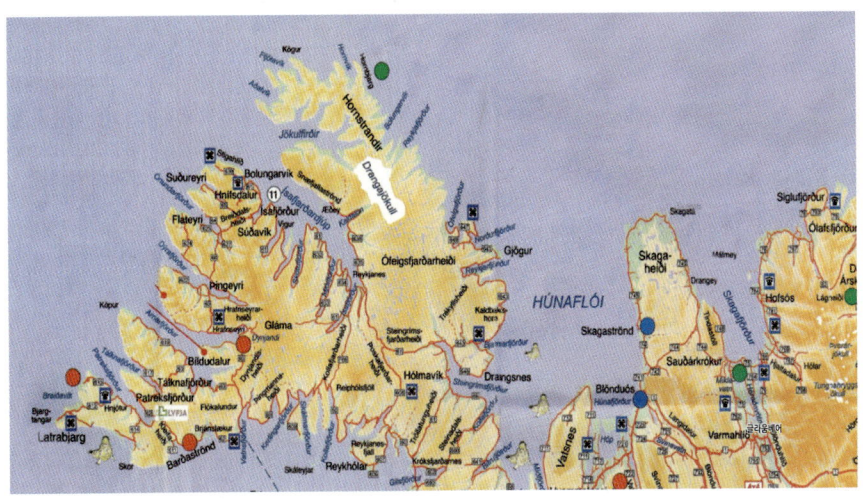

스나이페들스네스 반도는 서부지방이라고 부르고 웨스트 피오르가 아이슬란드 위쪽의 피오르드를 일컫는 말로 분류한다. 서부 피오르드 지역은 구불구불한 비포장도로가 있어 4륜구동을 타고 이동해야 한다. 반도의 가장자리를 따라 야생 조류의 서식지로 유명한 라우트라비아르그로 이어진다.

버스 회사 스툐르누빌라르(Stjornubilar)
서부 피오르드로 가는 버스는 별로 없고 여름 성수기에만 운행한다.
▶Tel_ 456-5518 ▶홈페이지_ www.stjornubilar.is;

이사피요르드뤼르(isafjordur)

이사피요르드뤼르는 인구 2,600명정도의 웨스트 피오르에서 가장 큰 도시이다. 이사피요르드뤼르에 도착하면 이 세상 끝에 온 듯한 느낌이 든다. 날카로운 산과 깊이 패어있는 피오르드가 마을을 둘러싸고 있다.

동부

호픈을 지나 듀피보구어를 도착하면서 피오르드 지형이 시작된다. 아이슬란드 동부는 높은 산이 남부와 분리되는데 덴마크나 페로제도에서 배를 타고 아이슬란드를 도착한다면 동부의 세이디스 피오르에 내리게 된다. 영화 '월터의 상상은 현실이 된다'가 동부지방을 촬영하면서 더욱 많은 관광객이 찾고 있다.

에질스타디르(Egilsstadir)

에질스타디르는 인구 2천 명 정도의 동부지방에서 가장 크고 교통의 중심지인 도시이다. 사가 시대부터 호수 깊은 곳에 사는 괴물 라가르플리오트쇠르뮈린^{Lagarfljotsormurinn}에 관한 이야기가 지금도 전해져 내려오는 아이슬란드에서 3번째로 큰 라가르플리오트^{Lagarfljot}호수는 에질스타디르의 핵심 관광지이다.
안으로 들어간 피오르드 지형 정면은 가깝지만 차로도 1시간 정도가 소요된다.

아이슬란드에서 북부의 대표 폭포

데티포스와 고다포스

아이슬란드 북부지방에서 보게 되는 폭포는 데티포스Dettifoss와 고다포스Godafoss이다. 두 폭포는 다 멋진 장관이지만 데티포스Dettifoss는 남성적인 매력을, 고다포스Godafoss는 여성적인 매력을 가지고 있다. 동부 피오르드에서 북부지방으로 이동하게 되면 1번 링로드에서 떨어진 비포장도로를 약 1시간 30분 정도 가면 데티포스가 나온다.

'비포장도로인데 꼭 봐야하나?'라는 의문을 가지게 되기도 하지만 데티포스의 떨어지는 폭포의 유량에 압도당할 것이다. 고다포스는 아큐레이리에서 동쪽으로 약 50㎞떨어진 곳에 있으며, '신들의 폭포'라 불리운다. 넓게 펼쳐진 폭포가 높이는 작지만 옆으로 넓게 펼쳐져 안정적인 느낌이 든다.

데티포스Dettifoss는 높이가 44m로 유럽에서 가장 큰 폭포이다. 리들리 스콧 감독의 프로메테우스라는 영화가 데티포스에서 촬영되어 더 유명세를 타면서 관광객이 반드시 들르는 관광지가 되었다. 아이슬란드 폭포들의 특징은 인공적인 것이 거의 없으며, 자연적인 상태에서 폭포를 감상할 수 있고 입장료가 없어 누구나 자유롭게 폭포를 감상할 수 있다.

데티포스Dettifoss는 한발 더 나아가 인공적인 나무 판자길이나 전망대 같은 것들이 전혀 설치되지 않아 자연을 훼손시키지 않아서 좋다. 아주 멀리 떨어진 곳에서도 구름 같은 물보라가 보인다. 약 500톤의 물이 매 초마다 바위 위로 쏟아져 내려서 엄청난 폭포 유량은 아이슬란드에서 가장 압도적인 폭포로 느끼게 한다.

고다포스Godafoss는 신들의 폭포라고 불리운다. 11세기에 국교를 기독교로 바꾸면서 이전에 자신들이 믿던 신들의 조각상들을 기독교를 믿겠다는 표시로 고다포스에 던졌다. 그 이후 신들의 폭포라는 '고다Goda'라는 이름이 붙여졌다. 아이슬란드의 다른 폭포들에 비하면 약간 작지만, 물보라가 별로 없고 동그랗게 폭포를 둘러보면서 계속 감상하기에 좋은 아름다운 폭포이다.

한여름의 백야와 한겨울의 오로라

우리나라 관광객들은 아이슬란드 여행을 아직까지 여름에 다녀온다. 하지만 오로라를 보러가는 겨울여행도 꽤 증가하고 있는 추세이다. 아이슬란드 여름여행의 장점은 누가 뭐라해도 해가 지지 않는 백야현상이다. 해가 지지 않으니 여행을 할 수 있는 시간들이 늘어나고 조금 더 여유롭게 관광지로, 숙소로 이동이 가능하다. 아이슬란드 사람들은 백야현상 때문에 잠을 자기 힘들어 금요일 저녁부터 월요일 새벽까지 펍Pub을 돌아다니며 술을 마시는 륀튀르를 하며 여름을 보낸다.

해가 지지 않는 것이 무엇일까? 우리나라에서 해가 지기 바로 전의 해질녘까지만 존재하고 다시 밝아온다. 그래서 잠에서 깨면 좀처럼 잠을 자기 힘들 수도 있다. 보통 새벽 1~2시 정도가 되면 해질 때의 빨간 기운이 오다가 다시 밝아진다. 4시만 되도 꽤나 밝다. 너무 밝기만 해서 흐린 날은 구름 때문에 밤이 오면 오히려 잠자기 좋아져서 흐린 날이 더 좋을 때가 있다.

레이캬비크와 아큐레이리같은 대도시에서는 새벽에 거리를 돌아다니면 관광객들이나 시민들이 이야기를 나누는 장면을 보게 된다. 하루는 레이캬비크에서 새벽2시30분에 잠이 안와 로우가베이걸 거리에 나갔더니 한 어린 학생이 아직 힘이 많다며 팔굽혀펴기를 보여주기도 한 에피소드도 있다.

백야

위도가 높은 지역에서 여름에 밤이 지지않는 현상을 말한다. '하얀 밤'이라는 표현이 러시아에서 쓰는 말로 우리는 주로 백야라고 부른다. 지구의 자전축이 23.44도가 기울어져 있어 위도가 남·북위 66.56도 이상인 지역에서 여름에 햇빛이 비치는 곳과 그 곳의 표준시가 일치하지 않아서 생기는 현상이다.

2시 30분의 로우가베이걸 거리모습

팔굽혀펴기를 보여주는 어린 학생

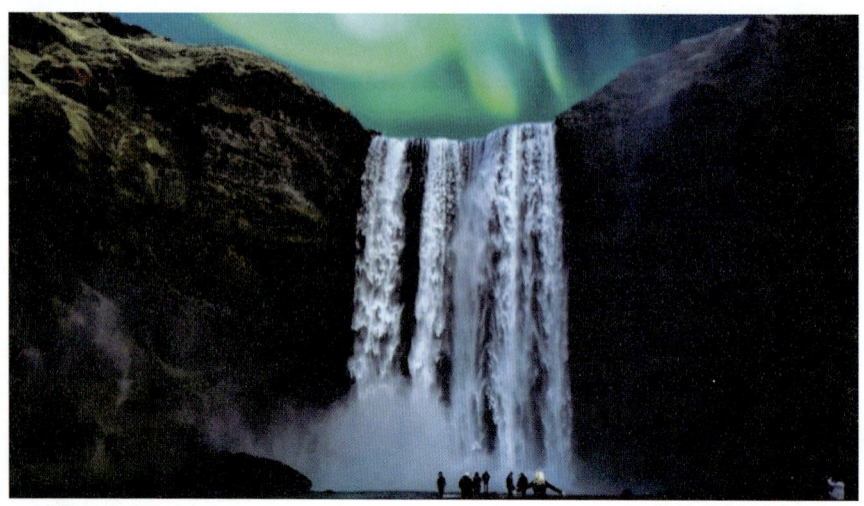

오로라

지구 밖에서 입사하는 전자가 지구대기의 공기 분자와 충돌하면서 빛을 내는 현상이 오로라이다. 이 입자들은 대부분 대양에서 방출된 입자들이 대부분이다. 태양풍을 따라 지구 근처에 왔다가 지구 자기장에 이끌려 대기로 진입하게 된 것이다. 지구 자극에 가까운 북반구와 남반구의 고위도 지방에서 주로 볼 수 있는데 위도가 높은 아이슬란드에서 겨울에 볼 수 있다.

아이슬란드에서 보통 11월부터 3월까지 오로라를 관측할 수 있다. 오로라지수가 높으면 투어회사들은 오로라 투어를 진행하는데 보통 밤 9시정도에 출발하여 새벽1~2시정도에 돌아온다. 수도인 레이캬비크부터 남부지방인 요쿨살론에서 투어가 진행된다. 오로라를 사진에 담기 바빠서 직접 보면서 느끼는 가슴에서 쿵쾅거리는 울림은 반드시 경험해봐야 알 수 있다.

오로라 사진을 찍기 위해서는 카메라 초점 거리는 무한대로 고정시키고 ISO는 최대로 높여서 고정시킨다. 조리개도 최대 개방하여 준비를 하고 있다. 셔터 스피드는 고정시킨 조리개 값과 상황에 따라 조정하면서 오로라 사진을 찍으면 된다. 반드시 고정을 시키고 오랜 시간을 있어야 하기 때문에 삼각대는 필수적이다. 물론 없다면 땅바닥에 누워서 손으로 고정시키고 찍을 수도 있지만 미리미리 준비하여 제대로 오로라 사진을 찍기 바란다.

아이슬란드
한 달 살기

Iceland

한 달 살기의 대중화

코로나 바이러스의 팬데믹 이후의 여행은 단순 방문이 아닌, '살아보는' 형태의 경험으로 변화할 것이다. 만약 코로나19가 지나간 후 우리의 삶에 어떤 변화가 다가올 것인가?

코로나 바이러스 팬데믹 이후에도 우리는 여행을 할 것이다. 여행을 하지 않고 살아갈 수 있는 사회로 돌아가지는 않는다. 이런 흐름에 따라 여행할 수 있도록, 대규모로 가이드와 함께 관광지를 보고 돌아가는 패키지 중심의 여행은 개인들이 현지 중심의 경험을 제공할 수 있는 다양한 방식의 여행이 활성화될 수 있다. 많은 사람이 '살아보기'를 선호하는 지역의 현지인들과 함께 다양한 액티비티가 확대되고 있다. 코로나19로 인해 국가 간 이동성이 위축되고 여행 산업 전체가 지금까지와 다른 형태로 재편될 것이지만 역설적으로 여행 산업에는 새로운 성장의 기회가 될 수 있다.

코로나 바이러스가 지나간 이후에는 지금도 가속화된 디지털 혁신을 통한 변화를 통해 우리의 삶에서 시·공간의 제약이 급격히 사라질 것이다. 디지털 유목민이라고 불리는 '디지털 노마드'의 삶이 코로나 이후에는 사람들의 삶 속에 쉽게 다가올 수 있다. 재택근무가 활성화되는 코로나 이후의 현장의 상황을 여행으로 적용하면 '한 달 살기' 등 원하는 지역에서 단순 여행이 아닌 현지를 경험하며 내가 원하는 지역에서 '살아보는' 여행이 많아질 수 있다. 여행이 현지의 삶을 경험하는 여행으로 변화할 것이라는 분석도 상당히 설득력이 생긴다.

결국 우리 앞으로 다가온 미래의 여행은 4차 산업혁명에서 주역이 되는 디지털 기술이 삶에 밀접하게 다가오는 원격 기술과 5G 인프라를 통한 디지털 삶이 우리에게 익숙하게 가속화되면서 균형화된 일과 삶을 추구하고 그런 생활을 살면서 여행하는 맞춤형 여행 서비스가 새로 생겨날 수 있다. 그 속에 한 달 살기도 새로운 변화를 가질 것이다.

솔직한 한 달 살기

요즈음, 마음에 꼭 드는 여행지를 발견하면 자꾸 '한 달만 살아보고 싶다'는 이야기를 많이 듣는다. 그만큼 한 달 살기로 오랜 시간 동안 해외에서 여유롭게 머물고 싶어 하기 때문이다. 직장생활이든 학교생활이든 일상에서 한 발짝 떨어져 새로운 곳에서 여유로운 일상을 꿈꾸기 때문일 것이다.

최근에는 한 달, 혹은 그 이상의 기간 동안 여행지에 머물며 현지인처럼 일상을 즐기는 '한 달 살기'가 여행의 새로운 트렌드로 자리잡아가고 있다. 천천히 흘러가는 시간 속에서 진정한 여유를 만끽하려고 한다. 그러면서 한 달 동안 생활해야 하므로 저렴한 물가와 주위

에 다양한 즐길 거리가 있는 도시들이 한 달 살기의 주요 지역으로 주목 받고 있다. 한 달 살기의 가장 큰 장점은 짧은 여행에서는 느낄 수 없었던 색다른 매력을 발견할 수 있다는 것이다.

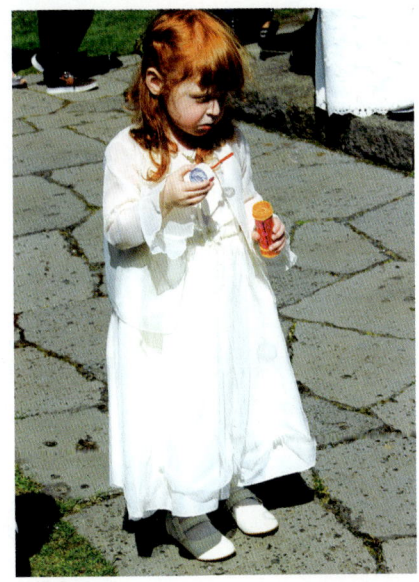

사실 한 달 살기로 책을 쓰겠다는 생각을 몇 년 전부터 했지만 마음이 따라가지 못했다. 우리의 일반적인 여행이 짧은 기간 동안 자신이 가진 금전 안에서 최대한 관광지를 보면서 많은 경험을 하는 것을 하는 것이 자유여행의 패턴이었다. 하지만 한 달 살기는 확실한 '소확행'을 실천하는 행복을 추구하는 것처럼 보였다. 많은 것을 보지 않아도 느리게 현지의 생활을 알아가는 스스로 만족을 원하는 여행이므로 좋아 보였다. 내가 원하는 장소에서 하루하루를 즐기면서 살아가는 문화와 경험을 즐기는 것은 좋은 여행방식이다.

하지만 많은 도시에서 한 달 살기를 해본 결과 한 달 살기라는 장기 여행의 주제만 있어서 일반적으로 하는 여행은 그대로 두고 시간만 장기로 늘린 여행이 아닌 것인지 의문이 들었다. 현지인들이 가는 식당을 가는 것이 아니고 블로그에 나온 맛집을 찾아가서 사진을 찍고 SNS에 올리는 것은 의문을 가지게 만들었다. 현지인처럼 살아가는 것이 아니라 풍족하게 살고 싶은 것이 한 달 살기인가라는 생각이 강하게 들었다.

현지인과의 교감은 없고 맛집 탐방과 SNS에 자랑하듯이 올리는
여행의 새로운 패턴인가, 그냥 새로운 장기 여행을 하는 여행자일 뿐이 아닌가?

현지인들의 생활을 직접 그들과 살아가겠다고 마음을 먹고 살아도 현지인이 되기는 힘들다. 여행과 현지에서의 삶은 다르기 때문이다. 단순히 한 달 살기를 하겠다고 해서 그들을 알 수도 없는 것은 동일할 수도 있다. 그래서 한 달 살기가 끝이 나면 언제든 돌아갈 수 있

다는 것은 생활이 아닌 여행자만의 대단한 기회이다. 그래서 한동안 한 달 살기가 마치 현지인의 문화를 배운다는 것은 거짓말로 느껴졌다.

시간이 지나면서 다시 생각을 해보았다. 어떻게 여행을 하든지 각자의 여행이 스스로에게 행복한 생각을 가지게 한다면 그 여행은 성공한 것이다. 그것을 배낭을 들고 현지인들과 교감을 나누면서 배워가고 느낀다고 한 달 살기가 패키지여행이나 관광지를 돌아다니는 여행보다 우월하지도 않다. 한 달 살기를 즐기는 주체인 자신이 행복감을 느끼는 것이 핵심이라고 결론에 도달했다.

요즈음은 휴식, 모험, 현지인 사귀기, 현지 문화체험 등으로 하나의 여행 주제를 정하고 여행지를 선정하여 해외에서 한 달 살기를 해보면 좋다. 맛집에서 사진 찍는 것을 즐기는 것으로도 한 달 살기는 좋은 선택이 된다. 일상적인 삶에서 벗어나 낯선 여행지에서 오랫동안 소소하게 행복을 느낄 수 있는 한 달 동안 여행을 즐기면서 자신을 돌아보는 것이 한 달 살기의 핵심인 것 같다.

떠나기 전에 자신에게 물어보자!

한 달 살기 여행을 떠나야겠다는 마음이 의외로 간절한 사람들이 많다. 그 마음만 있다면 앞으로의 여행 준비는 그리 어렵지 않다. 천천히 따라가면서 생각해 보고 실행에 옮겨보자.

내가 장기간 떠나려는 목적은 무엇인가?

여행을 떠나면서 배낭여행을 갈 것인지, 패키지여행을 떠날 것인지 결정하는 것은 중요하다. 하물며 장기간 한 달을 해외에서 생활하기 위해서는 목적이 무엇인지 생각해 보는 것이 중요하다. 일을 함에 있어서도 목적을 정하는 것이 계획을 세우는데 가장 기초가 될 것이다.

한 달 살기도 어떤 목적으로 여행을 가는지 분명히 결정해야 질문에 대한 답을 찾을 수 있다. 아무리 아무 것도 하지 않고 지내고 싶다고 할지라도 1주일 이상 아무것도 하지 않고 집에서만 머물 수도 없는 일이다. 조지아는 자연이 다채로워 다양한 볼거리, 엑티비티, 요리, 나의 로망인 여행지에서 살아보기 등 다양하다.

목표를 과다하게 설정하지 않기

자신이 해외에서 산다고 한 달 동안 어학을 목표로 하기에는 다소 무리가 있다. 무언가 성과를 얻기에는 짧은 시간이기 때문이다. 1주일은 해외에서 사는 것에 익숙해지고 2~3주에 현지에 적응을 하고 4주차에는 돌아올 준비를 하기 때문에 4주 동안이 아니고 2주 정도이다. 하지만 해외에서 좋은 경험을 해볼 수 있고, 친구를 만들 수 있다. 이렇듯 한 달 살기도 다양한 목적이 있으므로 목적을 생각하면 한 달 살기 준비의 반은 결정되었다고 생각할 수도 있다.

여행지와 여행 시기 정하기

한 달 살기의 목적이 결정되면
가고 싶은 한 달 살기 여행지와
여행 시기를 정해야 한다. 목적
에 부합하는 여행지를 선정하고
나서 여행지의 날씨와 자신의
시간을 고려해 여행 시기를 결
정한다. 여행지도 성수기와 비
수기가 있기에 한 달 살기에서
는 여행지와 여행시기의 틀이
결정되어야 세부적인 예산을 정
할 수 있다.

여행지를 선정할 때 대부분은 저렴하고 날씨가 좋은 동남아시아 중에 선택한다. 예산을 고
려하면 항공권 비용과 숙소, 생활비가 크게 부담이 되지 않는 태국의 방콕, 치앙마이, 베트
남 호이안 등이다. 하지만 많은 사람들의 로망이자 버킷리스트인 아이슬란드처럼 색다른
한 달 살기를 선택할 때 더욱 기억에 남을 수 있다.

한 달 살기의 예산정하기

누구나 여행을 하면 예산이 가장 중요하지만 한 달 살기는 오랜 기간을 여행하는 거라 특히 예산의 사용이 중요하다. 돈이 있어야 장기간 문제가 없이 먹고 자고 한 달 살기를 할 수 있기 때문이다.

한 달 살기는 한 달 동안 한 장소에서 체류하므로 자신이 가진 적정한 예산을 확인하고, 그 예산 안에서 숙소와 한 달 동안의 의식주를 해결해야 한다. 여행의 목적이 정해지면 여행을 할 예산을 결정하는 것은 의외로 어렵지 않다. 또한 여행에서는 항상 변수가 존재하므로 반드시 비상금도 따로 준비를 해 두어야 만약의 상황에 대비를 할 수 있다. 대부분의 사람들이 한 달 살기 이후의 삶도 있기에 자신이 가지고 있는 예산을 초과해서 무리한 계획을 세우지 않는 것이 중요하다.

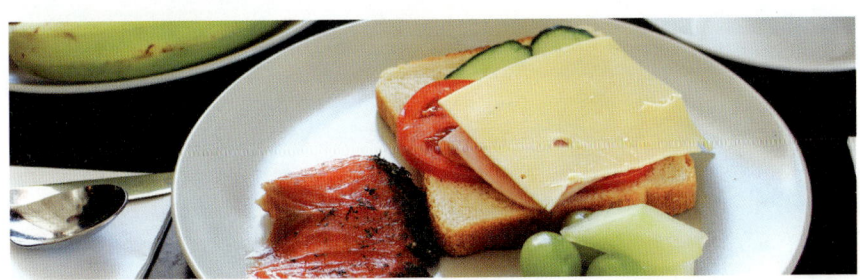

세부적으로 확인할 사항

1. 나의 여행스타일에 맞는 숙소형태를 결정하자.

지금 여행을 하면서 느끼는 숙소의 종류는 참으로 다양하다. 호텔, 민박, 호스텔, 게스트하우스가 대세를 이루던 2000년대 중반까지의 여행에서 최근에는 에어비앤비Airbnb나 부킹닷컴, 호텔스닷컴 등까지 더해지면서 한 달 살기를 하는 장기여행자를 위한 숙소의 폭이 넓어졌다.

숙박을 할 수 있는 도시로의 장기 여행자라면 에어비앤비Airbnb보다 더 저렴한 가격에 방이나 원룸(스튜디오)을 빌려서 거실과 주방을 나누어서 사용하기도 한다. 방학 시즌에 맞추게 되면 방학동안 해당 도시로 역으로 여행하는 현지 거주자들의 집을 1~2달 동안 빌려서 사용할 수도 있다. 그러므로 자신의 한 달 살기를 위한 스타일과 목적을 고려해 먼저 숙소형태를 결정하는 것이 좋다.

무조건 좋은 시설에서 한 달 이상을 렌트하는 것만이 좋은 방법은 아니다. 혼자서 지내는 '나 홀로 여행'에 저렴한 배낭여행으로 한 달을 살겠다면 호스텔이나 게스트하우스에서 한 달 동안 지내는 것이 나을 수도 있다. 최근에는 조지아의 수도인 트빌리시에서 한 달 살기가 늘어나면서 한 층을 빌리거나 집을 빌려서 지내는 경우가 많다. 그러기 위해서는 시내 중심에서는 벗어난 곳에서 지내야 렌트 비용을 줄일 수 있다. 아이가 있는 가족이 여행하는 것이라면 안전을 최우선으로 시내 중심에 있는 숙소를 활용하는 것이 낫다.

2. 한 달 살기 도시를 선정하자.

어떤 숙소에서 지낼 지 결정했다면 한
달 살기 하고자 하는 근처와 도시의 관
광지를 살펴보는 것이 좋다.

자신의 취향을 고려하여 도시의 중심
에서 머물지, 한가로운 외곽에서 머물
면서 대중교통을 이용해 이동할지 결
정한다. 조지아는 국토의 크기가 넓지
않아서 수도인 트빌리시에 머물면서
주변 도시로 주말에 여행을 떠나고 1주
일 정도를 북부의 카즈베기나 서북부
의 메스티아로 트레킹이나 스키를 다
녀오는 경우가 많다.

3. 숙소를 예약하자.

숙소 형태와 도시를 결정하면 숙소를 예약해야 한다. 발품을 팔아 자신이 살 아파트나 원룸 같은 곳을 결정하는 것처럼 한 달 살기를 할 장소를 직접 가볼 수는 없다. 대신에 손품을 팔아 인터넷 카페나 SNS를 통해 숙소를 확인하고 숙박 어플을 통해 숙소를 예약하거나 인터넷 카페 등을 통해 예약한다. 최근에는 호텔 숙박 어플에서 장기 숙소를 확인하기도 쉬워졌고 다양하다. 어플마다 쿠폰이나 장기간 이용을 하면 할인혜택이 있으므로 검색해 비교해보면 유용하다.

장기 숙박에 유용한 앱

각 호텔 앱
호텔 공식 사이트나 호텔의 앱에서 패키지 상품을 선택 할 경우 예약 사이트를 이용하면 저렴하게 이용할 수 있다.

인터넷 카페
각 도시마다 인터넷 카페를 검색하여 카페에서 숙소를 확인할 수 있는 숙소의 정보를 확인할 수 있다.

에어비앤비(Airbnb)
개인들이 숙소를 제공하기 때문에 안전한지에 대해 항상 문제는 있지만 장기여행 숙소를 알리는 데 일조했다. 가장 손쉽게 접근할 수 있는 사이트로 빨리 예약할수록 저렴한 가격에 슈퍼호스트의 방을 예약할 수 있다.

호텔스컴바인, 호텔스닷컴, 부킹닷컴 등
다양하지만 비슷한 숙소를 검색할 수 있는 기능과 할인율을 제공하고 있다.

호텔스닷컴
숙소의 할인율이 높다고 알려져 있지만 장기간 숙박은 다를 수 있으므로 비교해 보는 것이 좋다.

---

4. 숙소 근처를 알아본다.

지도를 보면서 자신이 한 달 동안 있어야 할 지역의 위치를 파악해 본다. 관광지의 위치, 자신이 생활을 할 곳의 맛집이나 커피숍 등을 최소 몇 곳만이라도 알고 있는 것이 필요하다.

한 달 살기는 삶의 미니멀리즘이다.

요즈음 한 달 살기가 늘어나면서 뜨는 여행의 방식이 아니라 하나의 여행 트렌드로 자리를 잡고 있다. 한 달 살기는 다시 말해 장기여행을 한 도시에서 머물면서 새로운 곳에서 삶을 살아보는 것이다. 삶에 지치거나 지루해지고 권태로울 때 새로운 곳에서 쉽게 다시 삶을 살아보는 것이다. 즉 지금까지의 인생을 돌아보면서 작게 자신을 돌아보고 한 달 후 일상으로 돌아와 인생을 잘 살아보려는 행동의 방식일 수 있다.

삶을 작게 만들어 새로 살아보고 일상에서 필요한 것도 한 달만 살기 위해 짐을 줄여야 하며, 새로운 곳에서 새로운 사람들과의 만남을 통해서 작게나마 자신을 돌아보는 미니멀리즘인 곳이다. 집 안의 불필요한 짐을 줄이고 단조롭게 만드는 미니멀리즘이 여행으로 들어와 새로운 여행이 아닌 작은 삶을 떼어내 새로운 장소로 옮겨와 살아보면서 현재 익숙해진 삶을 돌아보게 된다.

다른 사람들과 만나고 새로운 일상이 펼쳐지면서 새로운 일들이 생겨나고 새로운 일들은 예전과 다르게 어떻다는 생각을 하게 되면 왜 그때는 그렇게 행동을 했을 지 생각을 해보게 된다. 한 달 살기에서는 일을 하지 않으니 자신을 새로운 삶에서 생각해보는 시간이 늘어나게 된다. 그래서 부담없이 지내야 하기 때문에 물가가 저렴해 생활에 지장이 없어야 하고 위험을 느끼지 않으면서 지내야 편안해지기 때문에 안전한 태국의 치앙마이나 방콕, 푸켓, 끄라비 등을 선호하게 된다. 외국인에게 개방된 나라가 새로운 만남이 많으므로 외국인에게 적대감이 없는 태국이나, 한국인에게 호감을 가지고 있는 베트남이 선택되게 된다.

새로운 음식도 매일 먹어야 하므로 내가 매일 먹는 음식과 크게 동떨어지기보다 비슷한 곳이 편안하다. 또한 대한민국의 음식들을 마음만 먹는다면 쉽고 간편하게 먹을 수 있는 곳이 더 선호될 수 있다.

삶을 단조롭게 살아가기 위해서 바쁘게 돌아가는 대도시보다 소도시를 선호하게 되고 현대적인 도시보다는 옛 정취가 남아있는 그윽한 분위기의 도시를 선호하게 된다. 그러면서도 쉽게 맛있는 음식을 다양하게 먹을 수 있는 식도락이 있는 도시를 선호하게 된다.
그렇게 한 달 살기에서 가장 핫하게 선택된 도시는 태국 북부의 치앙마이와 남부의 푸켓, 끄라비 등이 많다. 그리고 인도네시아 발리의 우붓이 그 다음이다. 위에서 언급한 저렴한 물가, 안전한 치안, 한국인에 대한 호감도, 한국인에게 맞는 음식 등이 가진 중요한 선택사항이다.

아이슬란드 한 달 살기 비용

아이슬란드는 다른 유럽국가에 비하면 물가가 비싼 편이다. 하지만 현지인처럼 마트를 이용하면 비싼 편은 아니다. 날씨의 변화가 심한 아이슬란드는 춥지만 생각만큼 추운 편은 아니다. 그런데 바람이 강하게 불기 때문에 체온 유지에 신경을 써야 한다.

체온 유지를 할만한 옷을 가지고 오지 않아서 옷을 구입하려고 한다면 상당히 비싼 옷을 장만해야 하므로 사전에 의류는 신경써서 준비해야 한다. 비싸다는 생각만으로 한 달 살기를 왔다면 실망할 가능성이 높다. 비싼 물가에 제약을 받아 한 달 살기를 제대로 할 수 없다는 생각을 가지고 있다면 아이슬란드 한 달 살기는 쉽지 않을 것이다.

여행을 계획하고 실행에 옮기면 가장 많이 돈이 들어가는 부분은 항공권과 숙소비용이다. 또한 여행기간 동안 사용할 식비와 버스 같은 교통수단의 비용이 가장 일반적이다. 아이슬란드에서 한 달 살기를 많이 하는 도시는 수도인 레이캬비크, 아이슬란드 남부 지방 등으로 이 도시들을 기반으로 한 달 살기의 비용을 파악했다.

항목	내용	경비
항공권	아이슬란드으로 이동하는 항공권이 필요하다. 항공사, 조건, 시기에 따라 다양한 가격이 나온다.	약 130~200만 원
숙소	한 달 살기는 대부분 아파트 같은 혼자서 지낼 수 있는 숙소가 필요하다. 홈스테이부터 숙소들을 부킹닷컴이나 에어비앤비 등의 사이트에서 찾을 수 있다. 각 나라만의 장기여행자를 위한 전문 예약 사이트(어플)에서 예약하는 것도 추천한다.	한 달 약 500,000~ 1,500,000원
식비	아파트 같은 숙소를 이용하려는 이유는 식사를 숙소에서 만들어 먹으려는 하기 때문이다. 마트에서 장을 보면 물가는 저렴하다는 것을 알 수 있다. 외식물가는 나라마다 다르지만 대한민국과 비교해 비싸다는 인식을 갖자.	한 달 약 500,000~1,000,000원
교통비	각 도시마다 도시 전체를 사용할 수 있는 교통권을 사용하면 다양한 혜택이 있다. 하지만 레이캬비크에서도 버스를 이용하는 일은 많지 않다. 주말에 근교를 여행하려면 추가 교통비가 필요하다.	교통비 300,000~500,000원
TOTAL		280~380만 원

또 하나의 공간, 새로운 삶을 향한 한 달 살기

"여행은 숨을 멎게 하는 모험이자 삶에 대한 심오한 성찰이다"

한 달 살기는 여행지에서 마음을 담아낸 체험을 여행자에게 선사한다. 한 달 살기는 출발
하기는 힘들어도 일단 출발하면 간단하고 명쾌해진다. 도시에 이동하여 바쁘게 여행을 하
는 것이 아니고 살아보는 것이다. 재택근무가 활성화되면 더 이상 출근하지 않고 전 세계
어디에서나 일을 할 수 있는 세상이 열린다. 새로운 도시로 가면 생생하고 새로운 충전을
받아 힐링Healing이 된다. 한 달 살기에 빠진 것은 포르투갈의 포르투Porto와 태국 북부의 치
앙마이를 찾았을 때, 느긋하게 즐기면서도 저렴한 물가에 마음마저 편안해지는 것에 매료
되게 되었다.

무한경쟁에 내몰린 우리는 마음을 자연스럽게 닫았을지 모른다. 그래서 천천히 사색하는 한 달 살기에서 더 열린 마음이 될지도 모른다. 삶에서 가장 중요한 것은 행복한 것이다. 뜻하지 않게 사람들에게 받는 사랑과 도움이 자연스럽게 마음을 열게 만든다. 하루하루가 모여 나의 마음도 단단해지는 곳이라고 생각한다.

인공지능시대에 길가에 인간의 소망을 담아 돌을 올리는 것은 인간미를 느끼게 한다. 한 달 살기를 하면서 도시의 구석구석 걷기만 하니 가장 고생하는 것은 몸의 가장 밑에 있는 발이다. 걷고 자고 먹고 이처럼 규칙적인 생활을 했던 곳이 언제였던가? 규칙적인 생활에도 용기가 필요했나보다.

한 달 살기 위에서는 매일 용기가 필요하다. 용기가 하루하루 쌓여 내가 강해지는 곳이 느껴진다. 고독이 쌓여 나를 위한 생각이 많아지고 자신을 비춰볼 수 있다. 현대의 인간의 삶은 사막 같은 삶이 아닐까? 이때 나는 전 세계의 아름다운 도시를 생각했다. 인간에게 힘든 삶을 제공하는 현대 사회에서 천천히 도시를 음미할 수 있는 한 달 살기가 사람들을 매료시키고 있다.

경험의 시대

소유보다 경험이 중요해졌다. '라이프 스트리머Life Streamer'라고 하여 인생도 그렇게 산다. 스트리밍 할 수 있는 나의 경험이 중요하다. 삶의 가치를 소유에 두는 것이 아니라 경험에 두기 때문이다.

예전의 여행은 한번 나가서 누구에게 자랑하는 도구 중의 하나였다. 그런데 세상은 바뀌어 원하기만 하면 누구나 해외여행을 떠날 수 있는 세상이 되었다. 여행도 풍요 속에서 어디를 갈지 고를 것인가가 굉장히 중요한 세상이 되었다. 나의 선택이 중요해지고 내가 어떤 가치관을 가지고 여행을 떠나느냐가 중요해졌다.

개개인의 욕구를 충족시켜주기 위해서는 개개인을 위한 맞춤형 기술이 주가 되고, 사람들은 개개인에게 최적화된 형태로 첨단기술과 개인이 하고 싶은 경험이 연결될 것이다. 경험에서 가장 하고 싶어 하는 것은 여행이다. 그러므로 여행을 도와주는 각종 여행의 기술과 정보가 늘어나고 생활화 될 것이다.

세상을 둘러싼 이야기, 공간, 느낌, 경험, 당신이 여행하는 곳에 관한 경험을 제공한다. 당신이 여행지를 돌아다닐 때 자신이 아는 것들에 대한 것만 보이는 경향이 있다. 그런데 가

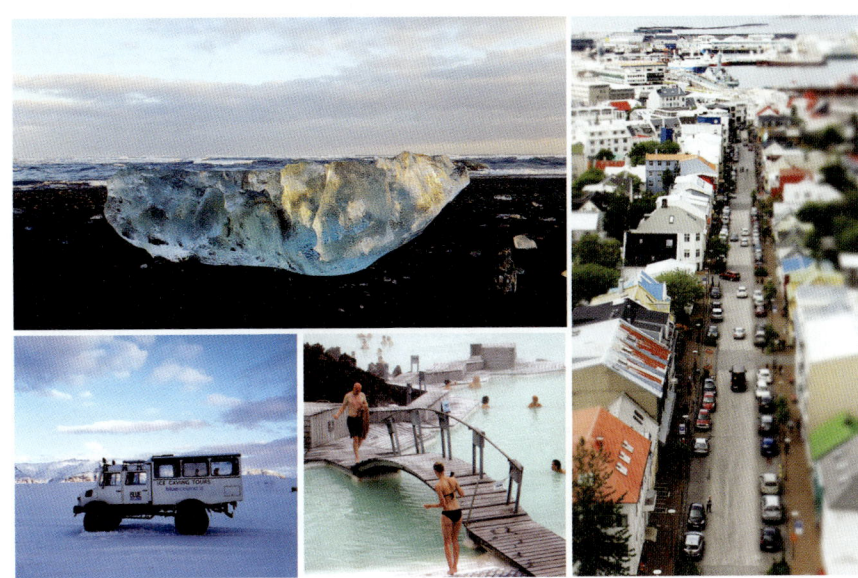

끔씩 새로운 것들이 보이기 시작한다. 이때부터 내 안의 호기심이 발동되면서 나 안의 호기심을 발산시키면서 여행이 재미있고 다시 일상으로 돌아올 나를 달라지게 만든다. 나를 찾아가는 공간이 바뀌면 내가 달라진다. 내가 새로운 공간에 적응해야 하기 때문이다.
여행은 새로운 공간으로 나를 이동하여 새로운 경험을 느끼게 해준다. 그러면서 우연한 만남을 기대하게 하는 만들어주는 것이 여행이다.

당신이 만약 여행지를 가면 현지인들을 볼 수 있고 단지 보는 것만으로도 그들의 취향이 당신의 취향과 같을지 다를지를 생각할 수 있다. 세계는 서로 조화되고 당신이 그걸 봤을 때 "나는 이곳을 여행하고 싶어 아니면 다른 여행지를 가고 싶어"라고 생각할 수 있다. 여행지에 가면 세상을 알고 싶고 이야기를 알고 싶은 유혹에 빠지는 마음이 더 강해진다. 우리는 적절한 때에 적절한 여행지를 가서 볼 필요가 있다. 만약 적절한 시기에 적절한 여행지를 만난다면 사람의 인생이 달라질 수도 있다.

여행지에서는 누구든 세상에 깊이 빠져들게 될 것이다 전 세계 모든 어행지는 사림과 문화를 공유하는 기능이 있다. 누구나 여행지를 갈 수 있다. 막을 수가 없다. 누구나 와서 어떤 여행지든 느끼고 갈 수 있다는 것, 여행하고 나서 자신의 생각을 바꿀 수 있다는 것이 중요하다. 그래서 여행은 건강하게 살아가도록 유지하는 데 필수적이다. 여행지는 여행자에게 나눠주는 로컬만의 문화가 핵심이다.

한 달 살기의 기회비용

대학생 때는 해외여행을 한다는 자체만으로 행복했다. 아무리 경유를 많이 해도 비행기에서 먹는 기내식은 맛있었고, 아무리 고생을 많이 해도 해외여행은 나에게 최고의 즐거움이었다. 어떻게든 해외여행을 다니기 위해 아르바이트를 하고, 여행상품이 걸린 이벤트나 기업체의 공모전에 응모했다. 여러 가지 방법으로 여행경비를, 혹은 여행의 기회를 마련하면서, 내 대학생활은 내내 '여행'에 맞춰져있었고, 나는 그로인해 대학생활이 무척 즐거웠다. 반면, 오로지 여행만을 생각한 내 대학생활에서 학점은 소소한 것이었다. 아니, 상대적인 관심도가 떨어졌다는 말이 맞겠다. 결론적으로 나는 학점을 해외여행과 맞바꾼 것이었다.

코로나 바이러스가 전 세계를 덮치면서 사람들은 여행을 가지 못하고 집에서 오랜 시간을 머물러야 했다. 못가는 여행지로 가고 싶어서 랜선 여행으로 대신하는 경우도 발생하고 있다. 쉽게 해외여행을 갈 수 있는 시대에서 갑자기 바이러스로 인해 개인 간의 접촉 자체를 막아야 하는 시기가 발생하면서 여행 수요는 90%이상 줄어들었다. 그렇지만 일을 해야 하고 회의도 해야 하니 디지털 기술을 활용한 원격 화상회의, 원격 수업, 재택근무를 하면서 평상시에 일을 하는 경우에 효율성을 떨어뜨릴 것이라는 이야기를 했지만 코로나 바이러스로 인해 실제로 해보니 효율성이 떨어지지 않더라는 결과가 나왔다. 코로나 19가 백신 개발로 종료되더라도 일을 하는 방식이나 생활의 패턴이 디지털 기술을 활용하여 일을 할 수 있게 될 것이다.

그렇다면, 미래에 코로나 바이러스로 인해 바뀌어야 하는 여행은 무엇일까? 패키지 상품 여행은 단시간에 많은 관광지를 보고 가이드가 압축하여 필요한 내용을 설명하고 먹고 다니다가 여행이 끝이 난다. 하지만 디지털 기술로 재택근무가 가능하여 장소의 제약이 줄어든다면 어디서 여행을 하든지 상관없어진다. 그러므로 한 달 살기가 코로나 바이러스의 팩데믹 현상 이후에 발전되는 여행의 형태가 될 수 있다.

어떤 선택을 했을 때 포기한 것들 중에서 가장 좋은 한 가지의 가치를 기회비용이라고 한다. 내가 포기했던 학점이 해외여행의 기회비용인 것이다. 아르바이트를 해서 해외로 여행을 다녀온다면, 여행을 다녀오기 위해 포기하는 것들이 생긴다. 예를 들어 아르바이트를 하는 시간, 학점 등이 여행의 기회비용이 된다.

만약 20대 직장인이 200만 원짜리 유럽여행상품으로 여행을 간다고 하자. 이 직장인은 200만 원을 모아서 은행에 적금을 부었다면 은행에서 받는 이자수입이 있었을 것이다. 연리12%(계산의 편의상 적용)라면 200만원 유럽여행으로 한 달 동안 2만 원의 이자수입이 없어진 셈이다. 이 2만 원이 기회비용이라는 것이다.

여행을 하면서도 우리는 기회비용이라는 경제행동을 한다. 그러니 코로나 바이러스 이후에 한 달 살기를 하면서 우리가 포기한 기회비용보다 더욱 많은 것을 얻도록

노력해야 하겠다고 생각할 수도 있다. 우리가 대개 여행을 하면서 포기하게 되는 기회비용은 여행기간동안 벌 수 있는 '돈'과 다른 무언가를 할 수 있는 '시간'이 대표적이다.

하지만 좀 바꾸어 생각해보면 여행의 무형적인 요소로, 한 번의 여행으로 내 인생이 달라진다면, 포기한 돈(여기서 기회비용)은 싼 가격으로 책정될 수 있지만 여행에서 얻은 것이 없다면 비싼 가격으로 매겨질 수 있다.

일반적으로 구입하는 물품에 감가상각이라는 것이 있지만, 한 번 다녀온 한 달 살기 여행이 자신의 인생에서 평생 동안 도움이 된다면 감가상각기간이 평생이기 때문에 감가상각비용은 거의 발생하지 않는다. 그리고 여행으로 인생이 바뀌었다면, 여행으로 받은 이익이 매우 크기 때문에 기회비용은 이익에 비해 무료로 계산될 수도 있다. 200만 원으로 다녀온 한 달 살기 여행이, 그때 소요된 200만원이 전혀 아깝지 않을 정도의 여행이었다면 되는 것이다.

같은 건물을 봐도, 모두 다 다른 생각을 하고, 같은 길을 걸어도 저마다 드는 생각은 다른 것처럼, 여행을 통해 얻을 수 있는 기회비용대비 최고의 가치도 각자 다르다. 지금의 나에게 있어 최저의 기회비용을 가지는 최고의 여행은 어떤 것일까? 한 달 살기처럼 새로운 여행형태는 계속 생겨날 것이다. 왜냐하면 우리는 여행을 계속 할 거니까.

여행의 뉴 노멀^{New Normal}, 한 달 살기

특정 도시의 라이프스타일과 문화를 일상생활에서 체험하듯이 한 달 살기에서 느낄 수 있다. 전시, 박물관 체험 등을 통해 경험해 볼 수 있는 도시마다 다른 테마 프로그램이 있다는 사실을 알게 된다. 누가 처음으로 만든 여행이 아니고 바쁘게 보고 돌아다니는 관광에 지친 사람들이 원하는 여행이 "한 달 살기"라는 이름의 여행으로 나타나게 되었다.

기초적인 요리를 배워 보는 쿠킹 클래스, 요가 강사를 섭외해 진행하는 요가 수업 등을 경험해 볼 수 있는 프로그램이 많기 때문에 새로운 체험을 즐기면서 새로운 도시에서 새로운 체험을 할 수 있다. 한 달 살기를 하면서 새로운 도시를 찾은 여행자들이 현지에서 사는 느낌을 받을 수 있는 여행 형태이다.

도시마다 다른 여행 취향을 반영한 한 달 살기처럼 여행자가 선택하는 도시에서 볼거리, 맛집 등을 기반으로 장기간의 여행과 현지인의 삶의 방식을 즐길 수 있는 여행플랫폼이기도 하다. 짧은 여행이나 배낭여행으로는 느낄 수 없어서 바뀌는 여행 트렌드를 반영한 한 달 살기로 태어났다고 볼 수 있다.

한 달 살기가 대한민국에 새로운 여행문화를 이식시키고 있다. 한 달 살기는 '장기 여행'의 다른 말일 수도 있다. 그 전에는 대부분 코스를 짜고 코스에 맞추어 10일 이내로 동남아시

아든 유럽이든 가고 싶은 여행지로 떠났다. 유럽 배낭여행도 단기적인 여행방식에 맞추어 무지막지한 코스를 1달 내내 갔던 기억도 있지만 여유롭게 여행을 즐기는 문화는 별로 없었다.

한 달 살기의 장기간 여행이 대한민국에 없었던 이유는 경제발전을 거듭한 대한민국에서 오랜 시간 일을 하지 않고 여행을 가는 것은 상상하기 힘든 것이었다. 하지만 장기 불황에 실직이 일반화되고 멀쩡한 직장도 퇴사를 하면서 자신을 찾아가기 위한 시간을 자의든 타의든 가질 수 있게 되어 점차 한 달 살기를 하는 장기 여행자는 늘어나고 있다.

거기에 2020년의 코로나 바이러스가 전 세계를 강타하는 초유의 상황이 벌어지면서 바이러스를 피해 사람들과의 접촉을 줄이기 위해 재택근무가 늘어나고 원격 회의, 5G 등의 4차 산업혁명이 빠르게 우리의 삶에 다가오면서 코로나 이후의 뉴 노멀New Normal, 여행이 이식될 것이다. 그 중에 하나는 한 살 살기나 자동차 여행으로 접촉은 줄어들지만 개인들이 쉽게 찾아가고 자신이 여행지에서 여유롭게 느끼면서 다니는 여행은 늘어날 것이다.

여행을 하면 "여유롭게 호화로운 호텔에서 잠을 자고 수영장에서 여유롭게 수영을 하면서 아무 것도 히지 않는 것이 꿈이다"라고 생각하면서 여행을 하지만 1달 이상의 여행을 하면 아무것도 안 하고 1달을 지내는 것은 쉬운 일이 아니다. 한 달 살기를 하면 반드시 자신에 대해 생각을 하게 된다. 일상에서 벗어나게 되므로 새로운 위치에서 자신을 볼 수 있게 되는 장점이 있다.

아이슬란드 한 달 살기, 겨울일기

한때 가수 '장나라'의 노래를 즐겨 들었던 적이 있다. 그때 '겨울일기'라는 노래를 들으면서 나에게도 겨울에 낭만적인 기억을 더듬을 수 있을까? 걱정스러웠던 때가 있었다. 겨울일기라는 설레임이 가득한 노래리듬을 들었다. 가사는 귀에 들어오지 않았다. 새해를 희망하면서 기대감에 새해를 기다리는 나를 기억하고 싶었지만 나이가 들어가면서 더욱 겨울에는 한해가 지나가는 것이 두려워졌지만 낭만적인 겨울을 즐기고 싶었다.

겨울일기라는 뮤직비디오에 나오는 새하얀 공해도 없는 투명한 눈사람에 뽀뽀를 하는 사진이 항상 눈에 그려졌다. 그 기억이 사라졌고 나이가 든 나는 겨울, 아이슬란드에 있었다. 공해가 없는 아이슬란드의 주택을 빌려 2일을 있을 예정이었다. 천천히 하루를 시작해 주변의 게이시르를 보고 온천을 즐기고 나면 일찍 지는 해에 커피 한잔을 마시면서 집 주위의 호수를 산책했다. 안전한 아이슬란드에서 밤이든 저녁이든 언제나 마음 편하게 나를 돌아보고 새로운 희망을 가져볼 수 있었다.

2일차에 마트에 가서 어떤 고기를 골라 야하나 고민하던 때에 마트 주인이 와 서 한 고기를 집더니 이 고기를 오븐에 어떻게 요리하면 정말 맛있다는 말을 하면서 자신이 보장하니 구입하라고 하였다. 나는 마트 주인과 대화를 나누 었고 그의 따뜻한 말투에 두말하지 않 고 구입해와서 요리를 하였다. 나는 요 리를 못해서 설명을 들었지만 요리를 하는 데에 시간이 오래걸렸다. 1시간을 씨름하면서 그의 설명대로 요리를 하려고 노력하였다.

오븐에 나온 고기를 잘라서 입에 넣었을 때에 나는 깜짝 놀랐다. 너무도 살살 녹는 고기에, 나의 요리 솜씨에 감탄하였기 때문이다. 그날 나는 행복한 저녁시간을 보냈다. 대화는 대 단한 대화가 아니었지만 즐거웠고 호수 근처의 눈 덮인 길가에서 힘들게 걸었지만 넘어지 면서도 행복하였다. 그날 나는 어떤 것이 행복이라는 것을 알았다. 서로 도와주고 소박한 대화와 음식재료에 행복을 담아 가는 과정이라는 것을….

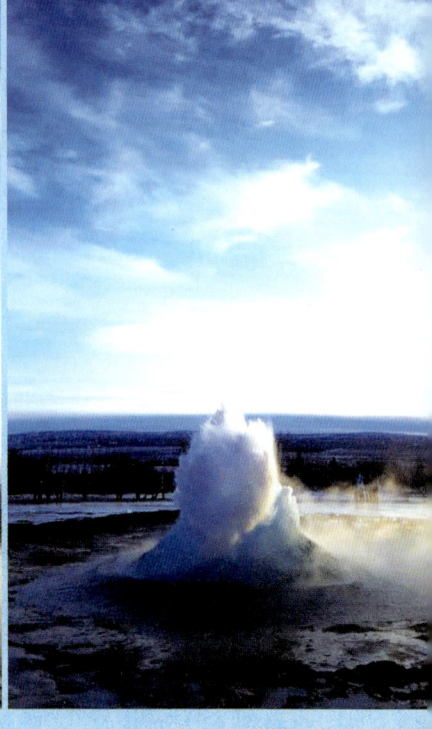

나는 그 이후에 오랜 시간 더 머물렀다. 요즈음 유행한다는 한 달 살기 여행을 아이슬란드에서 해보았다. 마트 주인과는 더욱 친해졌고 집 주인과도 친해져 그녀가 운영하는 아이스크림 가게에서 자주 아이스크림을 먹으면서 대화를 나누었다. 삼시세끼를 먹고 요리하고 생각하고 대화하는 하루의 일과들이 행복했다.

특히 공해가 없고 눈이 자주 오는 아이슬란드에서 매일 눈사람을 만들었다. 호수의 근처에 있어서 수분을 머금은 눈은 금방 뭉쳐졌고 눈사람은 30분도 안되어 만들었고 매일 다양한 눈사람을 만들고 눈사람에 뽀뽀도 하고 사진도 찍으면서 즐거웠다. 눈이 녹아도 공해가 없어서 하얀 물로 다시 변하는 눈을 보면서 추운 겨울이 이토록 행복해질 수 있다는 사실이 놀라웠다.

행복에 돈과 물질이 다인 것처럼 행동하는 대한민국에서 벗어나 덜 벌고 덜 가지고 행복한 시간을 보낸 내가 자랑스러웠다. 아이슬란드처럼 물가가 비싼 아이슬란드에서 돈도 많았겠다는 이야기도 들었지만 삼시세끼를 먹는 아이슬란드에서의 물가는 대한민국과 별반 다르지 않았다. 요리를 해먹고 만들어서 놀러가는 생활을 하기 때문에 현지의 물가는 문제가 되지 않았다.

눈이 오면 저녁을 먹고 온천을 하러 갔다. 집 근처의 노천 온천에서 눈을 맞으며, 저녁에 밤하늘을 바라보며 따뜻한 온천물에서 맞는 몸의 느낌은 너무 좋았다. 다른 표현을 찾을 수 없을 정도로 눈 맞으며 온천을 하는 내가 너무 행복했다. 집으로 돌아와 커피 한잔을 하고 자면 숙면을 취할 수 있었다.

한 달 살기에서 여러 곳을 보지 않았다. 겨울의 아이슬란드는 3시면 해가 지기 때문에 관광지 구경도 일찍 끝났다. 더 많이 보러 다니는 여행은 할 수 없는 아이슬란드, 밤이 길어서 할 게 없어서 겨울의 아이슬란드는 심심할 수 있었지만 바쁘게 살았던 나의 뇌에는 새로운 생명을 불어넣었다. 심심해도 너무 심심한 아이슬란드의 기억은 나에게 행복한 나날의 연속이었다. 대화를 나누고 요리를 하고 마을 주민들과 대화하는 기억에 아이슬란드의 때가 끼지 않은 눈은 내가 아이슬란드를 기억하는 모티브가 되었다.

Reykjavík

레이카비크

비데이섬 페리 Time Table

5/26~9/30

하르파Harpa 출발			12:00			15:00			
From Skarfabakki	10:15	11:15	12:15	13:15	14:15	15:15	16:15	17:15	
To Skarfabakki 도착			12:30	13:30	14:30	15:30	16:30	17:30	18:30
하르파Harpa 도착		11:30			14:30			17:30	

10/1~4/14

From Skarfabakki			13:15	14:15	15:15
To Skarfabakki				14:30	15:30	16:30

할그림스키르캬교회 전망대에서 바라본 풍경

해안 산책로

Sæbraut 사이브라우트

The Sun Voyager
선보야저

선보야저

Höfdi House
회프디 하우스

● Teo & Kaffi
테오 카피

● Bíó Paradis
비오 파라디스

● Hringa 흐린가

● Kex Hostel
켁스 호스텔

Hrím Eldhús
흐림 엘드후스

Laugavegur 라우가베구르

Frakkastígur 프라카스티구르

Vegamótastígur

● Hraðlestin
호라들레스틴 ①

● Sandholt
산드홀트

레이캬캐구르

● Bónus
보누스

Info 센터

● 타이레스토랑

● Kiosk
카우스크

더럼

● Teo & Kaffi
테오 카피

● Mengi Apartment
멘기 아파트

Eymundsson
에이문드손

● Eldsmiðjan
엘드스미단

● Police
경찰서

● Reykjavik Roasters
레이캬비크 로스터즈

Bergþórugata 베르그소루가타

Njálsgata

● Noodle Station
누들스테이션

● Helmmur Bus Station
헬름무르 버스정류장

Snorrabraut 스노라브라우트

● Ban Thai
반 타이

Hlemmur

● Hallgrímskirkja
할그림스키르캬 교회

● Reykjavík
Inder Thermal Pool
레이캬비크 실내수영장

Bergþórugata

Bergstígur

177

한눈에 레이캬비크 파악하기

세계 최북단에 위치한 수도를 방문하면 도시의 활기와 아름다운 자연을 만끽하는 즐거움이 있다. 아이슬란드의 아담한 수도 레이캬비크는 다양한 즐길 거리가 있다. 세계적 수준의 음악과 다양한 건축, 바이킹의 역사와 온천을 자랑하는 레이캬비크를 방문하여 유럽에서 가장 안전한 거리를 거닐며 추억을 남길 수 있다. 여정을 풀고 레이캬비크 인근의 아이슬란드의 자연 탐험에 나서는 것도 좋다.

레이캬비크의 날씨는 변덕이 심하므로 미리 대비하는 것이 안전하다. 햇살이 좋은 날에는 레이캬비크 항구에서 트요르닌 호수까지 걸어서 생각에 빠지는 것을 추천한다. 아이슬란드 최대의 교회인 할그림스키르캬 전망대에 올라 시가지의 전경을 감상할 수 있다. 알록달록한 지붕과 항구, 장엄한 산맥 뒤로 빙하까지 볼 수 있다.

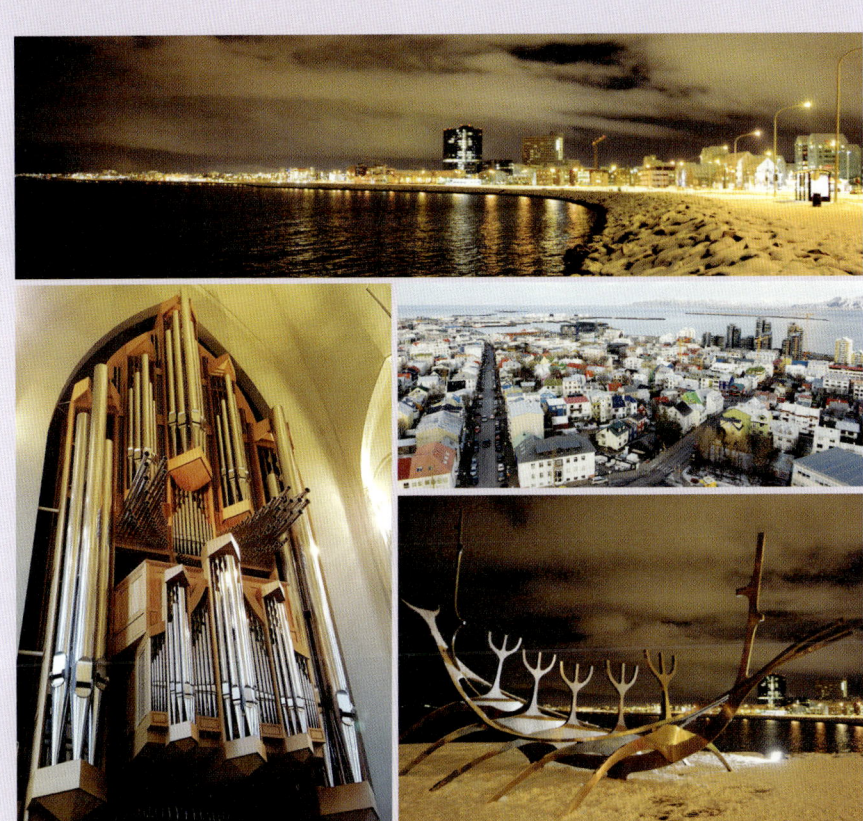

날씨가 춥다면 여러 박물관을 둘러보는 것이 좋다. 레이캬비크 시립미술관에는 정착 시작 단계부터 아이슬란드 고고학 발굴지를 감상하고, 아이슬란드 국립박물관을 둘러보며 국가로서의 정체성을 갖게 된 아이슬란드의 역사에 대해 알 수도 있다. 하나의 문학으로 자리 잡은 사가 박물관에서 밀랍 인형으로 꾸며진 아이슬란드의 중요한 역사적 순간들을 확인할 수 있다.

21세기부터 레이캬비크는 세계적으로 문화적 명성을 떨치고 있다. 여러 미술관과 서점, 개성 넘치는 부티크를 둘러본 후 여러 바Bar와 라이브 음악 공연장에 들러 시규어로스나 뷔욕을 꿈꾸는 가수들의 공연을 보면서 미래의 유명 가수들도 확인해 보자.

레이캬비크의 새로운 여행 방법

레이캬비크에는 코스를 만들어 여행을 하도록 안내하고 있다. 처음에는 도보여행과 자전거 여행을 홍보하더니 2015년부터 유럽에서 인기를 끌고 있는 인력거를 응용하여 관광 3인승 바이크와 세그웨이Segway까지 등장해 관광객들을 유혹하고 있다. 자전거와 세그웨이는 올드 하버Old harbour에서 빌릴 수 있다. 지금 전 세계에서 가장 핫Hot한 도시를 직접 경험하는 기회를 가져보자.

레이캬비크 핵심 자전거 여행

레이캬비크를 여행할 때 걷거나 자전거로 여행하는 방법보다 더 좋은 방법은 없을 것이다. 레이캬비크는 차량의 이동도 많지 않고 자전거로 거의 모든 곳을 다닐 수 있기 때문에 자전거로 여행하는 관광객은 많아지고 있어 자전거를 렌탈하는 장소도 늘어나고 있는 추세이다. 시내의 핵심만을 보는 코스Classic tour와 레이캬비크 전체를 다 둘러보는 코스Grand tour의 2가지로 나누어 진다.

일정

1 **클래식 코스(Classic tour/거리 2.4㎞/소요시간 : 2~3시간)**
래캬르토르그 광장Lækjartorg square → 하르파Harpa → 올드 하버old habour → 카톨릭 교회 → 내셔널 갤러리 → 트요르닌 호수 → 시청사 → 의회건물

2 **레이캬비크 전체를 다 둘러보는 코스(Grand tour/거리 4.3㎞/소요시간 : 5~6시간)**
래캬르토르그 광장Lækjartorg square → 시청사 → 의회건물 → 올드 하버old habour → 하르파Harpa → 카톨릭 교회 → 새브라우트 해변 거리Sæbraut → 홀렘무르 버스 터미널Hlemmur → 할그림스키르캬 교회 → 스콜라보라루스타구르 거리skólavordustigur

많은 유럽의 관광객들은 자전거를 이용해서 레이캬비크를 여행하고 있다. 레이캬비크는 인구도 적고 도로의 이동도 별로 없어 안전하게 에코Echo여행을 할 수 있다. 자전거 여행의 시작은 래캬르토르그 광장Lækjartorg square에서 시작한다. 래캬르토르그 광장에는 인포메이션 센터가 있어 자료를 구하기가 쉽고 자전거를 렌탈하는 장소가 있기 때문이다.

클래식 코스
(Classic tour / 거리 2.4km / 소요시간 : 2~3시간)

하르파Harpa쪽으로 다가가면 바다를 볼 수 있다. 하르파는 레이캬비크 시민들이 문화생활을 즐기도록 만든 건물로 매달 다양한 공연을 열고 있다. 왼쪽으로 돌아 바다를 끼고 돌면 올드 하버old habour가 나온다.

옛날에 아이슬란드는 대부분의 경제생활이 어업으로 이루어지는 가난한 나라였다. 항구쪽에는 고래를 볼 수 있는 투어들과 자전거 렌탈가게들이 있고 고래고기 등을 먹어볼 수 있는 레스토랑들도 많이 있다. 짐심때에 맞추어 여행이 시작된다면 점심을 먹고 이동하는 것도 좋은 생각이다.

올드 하버를 지나면 이제 옛날 레이캬비크가 처음 만들어진 거리를 향해갈 차례이다. 거리를 찾기 힘들다면 트요르닌 호수를 향해 올라가면 중간에 올드 스트리트를 지나게 된다.

트요르닌 호수를 보고 오른쪽으로 돌면 카톨릭 교회가 나온다. 가톨릭 교회를 보고 트요르닌 호수를 돌아서 다시 최초 시작한 지점으로 돌아오면 시내의 핵심을 보는 클레식 자전거 여행이 끝이 난다.

2 레이캬비크 전체를 다 둘러보는 코스
(Grand tour / 거리 4.3km / 소요시간 : 5~6시간)

유럽 관광객들이 많이 하는 자전거 여행 코스로 클래식 코스와는 반대로 시작한다. 트요르닌 호수와 시청사를 사이에 두고 가로질러 올드 스트리트Aðalstræti Street를 간다. 그곳에서 최초의 정착민들이 살았던 통나무집 등을 보고 지나간다. 다음으로 올드 하버를 지나가면서 초창기 레이캬비크를 생각해 볼 수 있는 코스로 바닷가 냄새를 맡을 수 있을 것이다.

올드 하버에는 고래투어와 자전거 렌탈 등의 투어상품을 많이 판매하고 씨바론 등을 비롯한 물고기 음식들을 판매하는 레스토랑이 많다. 하르파를 지나면서 현대적이며 아름다운 레이캬비크를 볼 수 있다. 특히 이 해안도로Sæbraut street는 해가 질때에 아름다운 장면을 연출하기 때문에 많은 관광객들이 시간에 맞추어 나와 사진을 찍는 장소이다.

해안도로를 달렸다면 다시 시내로 들어와야 한다. 버스를 갈아탈 수 있는 환승지점인 흘렘무르 버스 터미널Hlemmur로 들어가 잠깐 쉬도록 하자. 흘렘무르는 라우가베구르 거리로 들어가는 첫 지점으로 많은 버스들이 이곳에서 환승을 하고 버스 기사들은 이 곳에서 교대한다.

흘렘무르 버스 터미널을 지나서 이제 레이캬비크의 상징인 할그림스키르캬 교회를 보러 가자. 할그림스키르캬 교회를 가기 위해서는 우선 에길스가타Egilsgata 거리로 가야한다. 할그림스키르캬 교회에서는 내부부터 전망대(입장료 1,000kr)까지 올라가면 아름다운 레이캬비크를 다 둘러볼 수 있다. 또한 교회 앞에는 콜롬버스보다 500년이나 앞서 아메리카 대륙을 발견한 레이뷔르 에릭슨 동상이 대서양을 향해 바라보고 있다.

스콜라보라루스티구르 거리 skolavordustigur를 자전거로 내려 오면 스릴감도 느낄 수 있지만 사람들이 지나는 도로이기 때 문에 속도를 적당히 내야 사고 가 나지 않는다. 이 거리는 많 은 갤러리와 주얼리 상품을 파 는 가게들이 많지만 레스토랑 이 점점 들어서고 있는 추세이 다. 다시 트요르닌 호수가 보 이는 처음 지점으로 오면 끝이 난다.

레이캬비크 시내의 유명한 5개의 동상들

크리스티만4세 (1863~1906)
▶위치 : 정부청사 앞

잉골푸르 아르나르손
아이슬란드에 처음으로
정착한 사람

팔라스아테나(지혜의신!)
▶위치 : 멘타스콜린의 앞

한네스 하프스테인
아이슬란드 초대 총리

프리스틱 프리드릭슨
(아이슬란드 YMCA창시자)
▶위치 : 후아르후시드 식당 앞

레이캬비크 시내 버스 노선도

도착지	버스번호
시내중심	1 3 6 11 12 13 14
민속박물관	5 12 19 24
BSI버스터미널	1 3 6 14 15 19
국내공항	15 19
크링란쇼핑몰	1 2 3 4 6 13 14
스마라랜드쇼핑센터	2 24 28
아쿠레이리와 북쪽 지역	57

Nain Termainals	Route no.
시내중심	1 3 6 11 12 13 14
델무드	1 2 3 4 5 6 11

매시간 출발(10~18시)

Skarfabakki Harbour
+44 min.

viking
바이킹 용품 전시관
+9min

2 브뢰아
+7min

harpa center hall
용 컨퍼런스 센터

bla lagoon 시청
+4min

laekjar-torg
+1min

laugardalur reykjavik
숙시 호스텔
+38min

인천호텔
bla lagoon 호텔바
+36min

국립박물관
+4min

크링란(Kringlan)
쇼핑 센터
+30min

펄라간(perlan)
+25min

가 격 PRICES

ADULTS: 3500 ISK / 24 €

12-15 YEARS: 1750 ISK / 12 €

0-11 YEARS: Free of charge*

*Max. 3 children per adult.
Price for each additional child: 300 ISK / 5 €

REYKJAVÍK

전 세계에서 가장 북쪽 위도 65°에 위치한 아이슬란드의 수도 레이캬비크는 밝고 다채로운 도시이다. 문화적 명소와 여흥거리가 풍부한 레이캬비크에서는 중심가에서 놀랄 정도로 가까운 거리에 공원은 물론 야생동물도 만나볼 수 있다. 최초 정착민 잉골푸르는 도시의 상공으로 피어오르는 연기를 보고 그의 새로운 터전을 '연기가 자욱한 해안'이라는 뜻으로 '레이캬비크'라고 이름 지었다.

현재 라우가달루르Laugardalur 지역에서 수증기가 구름처럼 뭉쳐있는 것을 보았기 때문이다. '연기'는 천연지열온천에서 나왔던 증기로, 모순적이게도 바로 그 똑같은 '연기'가 오늘날 레이캬비크를 오염 없는 청정도시로 만들고 있다. 스나이펠스요쿨Snæfellsjökull이 신비롭게 빛나는 수평선 언저리까지 내려다 보고 있다.

도시의 역사

여행자들은 레이캬비크가 작은 도시인지 큰 마을인지 종종 헷갈려 한다. 아이슬란드 전체 인구의 1/3이 살고 있는 이 도시는 아이슬란드의 정치, 기업, 문화, 지식의 중심이다. 레이캬비크와 그 주변 도시는 20세기 후반과 21세기 초에 걸쳐 급속히 성장하였다. 이 도시들이 현재 대도시권을 형성하고 있으며 이를 가리켜 그레이트 레이캬비크^{Greater Reykjavik} 이라고 부른다. 최근의 경제 위기로 이 지역을 빠져 나가는 사람이 많아졌지만 여전히 20만 여명의 보금자리가 있으며, 이는 아이슬란드 전체 인구의 약 2/3에 해당한다.

도시 지역은 구도시 중심에서부터 동쪽으로 약 11㎞까지 뻗어 있다. 대도시권 대부분의 마을은 신도시에 무색무취한 곳으로 코파보구르^{Kópavogur}도 이에 해당한다. 코파보구르는 최근 몇 년 간 크게 성장하여 인구수 3만 2천여 명으로 아이슬란드에서 두 번째로 인구가 많은 도시이다. 코파보구르가 자랑스레 내세우는 것 중 하나는 아이슬란드에서 가장 큰 쇼핑몰인 스마우랄린드^{Smáralind}로, 2001년 10월 문을 열었다. 레이캬비크에서 투어를 떠나면 하프나피오르^{Hafnarfjörður}와 베사스타디르^{Bessastaðir} 등과 같은 흥미롭고 역사적인 장소를 방문하는 것이 좋다.

현재의 레이캬비크

여행자들에게 구시가지는 분명히 수도에서 가장 매력적인 부분이다. 알록달록한 집과 카페, 갤러리 등으로 밀집된 도시 중심부와는 대조적으로 레이캬비크 동쪽 외곽으로 나가면 칙칙한 아파트와 복잡한 도로가 뻗어 있다.

도시 전체는 지난 10~15년 간 변화를 겪고 있다. 한 때 여행객들이 레이캬비크를 아이슬란드여행을 가기 전, 단순히 경유하여 지나가는 곳으로 생각했다면, 이제는 레이캬비크 자체가 하나의 목적지가 되어 가고 있다. 힘 있고 독특한 문화는 여행자들에게 꾸준한 매력요소로 작용하고 있다.

무엇보다 인구 11만 9천 명의 어느 도시가 국제적으로 칭송 받는 심포니 오케스트라에, 두 메이저 전문 극장 회사에, 수많은 독립 연극단에, 오페라 회사에, 국립 발레단에, 국립미술관, 시립미술관까지 보유하고 있단 말인가? 여기에 더해, 더 작은 규모의 독립 갤러리와 소규모 장소들이 1년 내내 끊임 없이 전시, 리사이틀, 연극 공연을 제공하며 해마다 열리는 예술 축제는 국제적으로 유명한 수많은 예술가들을 불러 모은다.

아이슬란드 여행의 전초기지

아이슬란드 여행은 누구나 꿈꾼다. 대한민국의 남한 정도의 면적이지만 보이는 풍경은 신비로우면서 끝없이 자연이 이어질 것 같다. 골든 서클인 싱벨리어 국립공원, 게이시르, 굴포스와 아이슬란드를 대표하는 온천인 블루라군, 새롭게 아름다운 기이한 풍경을 보는 서부의 키르큐펠Kirkjufell, 흐라운포사르Hraunfosser 폭포, 케플라비크 근처의 헬나르Hellnar 등 수도 근처만 돌아다녀도 1주일이 부족할 수 있다. 때로는 이런 풍경을 다 보아야 한다는 급한 마음만 앞서기에 우왕좌왕하는 여행자들이 의외로 많다. 가장 먼저 수도에서 예약이 가능한 블루라군 온천이나 겨울의 오로라 투어 등 필요한 예약은 레이캬비크 여행에서 해결하고 이동하는 것이 좋다.

아이슬란드 수도인 레이캬비크와 인근도시에는 아이슬란드 인구의 절반가량이 살고 있다. 하지만 레이캬비크는 유럽의 수도 중에 가장 작은 도시일 정도이니 수도라고 큰 도시라고 생각한다면 오산이다. 작고 아담하지만 있을 것은 다 있고, 아이슬란드만의 감성이 거리 곳곳에 드러난다.

레이캬비크 시청
Ráðhús Reykjavíkur

현대적인 시청 건물은 역동적인 건축 디자인과 인접한 트요르닌^{Tjörnin} 호숫가의 그림 같은 자연 경관 덕분에 레이캬비크 도심의 랜드마크가 되었다.

현대적인 모습이 돋보이는 시립 청사인 레이캬비크 시청^{Ráðhús Reykjavíkur} 가까이에 다가서면 선 굵은 건축 라인과 트요르닌 호수의 거울 같은 반영이 만나는 모습을 감상할 수 있다. 그림 같은 트요르닌 호수 주변을 산책하며 건물의 흥미로운 디자인을 감상하거나 시청 카페와 전시 공간에서 아름다운 호수 전망과 새들이 호수의 한적한 모습을 보면서 쉬어갈 수 있다.

시청에 대한 논의는 거의 200년 전부터 있었지만 1992년에 이르러서야 레이캬비크에서 마침내 아름다운 시청을 공개했다. 건축가인 마그렛 하르다도티르^{Margrét Hardardóttir}와 스티브 크리스터가 설계한 레이캬비크 시청은 현대적인 디자인 요소와 호수 주변의 자연 경관을 결합하도록 계획되었다. 호수 주변을 거닐면서 물에 떠 있는 듯한 매끄러운 콘크리트 건물과 잔잔한 호숫가로 빠져 들어가는 듯한 굵은 기둥이 인상적이다.

시청 안으로 들어가 보면 입구가 레이캬비크의 도심 지역을 도시 서쪽 지역과 연결하는 보행로와 연결되어 있다는 것을 알 수 있다. 지상층을 둘러보다 보면 넓은 전시 공간과 유용한 안내 데스크를 만날 수 있다. 아이슬란드의 지형과 들쭉날쭉한 해안선을 보여주는 거대한 입체 지도를 살펴보며 아이슬란드 여행 동선을 계획하거나 이미 다녀온 화산, 피오르드, 산과 빙하를 찾아보는 것도 좋다. 레이캬비크 시청 2층에는 시장과 다른 공무원들의 집무실이 위치해 있다.

카페 온딘(Café Öndin)

휴식을 취하거나 음료나 간식을 즐길 수 있는 카페에서는 호수 너머로 보이는 아름다운 경치와 호수의 잔잔한 수면에 자리를 잡은 다양한 새들을 구경할 수 있다. 아늑한 카페에서는 물이 꽁꽁 어는 겨울을 비롯한 사계절 내내 호수 전망을 감상할 수 있다. 인도교를 건너면 이드노(Idno) 극장으로 이동할 수 있다.

하프나스트레티 거리
(항구 거리)

외이스투르스트라이티와 거의 교차로 돼
있는 하프나르스트레티(항구 거리)는 더
이상 항구에 면해 있지 않다. 하프나르스
트라이티에는 오래된 건축 역사를 엿볼
수 있는 세관, 세무서와 40년 정도 된 두
어개의 펍이 있지만, 하프나르스트라이

티 남쪽면에 있는 건물은 19세기까지 거
슬러 올라간다. 트리그바가타^{Tryggvagata}
17번지에는 하프나르후스^{Hafnarhús}가 있는
데, 레이캬비크 미술관 소속 3개의 갤러
리 가운데 하나로 사용되고 있다. 이 건물
은 전에 항구의 창고로 사용되던 것을 개
조하였다.

홈페이지_ www.listasafnreykjavikur.is
Open_ 매일 10:00~17:00, 목 20:00까지

라우가베구르 거리
Laugavegur

1차선 쇼핑거리 라우가베구르 거리 Laugavegur에서는 여유있게 얘기를 나누며 길을 걷는 사람들을 쉽게 볼 수 있다. 그러면 운전자들은 차를 세우고 일단 기다려야한다. 아무리 많은 차들이 뒤에 있어도 말이다. 여름이 되면 고래는 만에서 수영을 하고, 사람들은 의회 근처로 피크닉

을 나오고, 아이들은 자정까지 길거리에서 뛰어 논다.

고도가 더 높은 곳으로 올라가면, 한쪽의 만에서부터 꼭대기가 평평한 에스야Esja 산까지 한 눈에 보이며, 이곳이 북극권의 도시라는 것을 다시 한 번 깨닫게 된다. 이곳이 바로 9세기 말, 수 차례의 과오를 거친 끝에 아이슬란드의 "공식적인" 정착이 시작된 곳이다. 아이슬란드 최초 정착민이라는 칭호를 받은 잉골푸르 아르나르손Ingólfur Arnarson은 신의 결정에 따라 구시가지 중심에 집을 지었다.

집 | 중 | 탐 | 구
라우가베구르

도로 앞으로 몰려 나와 있는 단정하고 다채로운 상가들은 레이캬비크 도심에 위치한 쇼핑가의 식당 골목과 디자이너 상점들이 아이슬란드 분위기를 더해 준다. 라우가베구르Laugavegur를 번역하면 '목욕 길'이라는 뜻이 된다. 이 길은 옛날부터 라우가베구르Laugavegur의 온천으로 향하는 도로였다. 도로의 일부 구간은 자전거 도로와 보행자 도로로 나뉘어 있 다. 몇 시간 정도 거리를 둘러보며 다채로운 색으로 칠해진 고풍스런 상점 외관에 눈길을 돌리게 된다.

레이캬비크 시내 중심의 주도로인 라우가베구르Laugavegur에는 다양하고 흥미로운 카페, 레스토랑, 바 등을 볼 수 있다. 다양한 부티크나 상점에는 스칸디나비아 디자인으로 만든 기념품, 가정용품, 의류, 도구 등이 시선을 사로잡는다. 일부 구간의 차량 출입이 금지되어 있는 보행로에서 다양한 디자이너 상점을 둘러보며 오후 시간을 보내도 하루는 금방 지나간다. 카페나 제과점에 들러 맛있는 아이슬란드 커피와 아이스크림을 맛보며 지나가는 행인들을 구경해도 좋다. 저녁에는 바와 클럽에서 한 잔을 하면서 느긋한 시간을 가져보자.

배가 출출해 오기 시작하면 제과점에 들러 달콤한 꽈배기나 다이아몬드 모양의 바삭한 클레이너 도너츠를 맛보거나 아이슬란드를 대표하는 핫도그를 사 들고 거리의 벤치에 앉아 먹으면 자꾸 하나 더 먹고 싶은 생각이 든다.

라우가베구르Laugavegur는 유명한 레스토랑 거리이기도 하다. 화창한 날이면 자리를 잡고 앉아 야외 식사를 즐기고, 주말 저녁이 되면 거리는 바와 나이트클럽에 모인 현지 주민과 방문객들로 활기를 띠기 시작한다. 현지 맥주나 와인을 맛보며 저녁 시간을 보내거나 클럽에서 댄스를 즐기는 모습을 쉽게 볼 수 있다.

여러 여행사와 독특한 아이슬란드 성기 박물관Icelandic Phallological Museum도 근저에 있다. 라우가베구르Laugavegur는 레이캬비크 해안 지역과 트요르닌 호수Tjörnin Lake 조각상 산책로 Sculpture and Shore Walk 바로 남쪽에 위치한 도심 지구에 있으며, 여러 노선의 버스가 거리 주변에 정차한다. 라우가베구르 북단 지역에는 그림 같은 상가인 스콜라뵈어르두스티구르 Skólavörðustígur가 가로지르고 있다.

레이캬비크 나이트 라이프(Night Life)

레이캬비크의 밤 문화는 고위도에 위치한 환경적인 측면이 있다. 여름에는 해가지지 않는 백야로 인해 잠을 자기 힘들다. 그래서 혈기왕성한 젊은이들은 새벽까지 파티를 열고 난 후, 2차를 밤새 돌아다니고 난 후 집으로 향하는 술 취한 사람들이 생겨났다. 최근에는 바 Bar와 카페에서도 밤에는 라이브 음악을 즐기는데, 관광객까지 가세하면서 레이캬비크 전체가 즐거운 분위기로 가득하게 된다.

여름에는 일요일부터 목요일까지 일반 카페 중에 술을 마시는 장소를 제공하는 곳들은 새벽 1시까지 문을 연다. 여름의 금요일과 토요일에는 5시까지 문을 열고 젊은이들이 즐길 수 있도록 허락한다. 그러나 겨울에는 극야로 밤이 4시면 찾아오기 때문에 적막하다. 최근에는 겨울에도 관광객이 많아지면서 늦게까지 문을 여는 술집도 늘어나고 있다.

레이캬비크의 대부분의 술집은 가장 큰 번화가인 라우가베구르^{Laugavegur}에 있다. 다양한 술집과 카페들이 음악을 제공하면서 술을 마시기 때문에 음악이 싫다면기 술집이나 클럽을 옮겨 다니면서 자신의 취향을 찾을 수 있다. 술집들은 모여 있기 때문에 다른 술집으로 이동하는 데 걸리는 시간은 1분 이내이다. 여름에는 밖에서 줄을 서야할 수도 있을 정도로 즐기는 사람들이 많다.

더 잉글리시 펍(The English Pub)

펍(Pub)으로 레이캬비크에서 가장 유명한 곳으로 맥주를 타실 수도 있고 어쿠스틱 기타 연주도 즐길 수 있나. 쭈로 관광객은 저녁과 주중에 많고 현지인은 주말에 몰린다. 술과 음악을 즐기기 때문에 춤을 추지는 않지만 여름에는 실내에서 추는 장면늘 모기도 한다.

바 아나나스(Bar Ananas)

최근에 바람처럼 등장한 바(Bar)로 맥주와 칵테일을 마시면서 조용하게 즐기는 사람들이 많은 곳이다. 그렇지만 관광객과 현지인들이 자연스럽게 서로 만나고 이야기를 나누는 모습이 보기 좋다. 그때 일상에서 벗어나 여행을 왔다는 느낌을 받게 된다.

할그림스키르캬 교회
Hallgrímskirkja Church

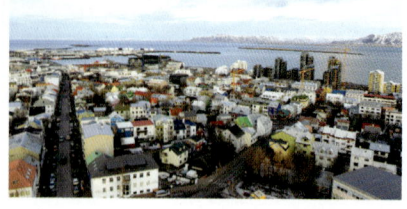

레이캬비크의 중심가인 라우가베구르 거리를 따라 걷다가 내려가면 정부기관이라기에는 매우 소박한 총리관사와 정부청사를 볼 수 있다. 라우가베구르 거리에서 왼쪽 언덕을 바라보면 로켓처럼 보이는 할그림스키르캬 교회가 있는데 레이캬비크에서 가장 높은 건물이다.

이 교회는 주상절리를 형상화하고 윗부분은 바이킹의 모자를 나타낸 모양을 하고 있다. 내부는 심플하고 밝다. 엘리베이터를 타고, 이어서 계단을 올라가면 전망대가 나오는데 레이캬비크 시내의 전경을 한눈에 내려다 볼 수 있다. 전망대에 오르면 바람이 강하다. 겨울에는 차가운 바람을 각오해야 한다.

전망대에서 시내를 내려다보면 수채화의 파레트를 펼쳐놓은 것처럼 형형색색의 집들이 사랑스럽다.

호수의 동쪽 길을 따라 오르막길을 오르면, 눈길을 끄는 현대식 콘크리트 건축물인 할그림스키르캬 교회Hallgrímskirkja church 가 우뚝 서 있다. 화산폭발로 형성된 현무암 기둥 형태를 따와 민족주의 형식으로 지어졌다. 작은 엘리베이터를 타고 73m 짜리 탑의 끝으로 올라가면, 레이캬비크 최고의 경관과 생각 보다 가까운 스나이펠스네스 반도를 마주할 것이다. 맑은 날에는 사람들이 말하기를, 영원을 볼 수 있다. 교회 앞에는 크고 인상적인 레이푸르 에릭손Leifur Eiríksson의 동상이 있다. 이 "아메리카 대륙의 발견자' 1930년 알싱기 설립 1000주년 기념으로 미국으로부터 받은 선물이다.

입장시간_ 매년 6월 중순~8월 09:00~20:00,
9월~6월 중순 09:00~17:00
입장료_ 무료(전망대는 1,100kr)

집 | 중 | 탐 | 구
할그림스키르캬

레이캬비크 최고의 랜드 마크이자 도시의 스카이라인을 이루고 있는 종탑은 이정표로 삼거나 꼭대기에 올라 레이캬비크의 전경을 감상하기에 좋다. 교회는 화산 폭발에서 발생한 용암이 식는 중에 형성되는 주상절리의 모양을 하고 있다.

건축가 구드욘 사무엘손에 의해 설계된 1,000석 규모의 할그림스키르캬Hallgrimskirkja Church 교회는 40년이 걸려 완공되었다. 사무엘손은 아이슬란드 시골의 모습에서 영감을 받아 교회를 설계했다.

스콜라뵈르두홀트 언덕 위에 자리 잡고 있는 할그림스키르캬Hallgrimskirkja의 높이 73m의 탑은 20㎞ 밖에서도 볼 수 있어 도시를 돌아다닐 때에 중심부를 확인하는 이정표로 삼기 좋다. 콘크리트로 된 장엄한 외부를 지나 입구로 들어서면 빛으로 가득한 평화로운 내부가 나온다. 내부에는 1992년에 지어진 5,275개의 파이프로 된 파이프 오르간이 있다. 여름철에는 이곳에서 공연과 연주회, 음반 녹음이 진행되므로 시간을 맞춰 방문해 보는 것도 좋은 경험이다.

엘리베이터를 타고 전망대에 오르면 알록달록한 지붕이 아름다운 구시가지와 항구의 풍경이 한눈에 들어온다. 날씨가 맑을 때는 하늘이 끝없이 펼쳐지는 장관을 볼 수 있어서 항상 관광객으로 북적인다.

교회 정면에 서 있는 레이프 에릭손Leifur Eiríksson의 동상이 있는 데, 그는 크리스토퍼 콜럼버스보다 수백 년도 전에 아메리카 대륙을 밟았다고 알려져 있다. 아이슬란드 국회 성립 1,000주년을 축하하는 의미로 1930년 미국에 의해 선사된 동상은 조각가 알렉산더 칼더에 의해 제작됐다. 교회는 아이슬란드가 루터파 종교개혁을 거칠 당시의 저명한 성직자이던 시인 '할그림 페투르손Hallgrims Petursson'의 이름을 따 명명되었다.

전망대로 올라가는 엘리베이터를 이용하는 요금에는 여름철 오후 5시 이후에 지불되는 요금을 지역 지선 단체에 기부금으로 전달하고 있다. 2월 달에는 겨울 불빛 축제의 일환으로 멋지게 불 밝힌 색다른 교회 모습을 볼 수 있다.

욘 시구르드손 동상
Jón Sigurðsson

최초 정착민 잉골푸르는 그의 새로운 터전을 레이캬비크Reykjavík(연기 나는 해안)라고 이름 지었다. 현재 라우가달루르Laugardalur 지역에서 수증기 덩이가 피어오르는 것을 보았기 때문이다. '연기'는 천연지열온천에서 나왔던 증기로, 모순적이게도 바로 그 똑같은 '연기'가 오늘날

레이캬비크를 오염 없는 도시로 만드는 데 일조하고 있다.

잉골푸르는 아직도 동상의 형태로 우리 곁에 남아 있다. 최초 정착민은 아르나르홀 언덕Arnarhóll hill 꼭대기에 위치해 있고, 그의 등은 컬처하우스를 향해 있다. 동상은 항구에서부터, 맑은 날이면, 북쪽으로 100㎞ 정도 떨어진 곳의 스나이펠스요쿨Snæfellsjökull이 신비롭게 빛나는 수평선 언저리까지 내려다 보고 있다.

최초의 아메리카 대륙발견, 빈란드

빈란드 사가The Vínland sagas(그린란드인들의 사가이자 붉은 머리 에릭의 사가)는 에릭의 아들 레이푸르Leifur에게 더 먼 곳을 발견한 공을 돌리고 있다. 나이 든 에릭은 아들과 여정을 함께할 파트너였으나 그린란드를 떠나는 배로 돌아오는 길에 말의 등에서 떨어져 발에 부상을 입었다. 아들 레이푸르는 혼자 항해에 나섰으나 첫 기항지는 음울하도록 쓸모 없는 곳이어서 "헤틀룰란드Helluland"("돌의 땅" – 래브라도 섬 북부)라는 것 이외의 상상은 펼칠 수도 없었다.

남쪽의 온도가 올라가면서 살 수 있는 환경이 나아지면서 섬은 "마르클란드Markland"(나무의 땅)로 불리게 되었다. 또한 그는 이곳의 기후가 매우 온화하여 겨울에 소를 먹일 꼴을 따로 벨 필요가 없다고 생각했고, 정착 생활을 고려하였다. 그의 독일 수양아버지가 주위를 둘러보고 난 후 잔뜩 들떠 돌아온 것을 보고는 더욱 확신이 생겼다. 독일인은 포도가 자생하고 있는 것을 발견했고 이는 곧 발효를 통해 맛 좋은 음료를 만들 수도 있음을 의미했다. 그 결과, 이들은 미래의 아메리카 대륙에 빈란드Vínland(와인의 땅)이라는 이름을 붙이게 된 것이다.

에이나르 욘손 박물관
Einar Jónsson Museum

할그림스키르캬 옆으로는 에이나르 욘손 Einar Jónsson의 작업실 겸 집이자 지금은 아

이슬란드 최고 조각가의 작품을 소장하고 있는 에이나르 욘손 박물관Einar Jónsson Museum(Safn Einars Jónssonar) 욘슨은 상징주의와 서사의 거장이었으며 그의 작품은 고전적인 인체의 형태에 북유럽신화, 그리스신화, 오리엔탈신화에서 가져온 상징들을 더하여 탄생되었다.

홈페이지_ www.lej.is
Open_ 6~9월 중순 화~일 14:00~17:00,
      9월 중순~11월, 2~5월 토~일 14:00~17:00
Close_ 매주 월요일 휴관, 12~1월 휴업
요금_ 성인 : 600Kr
      장애 : 400Kr
      ISIC 카드로 학생 : 400Kr
      18 세 미만 : 무료
전화_ 354-551-3797

레이캬비크 문화생활

시청 바로 옆에 위치한 연극, 음악과 댄스 등의 소소한 관람이 가능한 문화공간이다. 하르파(Harpa)에서 정규 공연이나 해외 초청 공연 등을 볼 수 있다면 레이캬비크 시민들이 자주 문화생활을 할 수 있는 곳은 탸르나르비오(Tjarnarbíó)이다. 쇼드레이쿠스캬드라린(Þjóðleikhúskjallarinn)이나 국립 극장(National Theatre Basement)은 매주 다양한 연극이나 댄스 공연을 열고 있다. 레이캬비크에서 가장 오래된 예술 극장인 비오 파라디스(Bíó Paradís)에서는 주로 아이슬란드 영화나 고전 영화를 관람할 수 있다.

하르파
Harpa

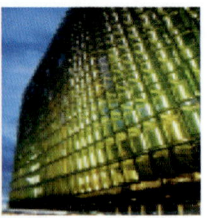

세계적인 수준의 콘서트홀인 하르파 Harpa와 작지만 최신 박물관도 여럿 있다. 여전히 아이슬란드는 여유로운 속도와 특유의 투박한 분위기로 세계의 여러 도시 가운데에서 매력을 뽐내고 있다. 차가 많은 도로를 지나면 레이캬비크의 입이 떡 벌어지는 최신 빌딩인 하르파 콘서트홀Harpa Concert Hall(지도10)이 있다.

건축 당시 엄청난 논란에 휩싸였던 280억 크로나 짜리 구조물은 2008년 재정 위기가 닥쳐왔을 때 겨우 반만 완공된 상태였다. 반쪽 짜리 건물은 그대로 남아 있을 것만 같았다. 최대 투자자가 당시 파산되어 버린 란드스방키Landsbanki 은행이었기 때문이다. 그러나 시 정부와 중앙 정부가 개입하여 마침내 2011년 5월 드디어 하르파가 오픈되었다.

외관은 예술가 올라푸르 엘리아손Ólafur Elíasson이 디자인한 유리외벽으로 아이슬란드 전역에 걸쳐 발견되는 모자이크 같은 현무암 기둥을 닮았다.

유리에 비친 바다와 하늘은 변화무쌍한 빛의 쇼라고 할 만하다. 건물 내부에는 1800개의 좌석을 가진 메인 홀인 엘드보르그Eldborg부터 강연이나 좀 더 친숙한 공연이 있을 때 사용되는 소규모 칼달론 Kaldalón까지 4개의 콘서트홀이 있다. 아이슬란드 심포니 오케스트라, 아이슬란드 오페라, 레이캬비크 빅밴드, 레이캬비크 챔버 오케스트라 모두 하르파에서 정기 공연을 하며 매일 오후 3시 30분에는 빌딩 투어가 있다.

홈페이지_ www.harpa.is
전화_ 528-5000
Open_ 매일 10am~자정
　　　　상영관 월~금 10am~6pm
　　　　토~일 정오~6pm

집 | 중 | 탐 | 구
하르파

레이캬비크 최고의 콘서트홀과 컨퍼런스 센터로 이루어진 조각 같은 유리 건물은 바다와 도시의 기운을 반사하며 항구 위에서 빛나는 자태를 뽐내고 있다. 하르파 문화 센터의 멋진 디자인은 덴마크의 '헤닝 라스센Henning Larsen', 아이슬란드의 '바테리이드Batteríið', 유명 예술가인 올라퍼 엘리아숑Olafur Elíasson의 합작품이다. 레이캬비크의 현대적인 랜드 마크인 하르파 문화 센터Harpa Concert Hall and Conference Center의 뛰어난 건축 디자인은 환상적이다.

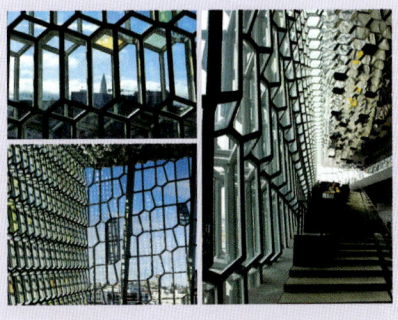

레이캬비크 해안가에서 콘서트 홀로 향하다 보면 기히학적인 모습의 유리 건물이 빛을 받아 반짝이는 장면을 볼 수 있다. 하르파 문화 센터에 있는 4개의 콘서트홀에서 열리는 연주회나 공연을 굳이 예약하지 않더라도 아름다운 내부 건물의 구경은 가능하다.
건물 안으로 들어가 유리 구조를 둘러보거나 항구의 거울 같은 물에 비친 경관은 관광객의 발길을 머물게 한다. 건물의 각진 디자인, 아이슬란드의 아름다운 자연 경관과 몽환적인 북극 오로라가 멋지게 어우러진 모습은 겨울 여행에서만 볼 수 있는 최고의 장면이다.

2011년에 문을 연 현대적인 건물에서는 연주회, 공연, 전시회와 회의를 주최하고 있다. 투어 공연을 진행 중인 음악가나 현지 예술가의 멋진 전시회를 구경할 수 있다. 하르파Harpa 문화 센터의 아름다운 콘서트홀에서 공연을 펼치는 상주 단체로는 아이슬란드 심포니 오케스트라, 아이슬란드 오페라 극단과 레이캬비크 빅 밴드 등이 있다.

가이드 투어
최근에는 가이드 투어가 활성화되어 시설 전체를 둘러보거나 항구 주변을 산책하며 건물 면면마다 담겨 있는 디자인과 역사에 대해 실명을 듣는 경우도 많다. 가이드 투어에 참여하면 보통 공연자만 출입 가능한 구역까지 둘러볼 수 있다. 무대 뒤편에서 나와 하르파(Harpa)의 메인 콘서트홀인 엘보그(Eldborg)의 무대 한복판으로 걸어가 볼 수도 있다. 하르파(Harpa)의 건축사, 역사에 대해 설명을 들으면서 건물 내부와 아름다운 전망대를 사진에 담기도 한다. 가이드 투어는 영어로 진행되며 약 45분이 소요된다.

외아스투별트루르 광장
Äusturvöllur Square

국회의사당은 조립현무암으로 지어졌다. 10월에서 다음해 5월 사이에는 관객실에 앉아 국회의 회의 모습을 지켜볼 수도 있다. 국회의사당 뒤로는 아이슬란드에서 가장 오래된 공원인 국회 정원이 자리하고 있다.

스칼홀테 성당Skalholte Cathedral과 국회의사당은 레이캬비크에서 가장 오래된 광장인 외아스투별트루르 광장Äusturvöllur Square에 자리 잡고 있다. 과거 목초지이던 광장에서는 2008년 금융 위기 당시 시위가 열리기도 했다. 이곳에서는 야외 공연이 개최되기도 하고 주민들은 햇살과 소풍을 즐기기 위해 광장을 찾기도 한다.

해가 지면 광장의 다양한 바와 레스토랑에서 오가는 관광객들이, 인근의 나이트 클럽에서 나이트 라이프를 즐기기도 한다. 레이캬비크 중심지에 자리 잡고 있는 외아스투별트루르 광장Äusturvöllur Square 인근에는 박물관과 레이캬비크 항구, 트요르닌 호수 등의 명소들이 있다.

비데이 섬
Viðey

동쪽으로 4㎞정도 떨어진 레이캬비크 크루즈선 항구인 순다호픈^{Sundahöfn}의 스카르파바키^{Skarfabakki} 부두에서 작은 모터보트로 5분이면 비데이^{Viðey} 섬으로 가는 배를 탈 수 있다. 평화롭고 작은 섬은 레이캬비크가 시가 되는 200주년을 기념하려던 1987년에, 레이캬비크시에 의해 정비되었다. 레이캬비크 시민들에게 비데이 섬은 일종의 소풍가는 장소로, 모든 것을 잊고 떠나고 싶을 때 가는 섬이다.

볼케이노 하우스
Volcano House

길 바로 아래로 레이캬비크 시립 도서관을 지나치면 볼 수 있다. 1974년 헤이마에이^{Heimaey}와 2010년 에이야퍄틀라요쿨^{Eyjafjallajökull} 폭발에 관련된 40분짜리 다큐멘터리를 상영한다.
베스투르가타^{Vesturgata}를 걸어 올라가면, 레이캬비크 센츄리 박물관^{Reykjavík Century Museum}을 마주한다. 박물관에서는 최신 레이캬비크 산책로 가상 시뮬레이션을 통해 1912년부터 현재까지 길거리의 모습이 어떻게 변했는지 시간여행을 해볼 수 있다.

홈페이지_ www.volcanohouse.is
Open_
매일 10am~9pm까지 정시마다 영어로 상영
매일 11:30am~2pm, 5~9pm
전화_ 555-1900

홈페이지_ www.imaginepeacetower.com
운행시간_ 1시간 간격
　　　　　부두에서 배가 정오에 출발해서 다시
　　　　　오후 3시 30분에 돌아오는 일정으로 운항을
　　　　　한다. 히계 시즌이 지나면, 주말에만 제한적
　　　　　으로 운항한다.
요금_ 성인 1,100kr, 어린이(7~15세) 550kr
　　　　소인(7~15세) : 550kr
　　　　소인(0~6세) : 무료
　　　　(점등식이 거행되는 10월 9일은 무료)

올드 하버
Old Haebour

한때 부두이자 어촌이던 옛 항구는 오늘날 레스토랑과 카페, 보트 투어 중개인들로 북적인다. 레이캬비크 옛 항구는 개성 넘치는 길을 따라 부두를 둘러보고, 미술관과 카페와 관광소가 자리 잡고 있는 개조된 어부의 오두막을 볼 수 있다.

항구에서 출발하는 바다오리와 고래 투어가 출발한다. 낚시 투어에 참여하여 선상에서 물고기 BBQ를 즐길 수도 있다. 레이캬비크 시내 투어에 참여하는 것도 좋다. 도시의 명소를 직접 발로 둘러보며 현지인들만 아는 팁에도 귀 기울이게 된다. 도보 시내 투어는 대부분 레이캬비크 항구에서 출발한다. 무료로 진행되는 투어도 있지만, 투어가 끝나고 가이드에게 팁을 주는 것이 에티켓이다. 투어에 참여하지 않고, 부두를 따라 거닐며 알록달록한 작은 배들과 오래된 고래잡이배를 둘러보는 것도 좋다.

인근에는 항구와 바다의 전경을 감상할 수 있는 여러 카페와 레스토랑이 있다. 퓨전 해산물 요리와 아이슬란드 유명 핫도그는 관광객이 꼭 찾는 유명 맛집이다. 아이슬란드 전통 요리는 숫양 고환 절임이나 썩은 상어고기와 같은 음식이 입에 맞지 않을 수 있다.

콜라포르티드 벼룩시장
Kolaportið Flea Market

항구 건너편 게이르스가타에 위치한 작지만 흥이 넘치는 행사로, 옷, 책, 기타 잡동사니 등을 판매한다.
아이슬란드 전통 음식에 호기심이 있는 사람이라면 반드시 푸드 섹션에 들러보길 바란다.

맛있는 하르드피스쿠르ʰᵃʳðᶠⁱˢᵏᵘʳ(건어), 하우칼ʰᵃ́ᵏᵃʳˡ(삭힌 상어)를, 실드ˢⁱˡᵈ(절인 청어)와 악명 높은 흐루츠풍가르ʰʳᵘ́ᵗˢᵖᵘⁿᵍᵃʳ(절인 양

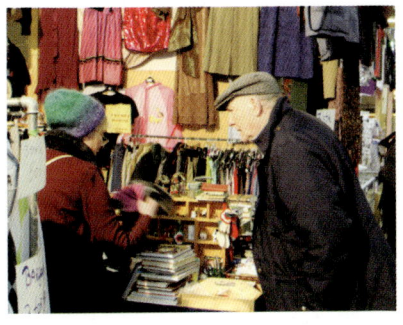

의 고환) 등 참신한 요리와 음식을 만나볼 수 있다.

홈페이지_ www.kolaportid.is
Open_ 토~일 11am~5pm

트요르닌 호수
Tjörnin lake

맑은 날에는 트요르닌 호수^{Tjörnin lake}를 산책하며 시간을 보내는 것도 좋은 생각 이다. 호수에는 대략 40여종의 새들이 모 여 살며 가장 눈에 띄는 것은 단연 오리 이다. 호수 동쪽의 프리키르큐베구르 아 래쪽으로는 벤치와 산책로가 마련되어 있으며, 반대쪽 둑으로 다채로운 집들이 열을 이루고 있다.

위치_ Fríkirkjvegur 및 Tjarnagata 사이

선 보야저
The Sun Voyager

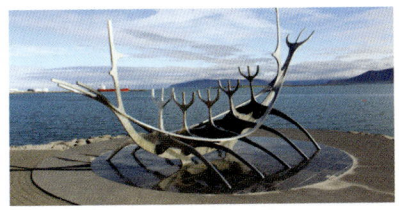

레이캬비크의 그림 같은 해안에 서 있는 보트 모양의 철 구조물은 레이캬비크의 200년 역사에 바치는 헌정시와 미래를 향한 비전을 품고 있다. 선 보야저The Sun Voyager는 레이캬비크 해안에서 바다를 향해 나아가는 듯한 모습을 보여주는 아름다운 조형물이다.

아이슬란드의 예술가인 욘 군나르 아르나손Jón Gunnar Árnason이 만든 반짝이는 철 구조물은 태양을 향해 꿈의 여행을 떠나는 신비로운 배를 떠올리게 한다. 선 보야저The Sun Voyager의 예술적 존재감을 직접 느껴보면서, 주변의 해안 지역, 에스야 산Mount Esja과 대서양이 자아내는 멋진 풍경에 감탄하게 된다.

대회에서 우승을 차지한 아르나손의 조형물은 레이캬비크 건립 200주년을 맞아 공개되었다. 단순함과 우아함이 공존하는 아름다운 디자인은 레이캬비크의 역사를 기념하는 동시에 도시의 진보적인 관점을 상징한다.

새벽이나 해 질 녘에는 태양에 물든 수평선이 자아내는 자몽색 빛이 구조물의 금속광택을 더욱 돋보이게 한다. 아이슬란드에서 여름에 볼 수 있는 한밤중의 태양이 떠오르면 선 보야저The Sun Voyager의 또 다른 아름다움을 느껴볼 수 있다.

보트의 커다란 강철 삼지창을 프레임으로 삼아 에스야 산의 모습을 사진에 담는 것이 가장 아름다운 사진을 얻을 수 있다. 항상 눈으로 덮여 있는 에스야 산은 보트의 수수한 조형선과 어울리는 아름다운 배경을 선사한다.

반짝이는 화강암 초석에 반사된 조형물의 빛나는 스테인리스 스틸 외관을 살펴보자. 아이슬란드의 전통적인 롱 보트와 흡사한 선 보야저The Sun Voyager는 반사 성질을 가진 초석 덕분에 마치 공중에 떠 있는 듯한 형태를 취하고 있으며 언제라도 바다를 향해 출발할 것 같다.

주소_ Skulagata 11
위치_ 하르파에서 해안 도로를 따라 10분 정도 소요

해안 조각상 산책로(Sculpture and Shore Walk)

레이캬비크의 아름다운 해안 도로를 따라 산책을 할 수 있다. 도로에는 아름다운 바다 전망을 즐길 수 있는 여러 곳의 진망대가 있다. 잠시 휴식을 취하며 멋진 자연 경관을 감상할 수 있는 가장 좋은 장소 중 하나는 사람들이 꿈의 배인 선 보야저(The Sun Voyager)가 진수했던 곳이라 믿고 있는 지점이다. 하루 중 어느 때든지 선 보야저(The Sun Voyager)는 사이브라우트(Sæbraut)와 나란히 조성되어 있는 레이캬비크 도심 해안 지역의 아름다운 해안 산책로에 위치해 있다. 해안 조각상 산책로(Sculpture and Shore Walk)를 따라 산책을 즐기는 도중에는 걸어서 10분 정도면 닿을 수 있는 하르파 문화 센터에 들러 아름다운 유리 외관을 구경해 보자.

돔키르칸 성당
Dómkirkjan í Reykjavík

레이캬비크에서 가장 오래된 돔키르칸 Dómkirkjan í Reykjavík은 아이슬란드가 독립을 쟁취한 곳이자 루터파 신앙의 중심지이다. 1796년에 완공된 작은 성당으로 '국립성당'이라고 부르기도 한다.

성당은 레이캬비크 중앙 광장, 국회의사당 바로 옆에 자리 잡고 있어서 매년 국회 개원 예배가 열린다. 1845년, 루터파교회는 이곳에서 아이슬란드의 주권과 독립을 인정하였다. 이후 1944년에 이르러 현대의 아이슬란드 공화국이 탄생하였다. 장엄한 할그림스키르캬와 뚜렷한 대비를 이루는 돔키르칸은 조용히 명상에 잠기거나 현지인들과 함께 기도를 올리기에 좋다.

신고전주의 양식으로 지어진 성당의 나무로 된 입구를 들어서면 빛으로 가득한 내부가 나온다. 뒷쪽 벽에는 파이프 오르간이 있고 제단 앞에는 19세기 조각가 베르텔 토르발센에 의해 조각된 대리석 세례반이 놓여 있다. 여러 개의 유리창으로 빛이 들어와, 차분한 분위기를 자아낸다.

주소_ Vonarstraeti 1
위치_ 정부청사의 오른쪽에 위치

1929년 아이슬란드 최초의 가톨릭 예배당 근처에 축성된 그리스도 성당은 지금도 예배 장소로 이용되고 있다. 성당의 아름다운 건축물을 살펴보고 그림 같은 성당 부지를 거닐어 보자. 인상적인 건물 안을 돌아다니다 보면 아름다운 제단, 정교하게 만든 미술품과 흥미로운 유물들을 마주하게 된다.

원래 있던 가톨릭 예배당은 아이슬란드 최초의 가톨릭 신부가 1864년에 건축한 조그만 건물에서 시작되었다. 하지만 제1차 세계대전 이후로 불어난 아이슬란드의 가톨릭 인구를 감당하기 위해 더 큰 성당이 필요했다. 성당 부지 주변을 거닐다 보면 회색빛을 띤 우뚝 솟은 석조 외관과 납작한 지붕을 갖춘 첨탑을 볼 수 있다. 이 건축물들은 아이슬란드의 건축가인 구드욘 사무엘손이 설계했다. 해가 나면 흐릿한 벽면 위로 반짝이는 햇살이

그리스도 성당
Landakotskirkja / Basilika Krists Konungs

신 고딕 양식으로 건축된 그리스도 성당에서 회색빛을 띤 반짝이는 석조 외관과 거대한 첨탑은 아름답게 채색된 창문과 촛불로 환하게 빛나는 내부가 인상적이다. 그리스도 성당Landakotskirkja은 서부 레이캬비크에 위치한 웅장한 성당이다.

오팔색의 스테인드글라스 창문을 통해 건물 안으로 스며든다.

건물 안으로 들어가면 아름다운 유물과 기증품으로 화려하게 장식된 복도, 신랑, 제단과 중앙 제단을 구경할 수 있다. 향나무를 깎아 만든 아름다운 바르셀로나의 그리스도 상Christ from Barcelona과 바이에른에서 가져온 십자가의 길Stations of the Cross을, 왼쪽 복도에서는 아이슬란드의 수호성인 성 토를락의 모습을 볼 수 있다.

구드욘 사무엘손

현대 아이슬란드 건축의 명장이미지를 가지고 있는 건축가이다. 1887년에 태어난 그는 아이슬란드를 형상하는 '화산'에서 나오는 결과물을 모티프로 삼았다. 화산에서 터져나오는 마그마가 냉각되면서 형성된 주상절리와 폭포가 흘러내리는 이미지로 간결하면서 현대적인 이미지를 형상화하여 표현되었다. 할그림스키르캬 교회와 란다코트 대성당, 국립 아이슬란드 대학, 북부 아쿠레이리의 성당인 아쿠레이라르키르캬 교회가 그의 대표적인 건축물이다.

주소 Tungata 401
위치 정부청사 앞 도로를 따라 왼쪽으로 직진하여 15분 정도 소요

호프디 하우스
Hofdi House

1909년에 세워진 호프디 하우스는 가장 아름답고 역사적으로 중요한 건물이다. 1986년, 로날드 레이건 미국 대통령과 미하일 고르바초프 소련 서기장이 냉전의 종식을 알린 역사적인 건물이다. 호프디 하우스는 아이슬란드에 건축된 최초의 프랑스풍 건물이다.

국립갤러리
The National Gallery

리스타사픈 섬Listasafn Íslands은 프리키르큐베구르Fríkirkjuvegur 7번지에 위치하며 옆으로는 회색과 녹색이 잘 어우러진 프리키르칸Fríkirkjan(자유 교회)가 나란히 서 있다. 이 역사적인 건물은 애초에 호수에서 얼음을 잘라내어 보관하던 냉동창고 역할을 했는데, 이는 물고기를 보존하는 데 쓰였다. 후에는 물고기 냉동장으로 사용되다가 뜨거운 무도회장으로 사용되기도 하였다.

한번은 어찌나 열기가 뜨거웠는지 실제로 불이 난 적도 있다. 현재는 보수를 거쳐 특별전시회와 함께 아이슬란드 작가들의 작품을 상설전시하고 있는데, 이 작품들 가운데에는 아이슬란드 최초의 직업화가인 아우스그리무르 욘슨Ásgrímur Jónsson(1876~1958)의 것도 있다. 2층에는 인터넷 사용이 가능한 카페가 있다.

홈페이지_ www.listasafn.is
Open_ 화~일 6~8월 10:00~15:00
9~5월 11:00 – 17:00

슈토르나라우디드(총리관저)
Stjórnarráðið

아이슬란드 총리 관저인 슈토르나라우디드Stjórnarráðið는 아르나르홀에 있는 최초 정착민 잉골푸르의 동상에서 바로 앞에 있는 작은 둑 위에 자리하고 있다.

1765년에서 1770년 사이에 지어진 관저는 레이캬비크에서 가장 오래된 건물 중 하나로, 소박한 자태의 백색 건물은 총리의 집무실 역할을 하고 있으나 처음에는 교도소 노역장으로 사용되었다.
이 건물은 또한 1996년까지 아이슬란드의 대통령 집무실로 쓰였는데, 후에 솔레이야르가타Sóleyjargata 1번 부지로 옮겨 갔다.

크베르피스가타의 국립극장 뒤로는 컬처 하우스인 쇼드메닝가르후시드 Þjóðmenning arhúsið가 위치해 있다. 이 박물관은 아이슬란드의 고대 사가와 다른 중세시대의 기록물과 작품들을 전시하고 있다. 이곳으로의 방문은 또 다른 세계로 여행을 떠나는 것과 같다. 혼란스러웠던 바이킹 시대, 북대서양에서의 삶의 이야기를 매 페이지 마다 전달해주는 화려하고 대담한 인물을 통해 전하고 있다.
위층으로 올라가면, 정기적으로 새로운 전시를 하는데, 여태까지 전시되었던 테마 가운데 서트지 섬의 폭발적인 형성에서부터 아북극대의 식물군, 아이슬란드 모르몬교도의 북미 이주까지 다양한 군상을 다룬다.

총리 관저가 있는 쪽으로 라이캬르가타를 따라 더 이동하면 19세기 중반에 지어진 집이 늘어서 있다. 이 집들은 몇 년 전 가까스로 폭파를 피했고 현재는 개보수 되었다. 현재는 두 개의 레스토랑과 아이슬란딕 트래블 마켓(Icelandic Travel Market)이라는 이름의 개인 관광안내소 역할을 하고 있다. (정부에서 운영하는 관광안내소는 아달스트라이티에 위치). 트요르닌으로 가기 바로 전에는 레이캬비크 그래머 스쿨Reykjavík Grammar School, Menntaskólinn í Reykjavík이 자리하고 있다. 아이슬란드 최초의 문법학교로 두명의 노벨상 수장자를 배출하였다.

아이슬란드 대학교
Háskóli Íslands

아이슬란드가 덴마크의 지배하에 있던 1911년에 설립된 국립 대학교다. 트요르닌을 가로지르는 다리를 건너면 잔디로 덮인 공원 지역과 공공 조각품들이 놓여 있다. 뒤이어 1911년 설립된 아이슬란드 대학교Háskóli Íslands가 나오는데, 육중한 제3제국 스타일의 메인 빌딩은 1930년대의 것이다.

홈페이지_ www.hi.is

노르딕 하우스
Norræna Húsið

대학교 바로 남동쪽에 위치한 것은 노르딕 하우스Norræna Húsið로, 굉장히 존경 받는 핀란드 건축가 알바르 알토Alvar Aalto가 디자인한 건물이다. 노르딕 하우스는 북유럽 국가들 간의 연대를 키우고 강화하고자 세워졌다. 그 끝으로 가면 도서관, 디자인숍, 진행중인 스칸디나비아 문화 사업 프로그램 등이 있다. 또한 딜(Dill) 이라는 레스토랑의 "뉴 노르딕New Nordic" 메뉴를 시키면 스칸디나비아식 음식을 맛볼 수 있다.

홈페이지_ www.nordichouse.is
Open_ 전시장 : 화~일 12:000~17:000

국립대학 도서관
National and University Library

국립박물관 건너편, 수두르가타의 반대쪽으로는 국립&대학도서관National and University Library이 위치해 있다. 거의 20년이 걸린 오랜 시공 끝에 1994년 개관된 도서관은 널찍하고 현대적인 구조의 건물이다. 도서관은 원고 콜렉션 소장은 물론 학자와 학생, 일반 대중을 위한 리서치 시설도 훌륭하다.

이메일_ upplys@landsbokasafn.is
Open_ 월~금 18:15~22:00, 토~일 10:00~18:00

국립박물관
National Museum

아이슬란드 국립박물관에는 초기 바이킹의 정착에서부터 오늘날까지 이르는 2천여 점의 유물과 사진, 멀티미디어 전시를 볼 수 있다. 2004년 대규모 수리를 거친 박물관의 최신식 설비를 둘러보며 방문객은 참여형 전시를 즐길 수 있다.

바이킹의 연회와 전투에서부터 20세기 독립 운동까지, 아이슬란드 역사의 모든 장면들이 기록되어 있다. '국가의 성립' 상설전을 관람하며 아이슬란드가 국가로서의 정체성을 갖추게 되는 여정을 따라가 보자. 상설전은 4개 구역으로 나뉘어져 있다. 첫 번째 구역 '삶의 방식'에서는 870년 정착 이후 슬기와 지략으로 이 땅에 적응하는 아이슬란드인들의 모습이 전시되어 있다. 두 번째 구역에서는 아이슬란드 정착지의 모형을, 세 번째 구역에서는 수공예품을, 네 번째 구역에서는 아이슬란드의 언어와 사회, 문화에 관한 전시를 볼 수 있다.

초기 기독교인들의 지배와 노르웨이와 덴마크의 통치를 거쳐 1944년 아이슬란드 공화국이라는 주권 국가로 거듭나기까지의 기나긴 역사에 대해 살펴보자. 12세기의 아름다운 나무문과 1584년에 인쇄된 아이슬란드 최초의 성서 등, 의미 있는 유물들이 가득하다. 1층의 국립사진전시관은 무료로 둘러볼 수 있다.

홈페이지_ www.natmus.is
Open_ 5~9월 중순 : 매일 10:00~17:00,
9월 중순~4월 : 화~일 11:00~17:00

페를란과 외스큘리드
Perlan and Öskjuhlíð

무성한 나무로 이루어진 오스킬히트 언덕에 자리 잡고 있는 페를란Perlan은 온수 시스템을 개조하여 지어진 유리 돔은 건축의 걸작이라 불리고 있다.

1990년대 초, 건축가 잉기뮌뒤르 스바인손은 여섯 채의 온수탑 위에 금속과 유리로 된 돔을 올려 멋지고 신기한 관광 명소를 건설하였나. 이곳에는 300도 전망대와 거대한 전시관, 회전하는 레스토랑이 자리 잡고 있다. 한 바퀴를 모두 도는 데는 1~2시간이 걸린다. 지상에서는 몇 분에 한 번씩 분수에서 물이 솟구친다. 마치 아이슬란드의 간헐천을 보고 있는 듯하다.

6개의 온수 탑 중 5개에는 오늘날에도 온수가 저장되어 있다. 각 온수 탑에는 4백만 리터의 물이 들어간다. 겨울철에는 난방을 위해 돔의 금속 구조로 온수가 공급되며, 여름에는 냉방을 위해 냉수가 공급된다. 건물 자체가 경이로운 기술로 이루어져 있다.

돔 내부의 널찍한 겨울 정원에는 전시회와 컨퍼런스, 각종 공연이 개최되고 있다. 5층에는 유명한 페를란Perlan 레스토랑이 자리하고 있다. 미리 예약을 하고 시시각각 변하는 전경을 배경으로 식사를 즐기는 모습을 볼 수 있다. 6개의 모퉁이마다 자리하고 있는. 망원경을 갖춘 6각형 야외 전망대에 나가 아름다운 시내 전경을 볼 수 있다.

페를란에서 바라본 시내전경

사가 박물관
Sögusafnið

페를란은 레이캬비크의 사가 박물관 Sögusafnið이 자리를 잡았다가 현재는 올드 하버Old Harbor에 위치하고 있다. 아이슬란드 중세 문학에 등장하는 인물을 실제하는 사람 같이 실리콘으로 만든 모형들을 둘러볼 수 있다.

실물 크기의 밀랍 인형으로 꾸며진 아이슬란드의 중요한 역사적 순간들을 재현해 놓았다. 의상과 무기, 각종 소도구들은 모두 전통적인 방식으로 제작되었다.
밀랍 인형들은 레이캬비크의 실제 주민들을 모델로 제작되었기 때문에 거리를 걷다 익숙한 얼굴을 볼 수도 있다고 한다.

홈페이지_ www.sagamuseum.is
Open_ 매일 4〜9월 : 10:00〜18:00
　　　　10〜3월 : 12:00〜17:00

뇌이솔스비크
Nauthólsvík

페를란 너머에는 레이캬비크의 또다른 작은 보석인 인공지열해변인 뇌이솔스비크^{Nauthólsvík} 황금 모래해변이 초승달 모양으로 늘어선 이 해변은 햇살 좋은 날이면 하나의 작은 행복이 되곤 한다. 사람들이 모여 일광욕을 하고 야외 온천욕을 즐긴다.

이용안내_ 5월 중순~8월 중순 매일 10:00~19:00, 11~5월 중순 월~금 11:00~01:00 : free

라우가르달루르
Laugardalslaug

레이캬비크의 확장에 있어서 도시의 자연의 보고는 여태까지 그래왔듯이 소중히 남아 있다. 구시가 중심의 동북쪽에 위치한 그린벨트인 라우가르달루르 지역은 개발 보다는 보존을 중시해 왔다. 이 지역은 도시의 주요 스포츠 공간으로, 축구경기장, 스포츠 홀, 수영장, 아이스스케이팅 링크장 등이 몰려 있다.

라우가르달스라우그 수영장

이곳은 또한 아이슬란드에서 가장 유명한 수영장 중 하나이자 지열로 데워진 넓은 야외 수영장인 라우가르달스라우그^{Laugardalslaug}도 위치한 곳이다. 메인 풀장은 50m에 달하고, 미끄럼틀이 있는 어린이 전용 풀장과 온천장, 사우나를 겸하고 있다.

Open_ 월~금 06:30~22:00, 토~일 08:00~22:00
전화_ 411-5100

레이캬비크
동물원, 식물원, 가족 공원

바이킹을 주제로 한 미니 놀이기구가 있는 가족공원Fjölskyldugaðurinn과 인근의 레이캬비크 동물원Reykjavík Zoo도 이곳에 위치한다. 동물원에는 가축과 아이슬란드 고유 동물, 작은 아쿠아리움이 있으나 호랑이와 사자 등의 동물은 없다. 근처의 식물원Grasagarðurinn에는 5천여 종의 식물과 아이슬란드 식물군의 대부분이 전시되어 있다.

동물원 | 홈페이지_ www.mu.is
    Open_ 5월 중순~8월 10:00~18:00,
        10~5월 중순 10:00~17:00
식물원 | **Open_** 5~8월 매일 10:00~20:00,
        9~4월 10:00~15:00
입장료_ 무료

크링란 쇼핑몰
Kringlan Shopping mall

2차 세계대전 이래로 레이캬비크는 동쪽으로 계속해서 확장하고 있다. 1980년대에 처음으로 10만대의 인구에 진입하였고, 더 현대적이고 거창한 건축물들이 들어서기 시작했다. 새로운 상업문화센터가 예전 센터가 있던 자리에서 약 4㎞ 떨어진 곳에 아예 처음부터 지어지기 시작했다. 센터 안에는 대형 실내 쇼핑몰인 크링클란Kringlan과 레이캬비크 시립 연극단이 들어선 복합몰도 들어섰다.

새로운 주거 지역이 늘어나면서 "콘크리트 라바"가 들어서기 시작했고, 브레이드홀드Breiðholt와 아우르바이르Árbær같은 지역에는 아이슬란드에서 가장 큰 지방 마을 보다도 몇 배나 많은 인구가 바글거렸

다. 그에 발맞추어 새롭게 레이캬비크에
추가된 이 지역은 지리적으로뿐만 아니
라 비즈니스와 상업의 중심이 되어갔다.
이러한 확장이 아이슬란드가 전통적인 1
차 산업 국가에서 현대 기술 사회로 급격
히 변화한 것을 보여주는 가장 명확한 예
가 아닌가 싶다.

아우르바이르 교회의 가장자리에 있는
아우르바이르 야외 박물관 Árbær Open-Air
Museum에서는 여름 매 주말마다 다채로
운 행사를 개최한다. 레이캬비크와 아이
슬란드 곳곳에 위치하던 다수의 역사적
건물들이 이곳으로 옮겨졌고, 이곳에서
가능한 가장 정확하게 재창조되었다. 수
세기에 걸쳐 사용된 가정살림과 가구들
이 상설전시관에 전시되어 있으며, 결혼
식으로 인기가 좋은 오래된 잔디지붕 교
회도 있다. 그러나 바로 옆으로 차가 많
이 다니는 도로가 놓여져 있다는 것은 아
쉽다.

브레이드홀트와 아우르바이르 사이로 목
가적인 분위기의 에틀리다우르 Elliðaár 강
이 흐른다. 아이슬란드 최고의 연어 강으

로 해마다 약 1,600마리가 잡힌다. 전통시
장에서는 매년 5월 1일 어획의 시작을 선
언한다. 신중히 부여되는 낚시 허가는 일
반 방문자들이 얻기는 좀 힘들지 모르지
만, 하절기에 근처 에틀리다바튼 호수
Lake Elliðavatn의 낚시허가권을 얻는 데는
전혀 문제가 없다. 호수는 놀라울 정도로
고요하고 그림 같이 아름다운 풍경의 한
가운데 있으며 지역 송어 잡이에도 탁월
한 곳이다.

홈페이지_ www.kringlan.is
Open_ 6~8월 매일 10:00~17:00
위치_ 4-12, 103 레이캬비크, 아이슬란드

해양 박물관
Sjóminjasafnið

올드 하버Old Barbour에 커다란 군함이 있는 곳이 해양 박물관이다. 아이슬란드의 해양 역사를 간단하게 볼 수 있다. 수산물 가공 공장으로 사용한 건물을 박물관으로 개조해 수도 레이캬비크의 어업과 항해의 역사를 볼 수 있도록 전시해 놓았다. 해안 경비정으로 사용되던 배를 탑승할 수 있는 가이드 투어는 매일 13, 14, 15시에 시작한다.

Open_ 10~17시(6~8월), 13~17시(9~5월)
요금_ 박물관 1,600kr
　　　가이드 투어 1,300kr
　　　박물관과 가이드 투어 2,200kr
　　　레이캬비크 웰컴카드 소지자는 무료

레이캬비크 예술 미술관
Rvk Art Museum of Hafnarhus / Kjarvalsstadir / Asmundarsafn

레이캬비크는 선조들의 발달된 문명은 없었지만 현대에 이르러 다양한 현대미술을 발전시키고 디자인으로 유명해졌다. 그래서 레이캬비크에서 3곳이나 되는 현대 예술 박물관을 개관하고 시민들의 문화 활동을 돕고 있다. 하프나후스Hafnarhus는 1930년대에 생선공장을 다시 리모델링하여 개장하였고, 캬르발스스타디르Kjarvalsstaðir는 1973년에 요냐네스가 디자인하였다.
아스문다르사픈Asmundarsafn는 아스문두르 스베인손Asmundur Sveinssin이 특색있게

건축하여 시네에서 떨어져 있음에도 많은 방문객들이 찾는다. 여행자는 아이슬란드의 현재 예술 활동을 알아볼 수 있는 기회를 가질 수 있다. 웰컴 카드 소지자는 무료로 입장이 가능하다.

Hafnarhus
가는길 _ 버스 1, 3, 6, 11, 12, 13, 14 번이용
Open_ 10~17시(목요일 10~20)

Kjarvalsstadir
가는길 _ 버스 1, 3, 6, 11, 13 번이용
Open_ 10~17시

아우르바이르 야외 박물관
Arbaejarsafn

아우르바이르 농장에 있는 전통 가옥. 약 20여 개를 작은 마을로 모아 놓은 야외 박물관이다. 흘렘무르Hlemmur 버스 터미널에서 5, 12번 버스를 타고 아르뱌르사픈Arbaejarsafn이나 흐라운바르Hraunbaer에서 내리면 된다. 레이캬비크에서 시골같은 분위기를 느껴보는 박물관으로 전통 의상을 입고 건초, 털실, 버터 만들기 등을 보여주기 때문에 자녀와 함께 온 부모들이 많다.

아스문다르사픈

Asmundarsafn
가는길 _ 버스 2, 4, 14, 15, 17, 19 번이용
Open_ 10~17시(5~9월), 13~17시(10~4월)

Open_ 6~8월 10~17시, 9~5월 13~17시
요금_ 성인 1,500kr
　　　18세 이하 무료
　　　레이캬비크 웰컴카드 소지자는 무료

레이캬비크 박물관 여행
Reykjavík Museum tour

레이캬비크에서 박물관을 주로 보는 여행을 하고 싶다면 반드시 레이캬비크 웰컴 카드를 구입하자. 박물관의 입장비용이 만만치 않지만 웰컴카드를 소지하고 있다면 무료나 할인이 된 가격으로 입장

이 가능하여 여유롭게 박물관을 보면서 레이캬비크를 여행할 수 있다.

레이캬비크 웰컴 카드

	성인	6~18세
24시간	3,500kr	1,300kr
48시간	4,700kr	2,400kr
72시간	5,500kr	3,100kr

카드 소지시 무료이용이 가능한 관광지
레이캬비크 시내 버스, 레이캬비크의 수영장, 비데이 섬 아일랜드 페리, 레이캬비크 미술관(Hafnarhus/Kjarvalsstadir/Asmundarsafn), 아이슬란드의 국립 박물관, 아이슬란드의 국립 미술관/ 문화 하우스, 레이캬비크시 박물관, 아우르바이르Árbær 야외 박물관, 해양 박물관, 사진 박물관, 레이캬비크 동물원과 가족 공원

레이캬비크 박물관여행

1. 볼케이노 하우스
Volcano House
↓
2. 레이캬비크 사진 박물관
Rvk Museum of Photography
↓
3. 레이캬비크 예술 박물관, 하프나후스
Rvk Art Museum of Hafnahús
↓
4. 국립 박물관
The National Museum of Iceland
↓
5. 네셔널 갤러리
The National Gallery of Iceland
↓
6. 레이캬비크 예술 박물관, 캬르발스스타디르
Rvk Art Museum of Kjarvalsstaðir
↓
7. 레이캬비크 예술 박물관, 아스문다르사픈
Rvk Art Museum of Asmundarsafn
↓
8. 아우르바이르 야외 박물관
Arbaejarsafn

EATING

호르니드 Hornið

바다쪽으로 바이야린스베즈튀 핫도그가 유명해 관광객들이 지나치기도 하지만 호르니드 Hornið 는 아이슬란드에서 1979년에 처음으로 문을 연 이탈리안 레스토랑으로 유명하다. 다양한 지중해풍의 신선한 생선요리가 유럽 관광객들에게 특히 맛집으로 소문나 예약은 필수이다.

홈페이지_ www.hornid.is
주소_ Hafnarstræti 15
전화_ 551-3340

래캬르브레카 Lækjarbrekka

1834에 지은 통나무 건물이 인상적인 레스토랑으로 모르는 관광객들은 지나치기 바쁘다. 고풍스런 장식과 옛 분위기의 내부가 친근한 식사를 맛볼 수 있게 해준다. 랍스터, 퍼핀, 양 등의 전통 아이슬란드 음식을 맛볼 수 있다.

홈페이지_ www.laekjarbrekka.is
주소_ Bankastræti 2
전화_ 551-4430

카페 페리스 Café Paris

아마 레이캬비크에서 가장 유명한 카페 Cafe 명소로 오랫동안 입지를 다지고 있는 브런치 카페이다. 라우가베구르 거리에서 밑으로 내려가 횡단보도를 건너면 아우스투르볼루르 Austurvöllur 광장과 정부청사를 바라보는 전망이라 여름에는 노천카페로 더욱 인기를 얻고 있다. 커피와 가벼운 브런치 식사를 먹을 수 있다.

홈페이지_ www.cafeparis.is
주소_ Austurstræti 14
전화_ 551-1020

아이슬란딕 피쉬&칩스
Icelandic Fish & Chips

젊은 청년들이 유기농 감자와 신선한 생선으로만 만들어 점점 인기를 높이고 있다. 피쉬&칩스는 반죽에 밀과 설탕을 쓰지 않고 튀기기보다는 구운 감자에 가까운데 맛은 두껍게 씹히는 감자튀김에 손이 더 간다. 드레싱도 저지방 요거트로 만들어 모든 메뉴에 믿음이 생겨나고 있다.

홈페이지_ www.fishandchips.is
주소_ Tryggvagata 8
전화_ 511-1118

바이야린스 베즈티
Bæjarins Beztu

꽃보다 청춘 아이슬란드에서 다들 아이슬란드에서 가장 기억에 남는 음식으로 손꼽았을 정노로 인기있는 핫도그가게이다. 70년 넘도록 한 장소에서 핫도그를 팔고 있는데 처음에는 이토록 인기가 높지는 않았다. 전 미국대통령인 클린턴이 먹고 나서 지금의 유명세가 시작되었다. 앞

아서 먹을 테이블이 적어서서 핫도그를 먹는 장면 때문에 더욱 인기가 있다고 생각이 된다.

가격은 보통 5천 원 미만이지만 양이 적어 누구나 2개 이상의 핫도그를 주문한다. 튀긴 양파와 소세지, 겨자소스, 마요네즈, 케첩만이지만 소스에 맛이 비결이 있다. 10시~새벽 1시까지, 예전에는 6~8시 사이에 영업을 안 하기도 했지만 지금은 영업을 하는 경우가 대부분이다.

홈페이지_ www.bbq.is
주소_ Tryggvagata 1

카페 로키
Cafe Loki

할그림스키르캬 교회 정면 왼쪽에 있는
카페로 아이슬란드 전통 요리인 양머리고
기와 상어고기를 만들 수 있는 카페로 다
수의 방송에 소개되며 유명세를 얻었다.
전통요리를 주문하지만 한국인의 입맛에
맞지 않아 다시 주문하는 경우가 상당히
많다. 음식이 맞지
않아도 2층에서 커
피를 마시며, 할그
림스키르캬 교회
를 보면서 여유를
즐길 수 있다.

홈페이지_ www.textil.is
주소_ Lokastigur 28

라멘 모모
Ramen momo

지금 아이슬란드에는 일본 음식들이 상
당한 인기를 얻고 있는데 카멘 모모도 일
본음식 인기에서 찾을 수 있다. 올드 하버
Old harbour의 시바론 건너편에 있는 라멘
모모는 우리나라 관광객에게는 맛이 없

을 수도 없다. 아이슬란드인들에게 색다
른 음식인 만두와 튀김, 라면 국물의 맛이
다른 매력을 가진 메뉴이다.

Open_ 11:00~21:00, 일요일 12:00~17:00
주소_ Tryggvagata 16
전화_ 571-0646

누들 스테이션
Noodle Station

카페 솔론에서 할그림스키르카 교회로
올라가는 스콜라보르두스키구르 거리에
있는 일본식 음식점이다.
추운 나라인 만큼 뜨거운 국물을 좋아하
는 아이슬란드 사람들에게 인기가 많다.

주로 치킨과 쇠고기가 들어간 누들이 인기 있다.

Open_ 11:00~22:00
주소_ Laugavegur 86
전화_ 551-3198

씨바론
Sea Baron

외국의 여행 평가사이트에는 저조한데, 우리나라 관광객에게 유명하다고 인식이 된 해산물 레스토랑이다. 대부분의 관광객들은 고래고기와 해산물 스프를 먹기 위해 찾는다. 스프는 매우 느끼하고 고래고기는 너무 기름져서 다 먹지 못하고 남기는 관광객이 많아 비추천이다.

홈페이지_ www.seabron.is
Open_ 5~8월 11:30~23:00, 9~4월 11:30~22:00
주소_ Geirsgata 8
전화_ 553-1500

샌드 홀트
Sandholt

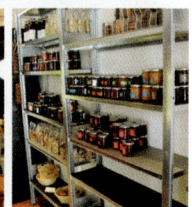

라우가베구르 거리의 보니스 마트 오른쪽에 위치한 세계요리박람회에서 금상을 수상한 빵집이다. 항상 사람들도 북적여 식사때는 기다려야 하지만 아침 일찍 오픈하기 때문에 레이캬비크에서 일찍 출발한다면 빵을 구입해 점심으로 먹는 것을 추천한다. 입구쪽에 있는 유기농 잼도 많이 찾는다.

홈페이지_ www.sandholt.is
Open_ 07:00~21:00
주소_ Laugavegur 36
전화_ 551-3524

피쉬 컴퍼니
Fish Company

여행자 센터의 건너편에 위치한 우리의 입맛에 맞는 레스토랑이다. 아이슬란드 음식을 글로벌하게 해석한 음식을 제공한다. 인기메뉴는 4가지 코스요리를 제공하는 'Around Iceland'이다.

홈페이지_ www.fishcompany.is
주소_ Vesturgata 2a, Grófartorg
전화_ 552–5300

아르젠티나 스테이크 하우스
Argentína Steak House

아이슬란드에서도 손꼽히는 스테이크, 양, 순록고기를 먹을 수 있는 고기집으로 값이 비싸다는 흠이 있지만 맛은 보장한다.

홈페이지_ en.argentina.is
Open_ 18:00~
주소_ Barónsstígur 11
전화_ 551–9555

스리르 프라카
Þrír Frakkar

고래고기로 스테이크를 제공하는 프랑스식 레스토랑으로 최고의 고래고기를 제공했던 레스토랑이다.
고래고기는 기름지기 때문에 느끼하면서도 신선한 맛을 내는 것이 핵심인데 아이슬란드에서 몇 안 되는 맛좋은 스테이크를 내놓고 있다. 생선요리와 전통 생선스프도 인기 메뉴이지만 스프는 약간 느끼하게 느낄 수도 있다.

홈페이지_ www.3frakkar.com
주소_ Baldursgata 14
전화_ 552–3939

딜
Dill

북유럽 스타일의 스칸디나비아 레스토랑은 유기농 재료를 사용해 훈제 대구와 푸른 홍합, 사습고기 등을 담백하게 내놓고 있다. 현재 아이스크림을 곁들인 아몬드 케이크도 인기가 높다.

홈페이지_ www.dillrestaurant.is
주소_ Nordic House, Sturlugata 5
전화_ 552-1522

샤바르그릴드
Sjávargrillið

2011년에 문을 열었지만 올해의 아이슬란드 요리사에 뽑힌 요리사가 있어서 짧은 시간에 인기 레스토랑으로 자리를 잡았다. 구스타브 악셀 군라우그손Gústav Axel Gunnlaugsson은 조개수프, 구운 바닷가재, 딜 샤베트 초코릿무스 등을 아이슬란드 여행에서 영감을 받아 만들게 되었다고 인터뷰했다.

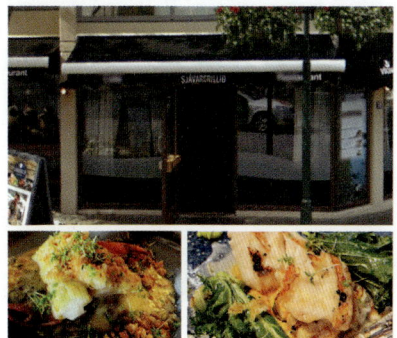

홈페이지_ www.sjavargrillid.com
주소_ Skólavörðstígur 14
전화_ 571-1100

아포텍
Apotek

아주 인기있는 유명한 키친&바로 신선한 생선부터 브런치 스타일까지 다양한 메뉴와 커피도 상당히 맛이 좋다.
토, 일요일에는 오후 4시까지 양과 맛이 모두 풍성한 브런치와 맥주를 저렴하게 제공한다.

홈페이지_ www.apotek.is
주소_ Austurstræti 16, 101
전화_ 551-1021

스콜라 브루
Skorabru Restaurant

1907년에 문을 연 시청과 정부청사 사이의 스콜라 브루 레스토랑은 아이슬란드 전통 음식을 코스요리로 제공하고 있다. 와인을 곁들인 오리, 바닷가재, 고래스테이크가 인기 있으며 독특한 생선 요리가 미각을 자극한다.

건물도 아이슬란드 전통양식으로 오래된 분위기를 몸소 느낄 수 있을 것이다. 밤 10시까지 열기 때문에 늦은 저녁을 먹을 때에도 부담없이 찾을 수 있다.

홈페이지_ www.skolabru.is
주소_ Posthusstraeti 17
전화_ 511-1690

밤 문화
Nagitlife

Dubliner

시내 중심부의 오래된 아이리쉬 펍으로 기네스와 위스키를 마시면서 트로우바도르스Troubadours가 매일 공연을 하고 있다.

주소_ Hafnarstræti 4

Kaffibarinn

레이캬비크에서 대표적이며, 유럽 관광객들에게 매우 인기가 높은 작은 보헤미안 펍으로 화~일까지 디제잉을 들려준다.

주소_ Bergstaðarstræti 1

American Bar

정부청사 앞에 있는 미국 분위기의 펍이라서 미국 관광객이 다수를 차지하고 있다. 여름이면 밤새 술을 마시므로 항상 북적인다.

주소_ Austurstræti 9

Dillon

메탈음악을 좋아하는 관광객이 주로 찾는 술집으로 친근하며 음악소리는 크고 위스키를 주로 마신다.

주소_ Laugavegur 30

SLEEPING

센터호텔 아르나르볼
Centerhotel Arnarhvoll

바다와 하르파Harpa, 에샤 산이 한눈에 들어오는 아름다운 뷰를 가지고 있어 인기가 높은 호텔이다. 깔끔한 내부 디자인과 깨끗하고 라우가베구르 중심거리에서 3분 거리로 모든 면에서 흠잡을 데 없는 호텔이다. 근처에 4개의 센터 호텔이 더 있다.

홈페이지_ www.centerhotels.is
주소_ Ingólfsstræti 1
전화_ 595-8540
이메일_ arnarhvoll@centerhotels.is

레이뷔르 에릭손 호텔
Hótel Leifur Eiríksson

할ㄱ림스키르캬 교회의 바로 맞은편에 위치한 4성급의 호텔로 직원들은 친절하며 24시간 무료 커피서비스와 조식 부페가 좋다고 소문나 있다.

유일한 단점은 룸이 작다.

홈페이지_ www.hotelleifur.is
주소_ Skólavörðustígur 45
전화_ 562-0800

보르그 호텔
Hótel Borg

레이캬비크의 최초 호텔로 하르파Harpa와 바이야린스베즈튀 핫도그의 바로 앞에 위치해 있다. 현대식으로 새로 리모델링하여 가죽소파, 어두운 나무 바닥과 뱅앤울룹슨 TV 등으로 장식된 럭셔리 호텔이다.

홈페이지_ www.hotelborg.is
주소_ Pósthússtræti 11
전화_ 551-1440

센트럼 레이캬비크 호텔
Hótel Reykjavík Centrum

가장 오래된 바이킹 하우스에 세워져 오래되었지만 리모델링을 하여 낡은 모습대신 현대적이고 편안한 분위기를 연출한다.

홈페이지_ www.hotelcentrum.is
주소_ Aðalstræti 16
전화_ 514-6000

포스 호텔 바론
Fosshótel Barón

아파트형 호텔 룸이 30개가 있어 호텔이지만 취사가 가능하다. 흘렘무르Hlemmur

버스터미널에서 가깝다. 여름 성수기에 더블룸 아파트가 1박에 28~40만 원 수준까지 올라간다.

홈페이지_ www.fosshotel.is
주소_ Barónsstígur 2-4
전화_ 562-3204
이메일_ baron@fosshotel.is

포스 호텔 린드
Fosshótel Lind

헬름무르 버스터미널에 위치해 라우가베구르 거리가 시작되는 위치에 있어 도심에서 편안하게 지낼 수 있으며 직원이 친절히 관광지 소개까지 해준다.
깨끗한 내부 인테리어에 비해 외관은 낡은 느낌이다.

홈페이지_ www.fosshotel.is
주소_ Rauðarárstígur 18
전화_ 562-3350
이메일_ lind@fosshotel.is

아이슬란드에어 호텔 **마리나**
Icelandair Hotel Reykjavik Marina

아이슬란드 에어 호텔은 에다(Edda)호텔과 같은 아이슬란드 전국 체인 호텔이다. 레이캬비크 시내에 가장 최근에 오픈하였다. 현대적인 내부 인테리어는 상당히 고급스럽다. 스탠다드, 가족과 단체를 위한 아파트 형태, 개별 발코니를 가진 다락방 등 다양한 룸이 준비되어 있다.

홈페이지_ www.icelandairhotels.com
주소_ Myrargata 2
전화_ 444-4000, 560-8000

아이슬란드에어 호텔 **나투라**
Icelandair Hotel Reykjavik Natura

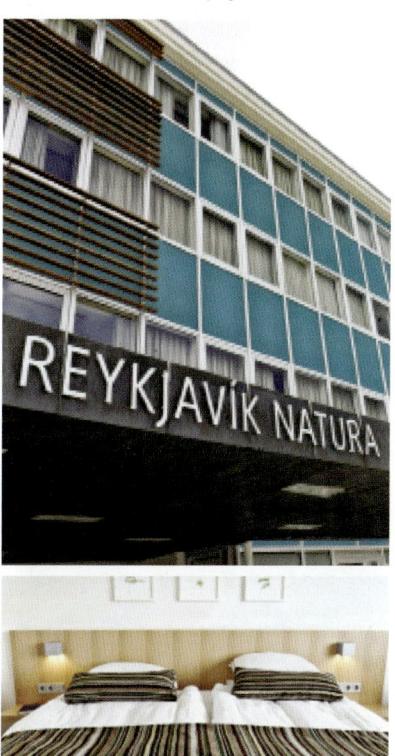

2011년에 리모델링을 하여 스파, 수영장들을 구비하였다. 페를란Perlan 근처에 위치해, 시내에서 걸어서 25분 정도 거리에서 떨어져 있지만 조용한 분위기는 장점이디.

홈페이지_ www.icehotel.is
주소_ Reykjavíkflugvöllur
전화_ 444-4000, 444-4500

힐튼 호텔 노르디카
Hilton Reykjavík Nordica

가장 유명한 호텔체인이지만 라우가달루르Laugardalur지역에 위치해 시내 중심이 아니라는 단점이 있다. 하지만 고급스러운 레스토랑과 호텔 분위기, 투숙객들은 무료 버스패스를 받아 시내까지 쉽게 이동할 수 있다. 도보로 약 25분정도 소요된다.

홈페이지_ www.hiltonreykjavik.com
주소_ Suðurlandsbraut 2
전화_ 444–5000

베스트 웨스턴 호텔 레이캬비크
Best Western Hótel Reykjavík

금액은 다소 비싸지만 친절한 직원과 좋은 분위기는 평균 이상의 호텔로 자리매

김하게 했다. 시내 중심부와 가깝고 헬무르 버스터미널이 바로 길 아래쪽에 있다.

홈페이지_ www.hotelreykjavik.is
주소_ Rauðarárstígur 37
전화_ 514–7000

루나 호텔 아파트먼츠
Luna Hotel Apartments

1920년대 타운하우스를 리모델링한 아파트형 호텔. 시내중심가 위치. 2011년에 두 번째 건물이 인근에 지어졌다. 작은 스튜디오부터 딜럭스 3베드룸까지 스타일리하면서 편안한 객실을 보유하고 있다.

홈페이지_ www.luna.is
주소_ Spítalastígur 1
전화_ 511–2800

레이캬비크 로프트 호스텔
Reykjavik Loft Hostel

하이 아이슬란드^{HI Iceland}에서 레이캬비크
에 3곳의 호스텔을 운영중이다. 라우가베
구르^{Laugavegur} 거리의 입구에 위치해 할
그림스키르캬 교회를 옥상에서 바라볼
수 있다. 레이캬비크 시내에 있는 호스텔
에서 가장 좋은 시설로 호스텔이용객이
항상 많다.

홈페이지_ www.hostel.is
주소_ Bankastræti 7
요금_ 도미토리 5,500kr〜
전화_ 553-8140

레이캬비크 시티 호스텔
Reykjavik City Hostel

레이캬비크 외곽의 라우가달구르^{Laugadalur}
지역, 캠핑장 옆에 위치한 호스텔로 시내
에서 도보로 30분 징노 소요된다. 시내
중심에서 떨어져 있지만 옆에는 수영장,
캠핑장, 축구장까지 있어 쾌적한 분위기
로 머무를 수 있다.

홈페이지_ www.hostel.is
주소_ Sundlaugavegur 34
요금_ 도미토리 6,500kr〜   **전화**_ 553-8110

레이캬비크 다운타운 YHA
Reykjavík Downtown Youth Hostel

3곳의 YHA에서 가장 저렴한 호스텔로 시
내에서 2.5km 떨어져 있다. 친절한 직원들
과 깨끗하고 친환경적인 서비스를 제공
하고 있다.

홈페이지_ www.hostel.is
주소_ Vesturgata 17
이메일_ reykjavikdowntown@hostel.is
전화_ 553-8120

로토스 호텔
Lotus Hótel

나이가 많으신 부부가 운영하는 호텔로
시내에서 걸어서 20분 거리, 룸 크기가
작은 단점이 있지만, 조식이 푸짐하며 부
부가 상당히 친절하고 정이 많다.

홈페이지_ www.hotellotus.is
주소_ Alftamyri 7
전화_ 511-6030

아이슬란드인들이 사랑하는 커피 & 카페 Best 10

1. 레이캬비크 로스터스 | Reykjavik Roasters

할그림스키르캬^{Hallgrimskirja} 올라가다보면 진한 커피향으로 발길을 사로잡는 카페를 만날 수 있다. 작은 실내에는 3개의 테이블만 있어서 대부분은 테이크 아웃으로 가지고 가지만 가게 앞에 앉을 수 있는 의자들이 있다. 그들은 로스팅 마스터스들로 시내 중심에서 매일 로스팅해 커피를 내려주어 더욱 신선한 커피 맛을 즐길 수 있다.

위치_ Karastigur 1, Brautarhlt 2

2. 카피펠라기드 | Kaffifelagid

레이캬비크에서 가장 작은 커피 전문점이지만 레이캬비크 시민들이 가장 좋아하는 커피맛을 가지고 있다. 대부분의 시민들은 테이크 아웃 Take away으로 이탈리아 에스프레소를 주문하여 간다.

위치_ Skolavordusttigur 10

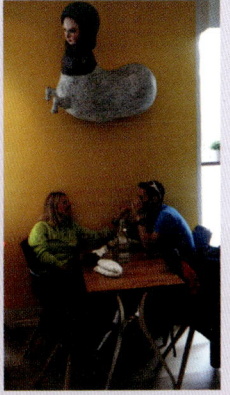

3. 티우 드로파 | Tiu Dropar

라우가베구르 번화가의 중심에 있는 지하의 조그만 카페로 레이캬비크에서 가장 오래된 카페중의 하나이다. 밝은 인테리어가 특징이며 우리나라 관광객들이 많이 찾는 카페이다.

위치_ Laugavegur 27

4. 모카 | Mokka

아이슬란드에서 1958년부터 가장 오래된 커피전문점으로 단순한 인테리어에 커피를 한잔 마시기 좋은 커피를 내준다. 간판이 작아 지나치기 쉽고, 음악도 나오지 않는 모카Mokka에서 홀로 커피를 마실 때는 더욱 쓸쓸해지기도 하지만 연인과 친구와 커피 한잔하며 밀린 이야기를 하기 좋은 장소이다. 할그림스키르캬 교회에서 스콜라보르두스티구르Skólavörðustígur 거리로 내려오면 중간의 자전거 모양의 바리케이트가 보이면 찾을 수 있다.

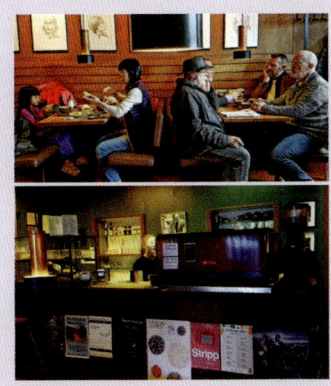

위치_ Skólavörðustigur 3A

5. 록 레스토랑 | Rok Restaurant

2016년에 새롭게 문을 연 레스토랑으로 할그림스
키르캬 교회를 바라보면서 커피를 마실 수 있는
위치가 매우 좋은 장소이다. 커피뿐만 아니라 와
인, 맥주도 상당히 맛좋은 아이슬란드의 대표적
인 카페로 부상하고 있다. 항상 많은 사람들로 붐
비는 장소로 자리를 잡기가 힘들기 때문에 오후
3~5시 사이에 갈 것을 추천한다. 일리illy커피의
맛을 진하게 우려내는 커피는 아이슬란드의 진
한 추억을 만들어 낼 수 있다.

위치_ Frakkastigur 26a

6. 블라칸난 카페 | Blaa Kannan Cafe

아쿠레이리에서 가장 커피 맛이 좋기로 소문난 카페로 레이캬비크의 카페 페리스의 주인
이 아쿠레이리에도 낸 카페이다. 일리illy커피 맛은 일품이다. 특히 날씨가 좋으면 야외에서
커피를 마시는 관광객들을 볼 수 있어 여유로운 여행의 풍경을 선사하는 아쿠레이리의 대
표적인 커피 전문점이다. 또한 케이크도 상당히 맛이 좋아 여성들이 많이 찾는다.

위치_ Hafnarstraeti 96

7. 카페 일무르 | Cafe Ilmur

아쿠레이리에서 가장 전망이 좋은 카페
일 것이다. 높은 위치의 커피 전문점에서
여유롭게 오후를 즐기는 여행자의 하루
는 더없이 행복해지는 분위기를 만들어
낸다. 커피맛이 좋다고는 하지만 분위기
가 좋아 커피 맛도 좋게 느껴지는 것이
아닐까 생각한다.

위치_ Hafnarstraeti 106

8. 보가피오스 | Vogafjos Cowshed Restaurant

아이슬란드를 처음으로 여행하는 관광객들은 미바튼 호수를 레이캬홀리드Reykahlid 지역만
을 둘러보고 아쿠레이리나 후사비크로 이동하기 때문에 보가피오스Vogafjos지역을 놓치고
가는 경우가 많다. 하지만 보가피오스에는 카페와 숙박을 동시에 운영하는 유명한 카페와
숙소가 있다. 특히 그들은 유기농 식품으로 음식을 만들고, 커피도 일리illy의 커피를 사용
하여 진한 커피 맛을 제공한다. 이곳의 숙소는 매우 빨리 이곳의 숙소는 매우 빨리 예약이
완료되므로 일찍 준비해야 한다. 레이캬홀리드의 좌측으로 돌아 도로를 따라가면 3분 내
에 보가피오스 카우쉐드 레스토랑을 갈 수 있다.
호수를 보면서 마시는 커피는 여행의 피로를 풀어줄 것이다. 공짜 커피를 맛보고 싶다면
겨울에 숙박을 해서 30% 이상 할인을 받고, 조식을 제공하는데 같은 커피를 맛볼 수 있다.

위치_ Vogafjosi 660, Myvatn

9. 동부 듀피보구르 호텔 프리미티드 | Hotel Frimitid

동부 피오르드를 지나가는 시작점이 듀피보구르이다. 버스투어나 렌트카 여행 여행자들이 듀피보구르에서 점심을 먹고 지나가는 경우가 많다. 대부분은 랑가버드^{Langabud}나 비드보긴에서 점심과 커피를 마시는데 관광객이 너무 많아 북적인다.

여유롭게 커피를 마시고 싶다면 호텔 프리미티드^{Hotel Frimitid}에서 마시기를 권한다. 듀피보구르에서 가장 오래 자리를 잡은 호텔로 아파트, 게스트하우스까지 운영하며 호텔 고객을 위한 음식과 커피를 제공하고 있다. 숙박을 하지 않은 관광객에게도 커피와 음식을 제공하고 있다. 항구를 바라보면서 여유로운 커피를 마셔보자.

위치_ Vogalandi 4, Markarland

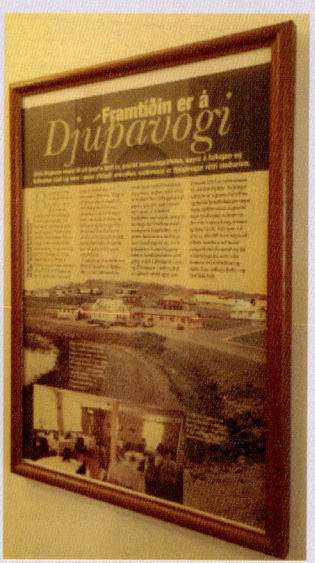

10. 북부 글라움베어 아스카피 | Áskaffi

잔디 지붕 마을인 글라움베어에서는 아이슬란드 전통 가옥을 볼 수 있다. 또한 북부에서 수도 레이캬비크로 가는 390㎞에 이르는 긴 시간 동안 중간에 쉴 수 있는 곳이기도 하다. 잔디지붕마을인 터프 하우스^{Turf House}를 보고 옆의 카페인 아스카피에서 운전의 피로를 풀기에 좋은 진한 커피 맛을 맛볼 수 있다. 글라움베어는 아이슬란드 북부의 중심인 스카기 반도로 진입하는 입구에 위치해 있다. 아름다운 전원의 풍경을 진한 커피와 함께 옛 아이슬란드의 전통복장을 보면서 즐겨 보자.

위치_ Glaumbær

레이캬비크의 대표적인 축제 2가지

레이캬비크 빛 축제

레이캬비크에서는 매년 2월 초에 환상적인 빛 축제를 개최한다. 겨울이 길어 낮의 길이는 매우 짧은 아이슬란드에서는 겨울에 어둡고 우울하기 때문에 겨울을 지낼 갖가지 방법을 생각해 낸다. 현재 아이슬란드의 겨울에 가장 유명한 축제가 레이캬비크 빛 축제이다. 매년 2월 초에 시작해 약 10일 동안 이어지는 환상적인 빛의 향연에 빠져보자. 매년 2월 초에 시작해 약 10일 동안 이어진다.

레이캬비크 게이 프라이드 퍼레이드 축제

아이슬란드의 수도 레이캬비크에서 8월 6일에 매년 정기적인 '게이 프라이드 퍼레이드'가 열린다. 성소수자를 보호하고 다양한 생각을 가진 사람들이 공존하며 사는 세상을 알리기 위해 퍼레이드를 하고 이어서 공연을 하고 끝이 난다. 그들은 하프나스트레티 거리에 길거리 바닥에 페인트 칠을 하여 먼저 게이 프라이드 축제를 알리고 8월 6일에 퍼레이드를 하면서 화합을 강조하는 축제를 펼친다.

아이슬란드의 수도, 레이캬비크의 대표 투어

아이슬란드를 여행하는 관광객 중에서 여행 일정이 짧을 때에 레이캬비크에서 다녀올 수 있는 다양한 투어를 이용해도 좋다. 근교를 가는 다양한 투어만 이용해도 아이슬란드 남부와 서부 내륙인 란드만나라우가까지 다녀올 수 있다. 모든 투어는 숙소를 알려주면 숙소까지 투어회사에서 와서 태우고 가기 때문에 미리 예약만 하면 된다.

1. 골든 서클 투어 | Golden Circle Tour / 요금 : 9,900kr〜

레이캬비크에서 가장 유명한 투어로 1년 내내 운영한다. 아이슬란드에서 가장 유명한 관광지라고 하는 싱그베틀리르 국립공원, 게이시르, 귀들포스를 여행하는 투어로 8〜9시간 정도 소요된다. 오전 9시 이전에 픽업하여 출발한다. 여름에는 백야로 낮이 길어서 로가바튼의 폰타나 온천이나 레이캬네스 반도의 블루라군, 말타기,싱벨리어 국립공원의 스노쿨링과 결합한 투어까지 하루에 이용할 수 있다.

2. 남부해안과 스카프타펠 국립공원 투어 |
South Shore Tour & Skaftafell National Park / 요금 : 12,900kr〜

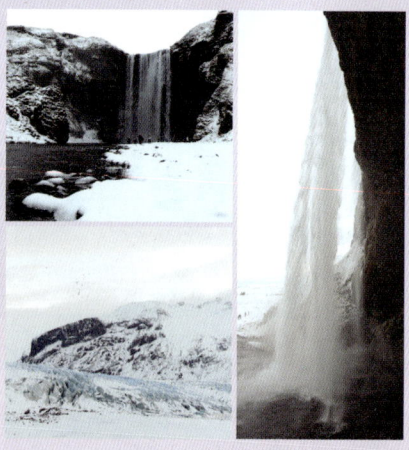

1년 내내 운영하지만 겨울에는 기상에 따라 운영하지 않는 경우도 많으니 반드시 미리 예약해야 한다. 남부를 하루에 둘러보는 투어이기 때문에 1박 2일이나 2박 3일로도 운영하고 있다. 13시간 이상 소요되는 투어이기 때문에 아침 7시 30분 정도에 픽업하여 밤까지 진행되는 투어이다. 남부의 주요 관광지인 셀랴란즈포스, 스코가포스, 디르홀레이, 비크, 요쿨살론을 다녀온다.(겨울에는 빙하보트투어가 빠지기도 함) 남부에서 할 수 있는 엑티비티인 스노우모빌, 오프로드, 스카프타펠의 빙하트레킹을 포함하는 투어도 진행되고 있다.

3. 레이캬네스 투어 | Reykjanes Tour / 요금 : 15,600kr~

레이캬네스 반도의 화산지대인 셀
툰지역을 보고, 아이슬란드의 대표
적인 온천인 블루라군을 보는 투어
가 진행되고 있다. 또한 오토바이를
타는 ATV를 타고 엑티비티를 즐길
수 있다.

4. 랑요쿨 얼음동굴 투어 | Langjokull Ice Cave Tour / 요금 : 29,900kr~

랑요쿨에서 거대한 얼음 동굴이 발견되어 2014년부터 랑요쿨 얼음 동굴 투어가 시작되었
다. 6월 1일부터 9월 30일까지는 매일 투어가 운영되고 겨울에는 수, 금요일에만 진행된다.
거대한 빙하투어 차량을 타고 이동하는데 빙하를 내부까지 깊게 들어가는 투어가 인기를
얻고 있다. 하지만 스카프타펠 국립공원의 빙하트레킹과는 같이 하지 않는 것이 좋다. 같
은 빙하를 걷고 속을 보는 투어이기 때문에 지루해질 수 있다.

스카이 라군
Sky Lagoon

가장 최근에 문을 연 아름다운 노천온천으로 수도 레이캬비크에서 가까워 접근성이 좋다. 블루 라군Blue Lagoon과 견줄 수 있는 새로운 노천 온천은 바다 너머로 보이는 경치는 정말 아름다워 오랜 시간을 스카이 라군Sky Lagoon에서 보낼 수 있다. 특히 들어가는 입구에서 신비한 문을 들어서는 느낌과 대서양에서 떨어지는 석양이 온천의 열기와 어울려 신비롭다.

수영에서 바bar까지 음료를 마실 수 있고 다양한 사우나 같은 시설이 반나절 이상 머무르게 만든다.

북대서양이 눈앞에 펼쳐지는 해변 지열 석호의 따뜻함은 7단계 스파 단계를 통해 휴식을 취하도록 시스템화 시켰다.

입장권은 스카이패스와 퓨어패스 중 하나를 선택하도록 했다. 스카이 패스를 이용하면 진용 탈의실과 시그니처 보태니컬 바디 제품을 갖춘 샤워실의 혜택을 누릴 수 있다. 퓨어 패스를 이용하면 공용 탈의실과 샤워 시설을 이용하는 일반적인 입장권이다.

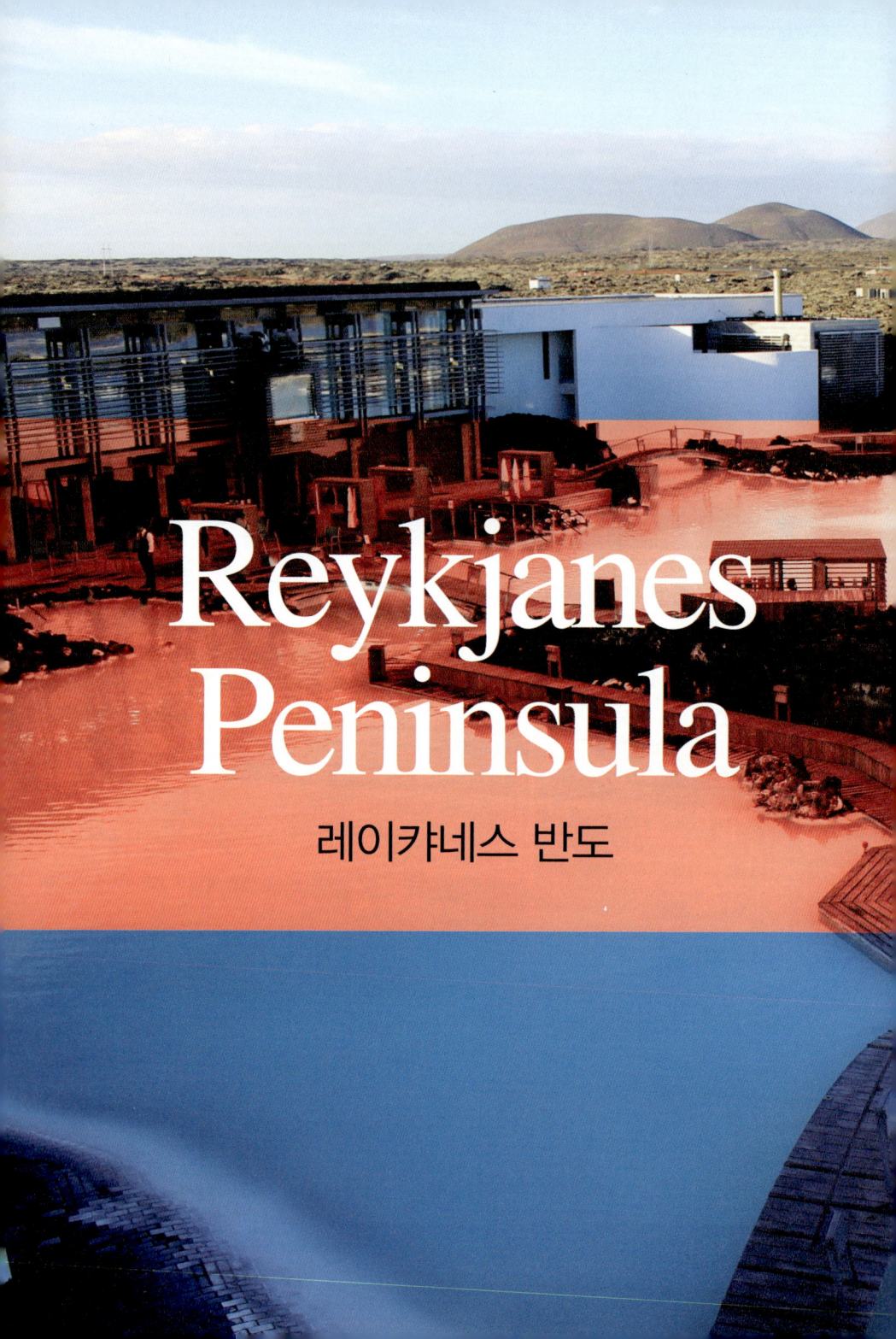

Reykjanes Peninsula

레이캬네스 반도

그린다비크
Grindavík

오늘날 그린다비크는 조용하고 무난한 마을이지만, 중세시기, 이곳은 주요 무역 무대의 중심이었으며, 1532년에는 영국 상인들과 한자동맹 상인들 간의 경쟁으로 결국 영국인 존이 살해당하기까지 이른다. 1627년 잔혹한 해적이 그린다비크를 습격하여 덴마크인과 아이슬란드인 다수와 두 척의 상선을 포획해 갔다. 바다에서 가족을 잃은 사람들을 위한 동상이 인상적이다.
컬처 Kvikan House of Culture & 천연자원 크비칸 하우스 Natural Resources 등이 자리하고 있다. 지금은 인구 2,900명의 전형적인 어촌이지만, 파란만장한 역사를 가지고 있다.

크비칸 하우스
홈페이지_ www.grindavik.is
주소_ Hafnargata 12a
Open_ 하절기 매일 10:00~17:00,
　　　 동절기 토~일 11:00~17:00

크리쉬비크
Krýsuvík

아이슬란드를 여행하려는 사람들이 누구나 다른 행성에 와 있는 기분을 느끼게 된다는 장소는 북부의 지열 지대, 나마피알 흐베리르 Námafjall Hverir일 것이다. 이 곳을 보기 위해 북부 아이슬란드로 향하는 관광객이 많다. 레이캬비크 바로 옆에도 같은 외계행성같은 장소가 있다.

아이슬란드에 처음으로 도착하는 케플라비크 공항이 있는 레이캬네스 반도, 땅 아래는 매우 뜨끈뜨끈한 지열 지대이다. 아이슬란드 북부에 흐베리르가 있다면, 서부에는 셀툰 Seltún이 있다. 흐베리르와 다른 점은, 전체적으로 땅에서 김이 모락모락 나고 땅 아래를 1㎞만 파더라도 200도 가볍게 넘어간다고 한다.
그래서 지하수가 끊임없이 증발할 수 밖에 없다. 레이캬비크에서 30㎞ 정도 떨어진 지역이라 짧은 일정으로 북부를 가기 힘들다면 이곳에 다녀오는 것이 좋다.
셀툰을 가기 전에 셀툰 바로 아래, 풀리풀

루르^{Fúlipollur}라는 곳이 있다. Four-Smelling Puddle(악취가 나는 물웅덩이)라는 뜻으로 달걀 썩는 냄새의 황 냄새가 나서 이 같은 이름이 붙었다. 지하로부터 올라오는 황화수소와 이산화탄소 같은 가스 덕분에 물이 산성화가 되면서 땅을 녹여버리며 웅덩이가 생긴다.

셀튠과 인근 전체 지역을 크리수비크 지열대^{Krýsuvík Geothermal Area}라고 부른다. 934년에 아이슬란드에 도착한 두 명의 바이킹 중에 몰다^{Molda} - 그누푸르^{Gnúpur}의 자손들이 그린다비크 지역에서 모여 살았고, 다른 한명 쏘리르^{Þórir}의 자손들이 모여 살았던 곳이 이 곳, 크리수비크이다. 19세기까지도 농장이 있었지만 지금은 없고, 유일하게 남아있던 교회 크리수비쿠르키르캬^{Krýsuvíkurkirkja}도 불타버렸다.

블루라군
Blue Lagoon

온천의 대명사가 되어버린 블루라군 Blue Lagoon은 용암대지이다. 이 곳에 오면 마치 외계행성에 온 느낌 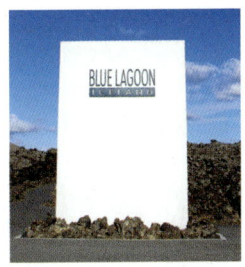 을 받는다. 입구에 다다르면 블루라군의 간판이 보인다. 간판에서 사진을 찍고 용암길을 따라 걸어가면 입구가 나온다. 줄을 서서 티켓을 제시하고 입장하면 파란색에 크림색을 섞어 놓은 듯한 온천을 보게 된다.

밖은 춥지만 온천으로 들어가면 "아! 시원하다"라는 말이 절로 나온다. 물의 온도는 너무 뜨겁지 않은 적당한 온도라서 오랫동안 온천을 즐길 수 있다. 위는 춥고 아래는 따뜻한 신비한 느낌이 몸에 전해진다. 몸과 마음의 피로를 다 풀고 갈 수 있는 온천이 블루라군이다.

아이슬란드에서 가장 인기 있는 여행지는 그린다비크 바로 바깥쪽, 공항에서 15㎞ 떨어진 지점의 블루라군은 스파종합단지로, 아이슬란드를 가장 잘 보여주는 장소이다. 작은 나무 다리가 십자로 사파이어빛 온천수 위를 가르고, 동굴 같은 사우나가 용암석 안쪽으로 파고 들어가 있다. 큰 소리를 내며 떨어지는 폭포는 마사지에 제격이다. 단지 내에는 스파 치료 공간, 레스토랑, 스낵바, 가게, 회의 시설 및 게스트하우스가 자리하고 있다. 블루라군의 치유성분에 감명 받았다면, 피부 및 목욕용품을 구매할 수 있다.

블루라군의 비밀

레이카네스 반도, 남서부의 스바르챙기 Svartsengi에서는 과열된 물(3분의 2는 소금물)이 열교환공정을 거쳐 담수에 열을 제공하고 전력 발전을 하고 있다. 한 가지 더 득이 된 것은 지표수로 인해 형성된 뜨거운 호수가 유명한 스파인 블라 뢰니드Bláa Lónið, 즉 블루라군이 되었다.

근방의 스바르챙기 발전소에서 지구 표면 2㎞ 아래까지 섭씨 240℃의 물을 끌어올린다. 극도로 뜨거워진 물이 이중 공정을 거치는데, 한 쪽에서는 전기를 생산하고 다른 쪽에서는 물을 데우는 역할을 한다. 이렇게 사용된 물은 인체의 온도와 비슷한 38℃를 유지하는데, 실리카, 소금, 기타 광물을 풍부히 머금은 채로 현재 블루라군이 있는 곳까지 수 백 미터를 흘러오게 된 것이다.

염분과 여타 미네랄이 풍부한 블루라군
의 물은 피부에 굉장히 좋다고 평판이 나
있고, 건선이나 습진을 앓고 있는 사람들
에게 이곳의 온천욕이 증상을 완화하는
데 도움이 된다고 한다.

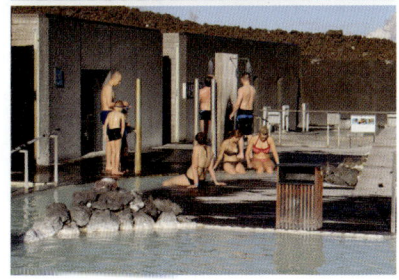

홈페이지_ www.bluelagoon.com
전화_ 420-8800
Open_ 매일 7~8월 중순 09:00~24:00
　　　 6월, 8월 말 09:00~21:00
　　　 9~5월 10:00~20:00

Lava Restaurant

블루라군 내로 입장하다 보면 오른쪽에 보
이는 레스토랑이 블루라군의 라바 레스토
랑이다. 동굴 같은 분위기에 음식 맛도 다들
만족한다. 바쁠 때는 서비스가 느리기도 하
지만 다른 온천의 스파 내의 식당인 것을 감
안하면 꽤 괜찮은 음식 맛에 놀랄 것이다.
랍스터수프를 추천한다고 하지만 우리의 입
맛에는 맞지 않다.

1. 2015년부터 중국인 관광객이 늘어나면서 블루라
   군은 항상 초만원이다. 여름 내내(6~8월) 붐비
   므로 일찍 입장하는 것이 아니라면 늦게까지 머
   물거나 저녁을 먹고 이용하는 것이 번잡하지 않
   아 사람들을 피하기에 좋다.

2. 블루라군의 가장 자리로 가면 다들 얼굴에 무언
   가를 바르고 있다. 통안에 있는 것은 천연 진흙
   팩인 "실리카머드"이다. 얼굴에 바르면 피부가
   부드러워진다.

3. 미네랄이 풍부한 블루라군의 온천수는 머리카
   락이 뻣뻣해져 다음날에도 영향을 줄 수 있으니,
   헤어컨디셔너를 준비해가면 예방할 수 있다.

블루라군(Blue Lagoon) 예약하기

아이슬란드를 여행하고 싶은 이유 중에 하나가 세계인의 버킷 리스트인 블루라군Blue Lagoon을 방문하고 싶어서이다. 그런데 2015년부터 블루라군Blue Lagoon은 반드시 예약을 해야 갈 수 있다. 블루라군Blue Lagoon은 온천만 이용하는 컴포트Comfort, 프리미엄Premium, 럭셔리Luxury가 있는데 음료 한잔을 마실 수 있고 수건도 나오는 컴포트를 대부분 선택한다. 블루라군을 예약하는 방법은 먼저 블루라군Blue Lagoon을 가려고 하는 날짜와 원하는 시간을 정해야 한다. 오후 1시 이후부터 매우 많은 관광객이 방문하므로 되도록 오전이나 저녁에 예약하는 것이 여유롭게 온천을 즐길 수 있다.

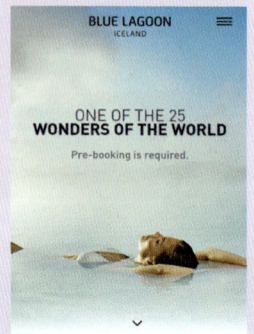

홈페이지 메인 화면

예약 순서

① 가려는 날짜와 시간을 정하고 인원도 입력한다.

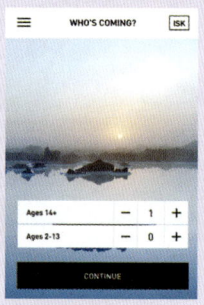

② 다음 페이지에 블루라군 (Blue Lagoon) 버스 편 예약을 묻는데 렌트카를 예약했다면 필요가 없다.

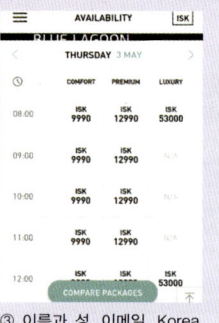

③ 이름과 성, 이메일, Korea, 핸드폰 번호를 입력한다.(국가번호 82와 앞자리 '0'을 제외하고 입력한다.

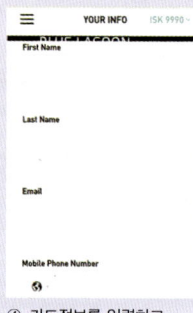

④ 카드정보를 입력하고 결제를 하면 이메일로 티켓이 온다.

블루라군(Blue Lagoon) 예약 후 주의사항

① 투어는 매일 진행(연중무휴)되므로 출발 전 투어에 참여하실 날짜와 블루라군 입장 시간을 정한다.

② 블루라군 버스는 블루라군 입장 시간 (09시~19시 중 매 1시간 간격으로 정시 입장) 1시간 전 레이카비크를 최종 출발 (매시 정각 출발)하며, 레이카비크 최종 출발 시간보다 30분 전에 각 호텔의 픽업 장소에서 셔틀 픽업이 진행되기 때문에 차량 픽업 시간에 맞춰 대기하여야 한다.

예) 블루라군 9시 입장 투어 예약이라면, 8시 레이카비크를 최종 출발하며 (BSI Bus Terminal 기준), 7시 30분에 호텔 픽업 진행한다.

③ 통보를 안 하는 불참자가 많아 지각을 하면 별도의 연락을 취하지 않아 픽업시간 최소 10분 전에는 대기하고 있어야 한다. 미팅 시간 지각으로 인한 불참은 환불이 불가하다는 점을 알아야 한다.

④ 호텔 픽업 장소에서 대기할 때 버스기사가 확인할 수 있는 장소에서 대기해야 한다.

⑤ 현지의 날씨나 도로 사정상 픽업시간이 지체 될 수 있기 때문에 30분 정도 여유롭게 기다는 것이 좋다.

⑥ 블루라군 티켓 바우처를 실물로 소지하는 것이 안전하다. 바우처가 없다면 스마트폰 화면으로 캡처를 해둔다)

아이슬란드 폭포 top 10

1. 글리무르Glymur | 190m(아이슬란드 서부)
2. 하이포스Haifoss | 122m(아이슬란드 내륙)
3. 헹기포스Hengifoss | 110m (아이슬란드 동부)
4. 딘얀디Dynjandi | 100m (아이슬란드 서부 피오르)
5. 셀랴란즈포스Seljalandsfoss | 65m (아이슬란드 남부)
6. 스코가포스Skógafoss | 62m (아이슬란드 남부)
7. 데티포스Dettifoss | 44m (아이슬란드 북부)
8. 굴포스Gullfoss | 31m (아이슬란드 골든서클)
9. 흐라우네야포스Hrauneyjafoss | 29m (아이슬란드 서부)
10. 할파르포스Hjalparfoss | 13m (아이슬란드 남부)

굴포스

하이포스

헹기포스

데티포스

셀랴란즈포스

스코가포스

브루아르포스
Brúarfoss

아이슬란드 남서쪽, 레이캬비크에서 1시간 정도의 거리에 아이슬란드를 대표하는 3개의 대표적인 관광지인 싱벨리어 국립공원, 게이시르, 굴포스를 말하는 단어로 '골든 서클Gold Circle'이라고 표현하기 시작했다. 그런데 이제 브루아르포스Brúarfoss까지 4개의 관광지가 될지도 모르겠다.

싱벨리어 국립공원을 지나 게이시르를 가기 10분 전에 왼쪽에 작은 간판이 보인다. 이곳에 2023년 4월에 폭포에서 약 5분이면 도착이 가능한 장소에 주차장을 만들고 관광객을 받기 시작했지만 아직

은 잘 알려지지 않은 폭포이다. 아이슬란드 북부에 있는 알데이야포스Aldyjafoss와 비슷한 형태의 폭포로 높은 위치에서 떨어지는 물줄기가 만들어내는 아름다운 장경이 아니고 빙하수가 한 곳에 모이면서 보이는 에메랄드 색이 만드는 폭포수가 말로 표현하기 힘들 정도로 아름답다. 날씨가 아주 맑은 날에는 '푸른 빙하색'이라고 표현할 수도 있다. 그만큼 햇빛에 비추는 색의 오묘함이 아름다운 풍경을 만든다.

브루아르포스Brúarfoss는 강을 건너던 돌 아치의 이름을 딴 다리 폭포이다. 그 아치는 수백 년 전에 무너졌 지금은 볼 수 없지만 이름은 그대로 남아 있다. 폭포는 랑요쿨Langjökull 빙하에서 녹아내린 브루아르Brúar 강에서 흘러나온 빙하수 때문에 푸른색을 띄게 된다.

Reykjavik
Outskirts

레이캬비크 근교

골든서클 맛보기

싱벨리어 국립공원

유네스코 세계문화유산으로 지정된 싱벨리어 국립공원은 유라시아판과 북아메리카판이 매년 2㎝씩 벌어진다고 한다. 대지가 벌어진 틈을 볼 수 있어 세계적으로도 특별한 곳이다. 전망대에서 보면 왼쪽이 유라시아판, 오른쪽이 북아메리카판이다. 아이슬란드인들에게는 세계에서 가장 오래된 민중회의가 열린 장소로 세계 최초의 의회가 열린 곳이다.

게이시르

다들 카메라를 들고 무언가를 기다리고 있다. 놀랍게도 물이 솟아오르고 "와!"라는 함성과 함께 너무도 짧은 광경에 "에이~~"라는 실망감이 교차한다. 게이시르는 마그마에 의해 데워진 물이 분출되는 것으로 "마그마의 호흡"이라고 생각하면 된다. 물기둥 간격과 높이가 일정하지 않아 계속 머무르게 된다.

굴포스

계단식의 3단 폭포인 굴포스는 가장 높은 곳의 낙차가 32m나 된다. 땅 속으로 떨어지는 굴포스를 보면 말문이 막힌다. 이 아름다운 폭포를 오래전 댐을 만들어 수력발전을 하려는 계획에 맞서 "나는 나의 친구를 버릴 수 없다"라며 댐을 건설하면 투신하겠다고 막은 소녀로 인해 굴포스는 지켜졌고 지금은 아이슬란드를 대표하는 관광지가 되었다.

싱벨리어 국립공원
Þingvellir

35번 국도를 타고 셀포스 북쪽으로 조금만 올라가면 최초 정착민 잉골푸르 아르나르손이 묻혀졌다고 전해지는 잉골프스파틀Ingólfsfjall이 나온다. 계속해서 북쪽으로 올라가면 싱벨리어 국립공원Þingvellir National Park를 만날 수 있다.

레이캬비크에서 바로 접근 가능하며, 아이슬란드 역사의 심장부이기도 한 이곳은 유네스코 세계유산으로 등재되어, 그 자연과 중세 북유럽 문화를 동시에 느낄 수 있는 곳이다.

싱벨리어는 아이슬란드인들의 자부심으로 1928년 국립공원으로 지정된 싱그바들라바튼Þingvallavatn의 북쪽으로 역사적인 장소가 펼쳐져 있다. 용암지대 자체인 싱벨리어는 여름에는 야생화로, 가을에는 붉은 그림자로 물든다.

유라시아판과 북아메리카판이 아이슬란드를 두 쪽으로 가르고 있는 지점이기도 하다. 항공사진으로 보았을 때, 깊은 균열의 알만나가우Almannagjá와 그 측면에서 열렸던 알싱기의 흔적이 보이는데, 이는 평원을 북동쪽으로 가로지르는 어마어마한 열구의 일부에 불과하다. 이따금 지진으로 그 형태가 변하기도 하였는데, 예를 들어 1789년 지진으로 평원지대가 1미터가량 가라앉게 되었다. 두 판은 매년 약 2cm의 속도로 서로 멀어지고 있다.

싱벨리어 국립공원의 벌어진 틈이 몇 개 있는데 그 중에는 강처럼 보이는 곳도 있다. 물 안에 동전들이 있는 웅덩이는 오래전 덴마크 왕이 동전을 던지고 소원을 빈 후, 동전을 던지고 소원을 비는 풍습이 생겨났다고 한다.

'소원을 비는 샘'이라는 뜻으로 많은 관광색이 던진 동전들이 가득하다.

About 알싱기

아이슬란드 초기 정착민들이 930년 커 먼웰스를 결성하고자 했을 때, 새로운 국회 알싱기의 설립장소로 선택한 곳 이 바로 싱벨리어("국회 평원"이라는 뜻)의 자연 원형바위였다. 이는 당대 나머지 유럽 국가들이 엄격한 중세 왕 조에 뒹굴고 있던 때와 비교하여 보았 을 때, "공화주의"라는 큰 실험을 한 것 이었다.

10세기 아이슬란드, 쫓겨난 수장들은 다시는 한 사람의 지배자만을 인정하 는 전통적 권위 형태에 안주하지 않겠 노라 마음먹었다. 그들은 각자의 지역 (혹은 싱Þings)을 지배하고 스스로를 "신"이라는 의미의 고다르goðar라고 불

렀다. 930년 세워진 연방 알싱기Alþingi 는 의회로서 그 역사가 지금까지도 이 어지고 있다. 의장 혹은 법률 의장이 주도한 알싱기는 특정 문제에 있어서 는 중앙 권력이 필요하다는 것을 인식 했음을 보여준다. 법적 분쟁이나 법 제 정의 문제는 의회의 핵심이라 할 수 있 는 뢰그레타Lögrétta라는 법률위원회에 의해 조정되었고, 이 위원회는 수장들 과 투표권을 갖지 않는 자문단으로 구 성되어 있었다. 더 작은 사건들은 아이 슬란드의 각 "쿼터"별 법정에서 다루 어졌으며, 이는 36명의 수장으로 구성 되어 있었다.

알싱기는 매년 2주간 싱벨리어Þingvellir

에서 만남을 가졌으며, 이곳은 지리적으로 가장 인구가 많은 지역의 중간지점이었던 데다가 천연 원형무대를 가지고 있었기 때문이다. 이렇듯 연례적으로 이루어진 모임은 독특한 문화의 발전에 영향을 주었을 뿐만 아니라 왜 아이슬란드에는 지방 사투리가 없는지 설명해준다.

비록 알싱기는 최고 정신이자 임시적이나마 권위를 갖지만, 군사력을 일으키거나 경찰력을 행사할 수 없었다. 게다가, 법률 의장의 권력을 고의적으로 제한해 두었기에 그 지위를 왕조로 향하는 발판으로 삼을 수가 없었다. 예컨대 한 수장이 법률 의장과 반목하여 1,500여 명의 지지자를 이끌고 나타난다 하여도 법률 의장이 할 수 있는 것은 아무 것도 없었다.

따라서 알싱기는 일을 진척하는데 있어서 많은 어려움을 겪었다. 1012년, 한

소송인은 법의 세부조항을 이유로 자신의 사건을 어물쩍 넘기려 한다는 의심이 들자 그의 사병을 풀어버린 사례가 있다. 이로 인해 소송절차가 다시 시작될 때까지 싱벨리어 평원은 온통 시체로 뒤덮였다. 소송은 넘쳐났지만 법은 너무 복잡했고 사회는 앙갚음과 복수로 깊은 난제에 빠졌다. 그리하여 법정에서의 정당한 절차는 항상 칼날 위에 놓인 형국이었다.

게이시르
Geysir

레이캬비크에서 도로를 따라 바깥으로 운전하다보면 35번 국도와 37번 국도 모두 게이시르로 향하는데 게이시르라는 명칭은 전 세계의 모든 간헐천geyser이라는 이름의 시초이다. 1294년부터 최대 60m까지 솟아올랐던 그레이트 게이시르 the Great Geysir는 최근까지 수 십년 동안 분출하지 않고 있다.

20세기 동안 자갈이나 잡동사니를 분출구로 던져 넣어 폭발하게끔 유도해 보기도 하고, 독립기념일 등 특별한 날에 표면장력을 저하시켜 분출시키기 위해 가루 비누 등을 사용해보았지만, 간헐천은 분출하지 않았다. 휴면기에 가까운 상태로 접어든 것으로 판단하였지만 2000년 6월 난데없이 게이시르가 갑자기 솟구쳐 올랐을 때 많은 사람들이 어리둥절하였다. 뜨거운 간헐천의 물은 상공 40m까지 솟아올랐고 그 이후로도 몇 주간은 주기적으로 활동을 이어나갔다. 남부 아이슬란

드의 지진이 잠시나마 지반의 압력에 변화를 주면서 게이시르에게 새로운 활동을 주는 것으로 판단했지만 다시 그 이후로 휴지기에 접어들면서 활동을 중지하고 있다. 다행히도 그레이트 게이시르의 옆, 스트로쿠르Strokkur는 약 5분마다 약 20~30m의 높이로 솟아오른다.

전체 게이시르 지역은 지열적으로 활동 중이며, 산책로를 따라 걷다 보면, 수증기가 나오는 기공이나 옥색 못, 반짝거리는 다양한 색의 진흙탕 등을 볼 수 있다. 홀딱 젖고 싶지 않다면 스트로쿠르 방향으로 바람이 부는 쪽에 서있지 말아야 한다. 줄이 쳐진 곳 뒤쪽에 머물러야 하며, 온도가 어떤지 궁금해서 손을 넣는 일 같은 것은 절대 해선 안 된다.

굴포스
Gullfoss

35번 국도를 따라 9㎞ 정도 더 나아가면 아이슬란드에서 가장 잘 알려진 황금폭포라는 뜻의 굴포스Gullfoss를 만날 수 있다. 위쪽의 메인 주차장에 차를 주차하고, 길을 따라 내려가면, 굉음을 내며 흐르는 폭포를 빨리 보고 싶어 마음이 바빠진다.

흐비타Hvítá강이 32m 높이에서 2.5㎞ 깊이의 협곡으로 떨어지는 것을 볼 수 있는데 폭포로 다가가면 폭포의 북면을 지나서 계속해서 이어지고, 폭포물이 흐르는 곳의 바로 옆까지 갈 수 있다. 반드시 빙수기 되는 걷옷을 준비해야 한다.

폭포수를 바로 옆에서 보는 것은 기쁘지만 맑은 날 무지개를 만들어내는 바로 폭포의 물보라가 온 몸에 물을 뿌려댈 것이다.

시그리두르 토마스도티르
Sigriður Tómasdóttir

한때 수력발전을 위해 굴포스를 판매하려는 계획을 가졌던 적이 있었다. 그때, 굴포스를 구한 인물이 굴포스인근의 농장 브라트홀트에서 살았던 농부의 딸인 시그리두르 토마스도티르 Sigriður Tómasdóttir이다.

1920년대. 굴포스폭포의 낙차를 이용해 수력발전을 하려는 목적으로 흐비타 강에 댐을 설치하려는 계획이 나왔다. 그러나 시그리두르는 이 안에 반대하기 위해 레이캬비크까지 걸어가 정부에 항의했으며, 공사에 착수한다면, 스스로 폭포로 몸을 내던지겠다고 선언하며 대응하였다. 결국, 정부는 댐을 설치하는 대신 굴포스를 사들이고, 1975년에는 국가기념물로 지정하게 되었다.

로가바튼 Laugarvatn
& 폰타나 Laugarvatn Fontana

아직은 우리나라 관광객들에게는 생소한 호수와 온천이지만 미네랄이 다량 포함되어 1929년부터 시작된 오랜 역사를 가진 노천온천이다. 아름다운 로가바튼 호수에서 게이시르지역의 온천을 즐길 수 있다.

아이슬란드만의 색다른 경험을 느낄 수 있는 장소로 자연 그대로의 사우나를 즐기기 때문에 사우나의 온도(평균 80~90°C)는 조절이 불가능한 온천이 로가바튼의 폰타나 온천이다. 골든 서클을 다 둘러봤다면 피곤한 몸의 피로를 풀어보자. 폰타나온천도 경험하고 지열로 빵을 만드는 체험까지 할 수 있는 좋은 관광지이다.

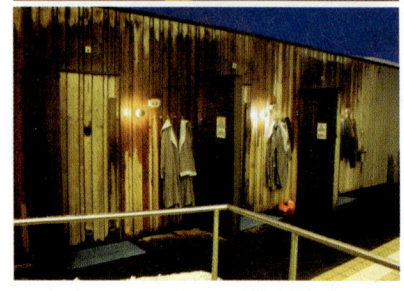

Open_
매일 11:30, 14:30
여름(6월 10일~8월 21일) 10:00~23:00
겨울 11:00~21:00
(단, 12월 24~31일은 11:00~16:00)

입장요금_
성인(17세~) 3,400kr
유스(13~16세) 2,000kr
어린이(0~12세) 무료ㅓ
시니어(67세~) 2,000kr
가족 그룹(성인 2명, 소인 4명) 8,500kr

사용요금_
타월(Towel) 800kr
목욕 수트(Bathing suit) 800kr.
라이 브레드 체험 관람
(RYE BREAD EXPERIENCE)

주소_ Laugarvatn Fontana, Hverabraut 1,840
　　　 Laugarvatn
홈페이지_ www.Fontana.is
Tel_ (+354) 486-1400

플루뒤르
Flúðir

골든서클을 여행하면 대부분의 코스가 싱벨리어 국립공원, 게이시르, 굴포스를 가는 것이 일반적이다. 그나마 아이슬란드에 관심이 있다면 레이캬비크에 돌아오는 도로에 있는 로가바튼 폰타나 온천에 들른다. 로가바튼 폰타나 온천도 모르는 관광객들이 많으니 아이슬란드에서 비밀 온천으로 알려진 플루뒤르^{Flúðir}지역의 감라 라우긴^{Gamla Laugin}은 우리나라에는 거의 알려져 있지 않다.

플루뒤르는 게이시르와 굴포스에서 멀지 않는 곳에 있는 인구 약 400명 정도의 작은 마을이다. 아직 모르는 관광객들이 많아 현지인들이 주로 이용하지만 골든서

클에서 1박을 한다면 꼭 가보라고 추천하는 숨겨진 온천으로 인공적인 부분을 최소화하여 자연적이고 독특한 풍광을 가지고 있다. 레이캬비크에서 76번 버스를 타고 레이크홀트 다음역에서 내리면 플루뒤르에 도착할 수 있다.

Open_ 여름(5월 1일~9월 30일) 10:00~22:00
　　　　 겨울(10월 1일~4월 30일) 12:00~20:00
요금_ 성인(17세~) : 2,500kr / 16세 이하는 무료
　　　　 수건과 목욕 수트(Bathing suit)는 500kr

싱벨리어 국립공원

게이시르

굴포스

Iceland
West
아이슬란드 서부

스나이팰스요쿨 정상에 만년설이 덮혀 있는 서부반도는 레이캬비크에서 가장 근접한 거리에 있는 빙하로 70만 년 된 성층화산이다. 헬가펠을 비롯해 레이캬비크에서 1박 2일이나 2박 3일로 여행하기에 좋은 장소이다.

아이슬란드를 일주하는 여행에서는 잘 여행하지 않는 지역이지만 레이캬비크에서 5시간 정도를 차로 이동하면 쥘 베른의 소설 지구 속 여행Journey to the Centre of the Earth에서 나오는 동굴을 탐험해 볼 수 있다. 또한 빙하트레킹도 할 수 있어 레이캬비크에서 주로 머무는 여행이라면 1박 2일로 다녀올 수 있는 장소로 아이슬란드의 색다른 느낌을 가질 수 있다.

이밖에 많은 할리우드영화들이 아이슬란드에서 촬영됐는데 2008년에 개봉한 '잃어버린 세계를 찾아서'는 스나이펠스네스반도에서 촬영되었다고 한다.

스나이펠스네스 반도
Snæfellsnes Peninsula

보르가네스Borgarnes에서부터, 포장도로인 54번 도로를 따라 서쪽으로 이동하면 스나이펠스네스 반도와 빙하가 있다. 54번 도로에서 처음으로 마주치는 랜드마크는 완벽하게 좌우대칭인 60m 높이의 분화구 엘드보르그Eldborg로 5,000~8,000년 전의 화산폭발로 인해 형성되었다. 엘드보르그Eldborg 분화구는 장엄한 경관을 내려다 볼 수 있는 곳에 위치해 있어 아래의 아름다운 전경을 볼 수 있다.

케르린가르스카로드Kerlingarskarð 패스는 해수면 위 311m 높이에 있으며, 한때 악천후로 많은 생명을 앗아갔던 위험한 길이었다. 이곳에 대한 유령 이야기가 오랫동안 전해져 왔으며, 심지어 오늘날에도 이 길을 지날 때 차 안에 누군가가 있는 것 같은 느낌을 받는 사람들이 있다고 한다. 스나이펠스네스 반도Snæfellsnes peninsula의 기이한 특징 중 하나는 천연 탄산수를 생산하는 약수터mineral springs가 있다

는 것이다. 아이슬란드에서도 매우 드문 현상이다.

말 농장Lýsuhóll에서는, 지열 구역에서 광천수가 발견된다. 이 구역은 뜨겁고 거품 나는 물을 생산하는데, 이 물은 수영장을 따뜻하게 하는 데 사용된다. 한때 어업의

중심지였던 Búðir는 현재는 고립되고 로맨틱한 Búðir 호텔로 더 유명하다. 스나이펠스요르쿠트 빙하 아래 위치한 작은 어촌 아르나르스타피Arnarstapi와 헬나르Hellnar는 기묘한 암층과 조류로 유명하다. 헬나르 근처에는 바다 동굴 바즈토파Baðstofa가 있는데, 태양빛에 따라 색이 변하는 기이한 현상을 볼 수 있다. 동굴 맞은편 해안가에서 여름철에 작은 커피숍이 운영된다. 헬나르는 AD1000 무렵 그린란드를 발견했던 영웅인 구드리두르Guðríður의 탄생지이다. 그녀는 어렸을 때 그린란드로 이주해왔다.

구드리두르Guðríður
구드리두르는 남편 칼세프니Karlsefni와 함께 북미에 있는 노르웨이 식민지 빈랜드Vinland에 정착했고 이곳에서 그녀는 아들 스노리Snorri를 낳았다. 스노리는 북미에서 처음으로 태어난 백인 아이였다.

아르나르스타피Arnarstapi에 있는 자연의 불가사의로는 목소리를 내면 메아리처럼 울리는 놀라운 음향 효과를 지닌 송헬리르Sönghellir와 거대한 돌 아치stone arch가 있다. 절벽에는 바닷새 수천 마리가 둥지를 틀고 있다.

스나이펠스요쿨 빙하
Snæfellsjökull glacier

남쪽으로는 아르나르스타피Arnarstapi에서, 북쪽으로는 올라프스비크Ólafsvík에서부터 이곳에 도달할 수 있다. 아르나르스타피에서 가는 것이 더 쉽다. 정상까지는 걸어서 4~5시간이 걸린다. 자가용이 있다면 F570 도로를 따라 운전해서 가다가 중간부터 걸어가는 방법도 있다. 렌터카는 F-roads에 대해서는 보험처리가 안된다. 음침하고 연구가 활발하지 않은 화산 분화구에 있으며, 주변 경관을 압도한다. 스노모바일snowmobile 투어를 이용해 빙하를 올라갈 수도 있다. 올라프스비크에서부터 뻗어있는 바퀴 자국이 깊이 나있는 도로로 가기 위해서는 4륜 구동 차가 꼭 필요하다. 빙하까지 걸어 올라가는 것은

꽤 쉽지만, 여름철에는 크레바스(빙하 속의 깊이 갈라진 틈)가 생기기 시작하기 때문에 가이드 투어를 추천한다. 겨울에는 산 중간까지 스키 리프트가 운행한다.

> Arnarstapi 여행자 센터에서 출발하는 스노모바일snowmobile이나 설상차를 타고 스나이펠스외쿨 정상까지 올라갈 수 있다.

바튼 쉘리르
Vatnshellir

19세기 후반 동안, 프랑스 작가이자 SF문학의 선구자인 쥘 베른의 저서 〈지구 속 여행Journey to the Centre of the Earth〉이 필독서가 되었다. 1864년에 출간된 이 책은 독일 지질학자와 함부르크 출신 교수 리덴브로크Lidenbrock, 그리고 그의 조카 악셀Axel에 대한 이야기이다. 이들은 스나이펠스외쿨 빙하에서 내려가는, 지구 중심으로 가는 길에 대한 암호화된 메시지를 발견한다. 이 세 명의 겁 많은 탐험가들은 가이드와 모험을 시작하는 내용이다.

땅 속으로 내려가 놀랄 만한 모험에 착수한다. 그들의 지하 세계는 거대한 바다로 가득 차 있다. 불쾌한 괴물들, 선사 시대 사람, 강력한 소용돌이를 차례로 마주 친 이 영웅들은 마침내 지구 표면을 향하여 위쪽으로 휩쓸려간 후 이탈리아 남부 해안의 화산섬 스트롬볼리Stromboli에서 모습을 드러낸다. 스나이펠스외쿨은 활화산이며, 마지막 폭발은 약 1,800년 전에 일어났다. 산의 표면은 용암 형성, 분화구, 많은 동굴로 인해 구멍이 숭숭 뚫려 있다. 또한 이 산의 독특한 모양과 인상적인 크기는 소설가들의 상상력을 자극하는 데 있어 충분하다.

준 북극 군도
Subarctic archipelagos

블라두르Baldur 페리가 웨스트 피오르에 있는 스티키스홀뮈르와 브랸스래쿠르 Brjánslækur 사이의 브레이다피오르Breiðafj örður까지 정기적으로 다니며, 중간에 플라테이Flatey에 들른다.

브레이다피오르에는 약 2,700개의 섬이 산재해 있다. 이곳은 풍부한 어장 때문에 한 때 많은 사람들이 살았다. 플라테이에는 1800년대까지 12세기 수도원이 있었고 주요 문화 중심지였다.

겨울에는 이 섬에 사람이 거의 없지만, 여름에는 많은 아이슬란드인들이 선조들의 사랑스러운 목재 가옥을 보수해서 이곳에서 시간을 보낸다.

올라프스비크
Ólafsvík

리프^{Rif}산맥 내륙에 위치한, 지금은 버려진 농장 겸 교회인 일갈드스홀^{Ingjaldshóll}은 한때 영주의 저택이자 지역의 중심이었다. 바로 동쪽에 있는 1,010명 인구의 올라프스비크^{Ólafsvík}는 이 반도에 있는 대규모의 마을 중 하나이다. 올라프스비크는 여전히 어촌으로서 생계를 꾸려가고 있어 아이슬란드 내에서 불경기에도 끄떡없는 곳 중 한 곳이다.

일갈드스홀
Ingjaldshóll

해양 박물관^{Sjávarsafn}은 서부지방의 해양사를 엿볼 수 있다.

Open_ 6〜8월 매일 11:00〜17:00

스티키스홀뮈르
Stykkishólmur

올라프스비크보다 90명이 더 많아 스나이펠스네스 반도에서 가장 큰 마을인 스티키스홀뮈르는 페리를 이용하여 웨스트피오르로 가려는 사람들을 위한 출발점이다. 근처에는 신성한 산이라는 의미의 언덕인 73m의 헬가펠Helgafell이 있다. 전설에 의하면, 헬가펠에 처음 올라가는 사람이 몇 가지 조건을 지키면 3가지 소원을 이룰 수 있다고 한다. 비록 소원이 이루어지지 않을지라도, 브레이다피오르 만Breiðafjörður bay의 멋진 광경을 볼 수 있기 때문에 올라갈 만한 가치가 있다.

스나이펠스네스 반도의 북쪽 해안가에 있는 브레이다피오르 만Breiðafjörður bay은 희귀종인 흰꼬리바다독수리와 다른 조류들을 보기에 최적의 장소이다.

스티키스홀뮈르에는 세 개의 호텔과 몇 곳의 좋은 게스트하우스가 있다. 이곳의 하이라이트는 피오르로 조류 관찰 혹은 바다 낚시를 가는 것이다. 1828년에 노르웨이에서 들여온 아름다운 목재 가옥 안에 민속 박물관(6~8월 매일 정오~17:00)이 있다.

또한 물 도서관(www.libraryofwater.is/6~8

1. 가는 길에 뒤를 돌아보거나 말을 해서는 안 된다.
2. 동쪽을 마주보고 소원을 빌어야 한다.
3 자신의 소원이 무엇인지 누구에게도 말해서는 안 된다. 그리고 선의의 소원만이 허용된다.

월 매일 01:00~18:00, 9월 토~일 01:00~17:00)도 가볼 만한 곳이다. 한때 마을의 도서관이었던 이 건물에는 미국 예술가 Roni Horn의 설치 미술품이 있다. 비교적 최근에 현지 화산학자에 의해 만들어진 화산 박물관(www.eldtjallasafn.is / 5~9월 매일 11:00~17:00)은 방문객들에게 아이슬란드의 폭발적 특성에 대한 통찰력을 제공한다.

시투어즈(Seatours)
여름에 스티키스홀뮈르에서 출발하는 보트 투어가 5월 중순부터 9월 중순까지 운영되는데 시투어즈Seatours를 통해 예약하면 된다
홈페이지 _ www.seatours.is
전화 _ 433-2254

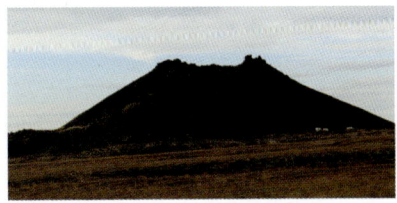

헬가펠
Helgafell

스나이페들스네스반도에 위치한 73m의 작은 산으로 토르의 신전이 있는 곳으로 유명하다. 영화 어벤져스로 한창 인기가 올라가서 관심을 많이 받고 있는 곳이다.

그라브록
Grabrok

그라브록 전경

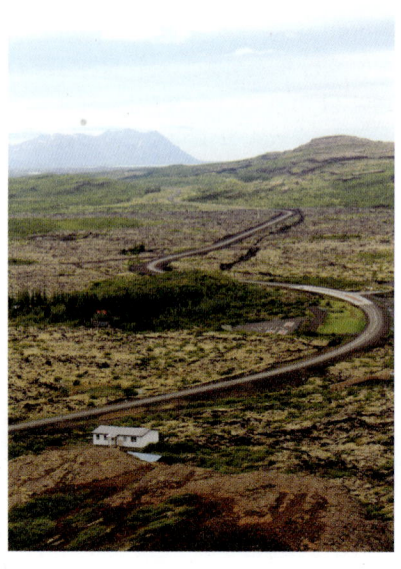

잔디지붕마을인 글라움베어에서 그라브록까지는 195㎞ 정도의 거리이다. 그라브록을 지나면 103㎞ 정도로 1시간 정도만 가면 레이캬비크로 들어갈 수 있다. 가는 동안에 왜 그라브록 휴게소를 들리면 좋을지 알려주면 좋을 듯 1번도로 오른쪽 바로 옆에 그리브록Grabrok 표지판이 보이고 옆으로 나오면 주차장이 있다.

그라브록은 화산이 폭발한 분화구에 다시 작은 폭발로 생긴 이중분화구이다. 분화구에는 하얗게 이끼식물이 나 있고 나무로 계단이 만들어져 있지만 중간중간

에 부서진 곳도 듬성듬성 나타난다.

올라갔다 내려오는데 1시간 30분 정도의 시간이 소요된다. 운전의 피로를 풀려고 올라갔다 내려오면 피로가 더 몰려올 수도 있다. 그럴 때는 그라브록 휴게소에서 쉬었다 가면 좋다. 그라브록은 정상에서 주위의 아름다운 전경을 한번에 볼 수 있어 충분히 올라갔다 내려올만한 장소이다.

헬나르
Hellnar

헬나르^{Hellnar}에서 해안가 쪽으로 더 내려가보면, 등대^{Malarrif} 옆에 있는 로운드랑가^{Lóndrangar}라는 이름의 암석에 두 개의 기둥이 우뚝 솟아있는 모습을 볼 수 있다. 75m의 더 큰 높이의 기둥은 크리스티안 필나르^{Christian pillar}라고 불리며, 더 작은 기둥은 헤아쓴 필나르^{heathen pillar}라 불린다. 여전히 어업이 이 반도의 생계 수단인 반면, 몇몇 공동체는 사라져 버리고 오직 지난 세기 동안의 자취만을 간직하고 있다.

아르나르스타피
Arnarstapi

서부 지방으로 들어가려면 54번도로를 타고 이동하는데 56번도로로 바꾸어 이동하지 않고 54번도로에서 574번도로로 이동하면 나오는 독특한 해안선을 가진 마을이다. 여름에 낚시를 하기 위해 들어온 관광객들이 주로 찾는데, 지금은 바르두르^{Bardur}상을 보기 위해 관광객들이 잠시 들르는 마을로 더 인기를 끌고 있다. 헬나르^{Hellnar}의 해안선에 있는 해안 절벽은 1979년, 자연보호구역으로 지정되어 돌로 쌓아 만들어낸 바르두르^{Bardur}상의 모습을 형상화해낸 작품이다.

보르가네스
Borgarnes

수도인 레이캬비크에서 약 45분 정도 떨어진 도시인 보르가네스^{Borgarnes}는 레이캬비크를 가기 위해 지나치는 장소로만 여행자들은 생각하였다. 하지만 보르가네스는 영화 '월터의 상상은 현실이 된다'에서 월터가 파파존스를 먹으면서 아버지와의 추억을 생각하는 장면이 나오는 파파존스가 보르가네스에서 촬영되었다. 영화에서 나오던 파파존스는 실제 주유소 옆의 대중적인게이라바카리^{Geirabakari}이라는 레스토랑이다.

세틀먼트 센터(Settlement Centre)
아이슬란드의 정착 역사를 볼 수 있는 2개의 멀티미디어 전시가 열린다. 에이일의 사가에서 가장 극적인 부분을 보여주는 독특한 조각, 조명, 음향효과로 바이킹의 활약을 느낄 수 있다.

위치_ Landnamssetur islands
Open_ 6~9월 11:00~21:00, 10~5월 11:00~17:00
요금_ 1개 전시 1,800kr/1400kr
　　　2개 전시 2,400kr/1,800kr
홈페이지_ www.landnam.is

부다르클레투르(Budarklettur)

보르가네스에서 가
장 오래된 건물인
보르가네스 세틀먼
트 센터에 같이 있
는 레스토랑이다.
아이슬란드에서 가
장 유명한 레스토
랑 중의 하나로 전통적인 아이슬란드 음
식을 현대인의 입맛에 맞도록 변형시켜
유럽 관광객들의 인기코스이다. 저녁때
는 단체 손님이 많아 북적인다. 특히 식감
이 부드러운 고래 스테이크는 이 집만의
자랑이다.

레이크홀트
Reykholt

링로드에서 동쪽으로 약 22㎞정도 떨어
져 있는 레이크홀트는 현재, 인구 40명의
아주 작은 마을이지만 13세기에는 정치
종교의 중심지였다. 13세기, 스튀르들룽
그^{sturlung} 시대에 아이슬란드의 위대한
야심가인 스노리 스튀르들뤼손^{Snorri}
^{Sturluson}이 살았던 마을로 유명하다.
그는 사가 작가이자 역사가, 야심가였다.
그가 살해당한 지하실 근처에는 둥근 모

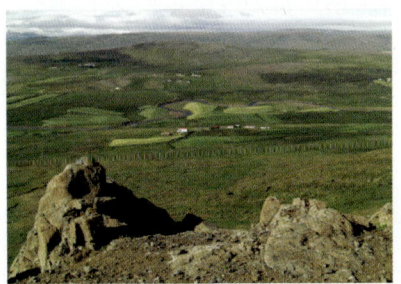

양의 온천인 스
노리의 풀$^{Snorri's}$
$^{Pool / Snorralaug}$이
남아있다.
레이캬비크에서
금,토요일(17시
출발)에 약 2시간 정도 버스가 달리면 레
이크홀트(데일다르퇸귀크베르 경유)에 도
착한다.(3,100kr)

스노리풀

헤임스크링글라(Heimskringla)

스노리의 삶이 궁
금하다면 박물관
에 가면 된다. 대
단한 박물관은 아
니니 섣부른 기대
는 하지 말자.

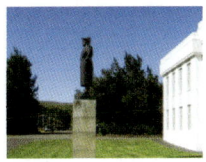

Open_ 월~금 5~9월 10:00~18:00
　　　　　10~4월 17:00까지

요금_ 900kr

홈페이지_ www.snorrasto-fa.is

데일다르퉁귀크베르(Deildartunguhver)

레이크홀트의 서
쪽 약 4㎞ 지점
에 유럽 최대 규
모의 온천인 데
일다르퉁귀크베
르에서는 초당 180ℓ의 물이 솟아오른다.

흐라운포사르(hraunfossar)

레이크홀트에서
북동쪽으로 18㎞
떨어진 지점에는
'마법의 폭포'라
는 이름의 흐라
운포스르 폭포가
있다.

아이슬란드 엑티비티 Best 10

1. 래프팅(Rafting)

아이슬란드의 빙하가 내려오는 강 중 3곳은 5~9월 중순까지 빙하의 스피드를 즐기며 래프팅^{Rafting}을 할 수 있다. 레이캬비크에서 미리 예약하면 쉽게 참여가 가능하다. 레이캬비크에서 1시간 정도 남동쪽으로 운전하면 나오는 흐비타^{Hvitá}강의 급류는 꽤 완만한 편이어서 여성들도 쉽게 래프팅이 가능하다.

아이슬란드 북부는 좀 외졌지만 스카가피오르의 동쪽 요쿨사우 아우스타리^{Jökulsá Austari}와 서부 요쿨사우 베스타리^{Jökulsá Vestari}로 가야한다. 서쪽은 가족여행객들에게 적합하고 동쪽은 거친 강을 만날 수 있다.

전화_ 571-2200
홈페이지_ www.raftinginiceland.com

2. 바트나요쿨(Vatnaj kull) 빙하트레킹 & 얼음동굴

바트나요쿨^{Vatnajökull} **빙하트레킹**

여름 주말에 이곳은 매우 소란스럽고 어수선하기 때문에 자연과 교감하고 싶은 사람들은 주중에 가는 것이 좋다. 공원 안으로 이어지는 모든 길이 여기서부터 시작된다. 가장 쉬운 길은 스카프타펠스요쿨^{Skaftafellsjökull} 빙하의 돌출부로 가는 길로, 30분이 채 걸리지 않는다. 빙하는 화산재로 뒤덮여 실제로는 흑암처럼 회색빛이다. 빙하 가장자리까지 올라가 볼 수도 있다. 하지만 매우 미끄럽기 때문에 조심해야 한다.

떨어지면 곧장 얼음장 같은 물속으로 빠져 지하로 사라져버릴 것이다. 빙하 위까지 올라가고 싶다면 가이드 투어를 예약하는 것이 최선의 방법이다.

여름에 몇몇 회사에서 주차장에서 투어 상품을 판매한다. 아이젠과 피켈(얼음 깨는 도끼)등의 장비를 갖춘 가이드 워킹 투어가 있고 산악자전거나 하이킹 프로그램도 있다.

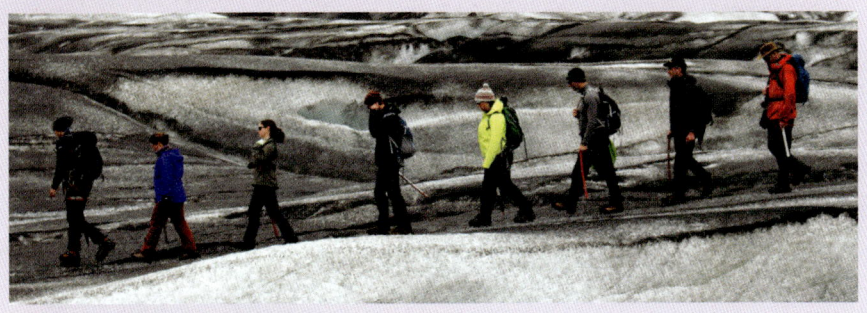

빙하트레킹순서

1. 장비착용
2. 차량탑승/이동
3. 빙하트레킹

ÖRYGGISHJÁLMUR
CRASH HELMET

ÍSÖXI
ICE AXE

KLIFURBELTI
HARNESS

JÖKLABRODDAR
CRAMPONS

빙하트레킹에
필요한 장비

빙하트레킹은 스카프타펠 방문자센터에 있는 2개의 회사를 통해 예약하여 빙하트레킹을 할 수 있다.

얼음동굴

아이슬란딕 마운틴 가이드Icelandic Mountain Guides와 더 글레이시아 가이드the Glacier Guides에서 빙하트레킹과 얼음동굴투어기 오후 4시 선에 가능하다. 아이슬란딕 마운틴 가이드는 조금 더 고난도의 빙하트레킹도 가능하니 문의를 해볼 수도 있다. 스카프타펠의 90㎞동쪽으로 스칼라펠 농장Skálafell farm에서 스칼라펠스요쿨Skálafellsjökull로의 빙하투어도 가능하다.

바트나요쿨Vatnajökull국립공원에서 즐길 수 있는 얼음동굴투어는 가장 인기 있는 겨울투어이다. 자연발생적으로만 생기는 얼음동굴은 매년 위치와 규모가 다르기 때문에 누구도 어떤 모습인지는 예측할 수 없다. 1,000년의 빙하가 여름동안 만들어 내는 얼음동굴은 몽환적이어서 지구가 아닌 것 같은 느낌이 든다. 얼음동굴이 아이슬란드 여행의 인기가 높아지면서 겨울투어 중 가장 높은 예약률을 보이고 있어 반드시 사전예약이 필요하다. 다만 방한대책을 대부분 잘 준비하지만 발의 방한대책이 중요하다. 발가락이 추워서 두꺼운 등산양말과 등산화는 필수이며 발에 붙이는 핫팩도 효과가 있다. (주의 사항 : 등산화가 없으면 투어참가 불가)

얼음동굴 투어 준비 ──────
사전 예약 → 요쿨살론 카페 예약 확인 → 9시30분/13시/16시 출발 → 차량 30분 이동 → 10~15분 도보 이동 후 얼음동굴 도착 → 가이드 설명 → 1시간 투어

3. 빙하 보트투어

'베트맨 비긴즈'와 '007 다이 어나더 데이Die Another Day'를 찍은 장소로도 유명한 관광지로 바트나요쿨 만년설에서 흘러온 빙하들이 떠내려 오는 곳이다. 지나가는 다리에서 빙하를 볼 수 있다는 것이 마치 다른 지역에 와 있는 듯한 느낌을 받는다.

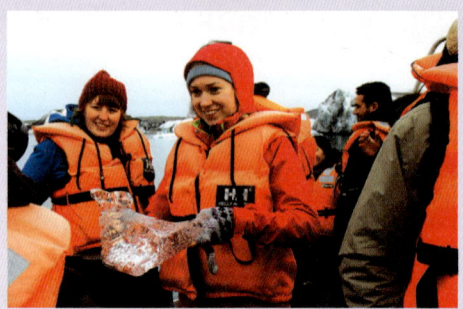

요쿨살론 빙하를 단순히 구경하는 것도 아름답지만 수륙양용보트를 타고 가까이에서 체험해 보면 빙하의 아름다운 초록색을 볼 수 있다. 빙하가 초록색 빛깔을 내는 이유는 빙하의 얼음이 압축되어 햇빛이 투과되지 못하고 반사되어 나오는 빛이 우리 눈에 초록색으로 보이기 때문이다.

4. 스노우모빌(Snowmobile Ride)

겨울에 눈으로 덮힌 눈밭을 질주하는 투어로 인기가 높다. 여름에도 가능하지만 겨울이 제 맛이다. 반나절 정도를 즐기고 나머지 시간은 이동시간으로 하루 투어가 구성된다. 오전 9시 정도에 픽업을 하고 오후 2~5시 정도에 돌아온다. 투어회사마다 스노우모빌을 타는 장소는 다르다. 먼저 헬멧과 부츠 등의 복장을 입고 2인이 1대의 스노우모빌을 타면서 흥미로운 스릴을 즐긴다. (9,900kr~)

스노우모빌 투어 회사
───────────────────────────────────

글래시얼지프 글래시얼 투어스 | Glacier Jeeps Glacier Tours
- 주소_ 780 Hornafjörðu
- 전화_ 478-1000, 894-3133
- email_ glacierjeeps@simnet.is
- 홈페이지_ www.glacierjeeps.is
- 바트나요쿨들 빙하에서의 스노우모빌, 요쿨사우론 빙하라군 세일링,
  빙하워킹체험 등. 장비제공

아이스리미티드 | Ice Ltd
- 주소_ Álftaland 17, 108 Reykjavík
- 전화_ 588-5555
- email : ice@icemail.is
- 홈페이지 : www.adventure.is
- 8륜 구동, 스노우모빌, 수퍼지프차 투어를 랑요쿨 빙하에서 제공

아이슬란드 익스커젼스 | Iceland Excursions
(그레이라인 Gray Line; for more information)
아이슬란드에서 가장 큰 투어 회사로 버스투어 외에, 지프와 ATV, 스노우모빌, 빙하 하이킹, 빙벽등반 등 다양한 상품 제공

마운티니어스 오브 아이슬란드 | Mountaineers of Iceland
- 주소_ Skútuvogur 12E, 104 Reykjavík
- 전화_ 580-9900
- email_ ice@mountaineers.is
- 홈페이지_ www.mountaineers.is.
- 수퍼지프와 스노우모빌 여행 제공

5. 고래투어

고래투어는 근래들어 꾸준히 인기가 늘어가고 있으며 아이슬란드에선 많은 고래투어가 있는데 4개 지역(후사비크, 달비크, 아쿠레이리, 레이캬비크)에서 가능하다. 아이슬란드에서는 쥐돌고래harbour porpoises와 흰부리돌고래white-beaked dolphins, 밍크고래minke whale가 가장 흔히 눈에 뜨이며 범고래killer whales, 향유고래sperm whales, 참고래fin whales, 혹등고래humpback whales와 흰긴수염고래blue whales까지 가끔 볼 수 있다.

고래투어가 가장 인기가 높은 지역은 북부의 후사비크Húsavík이다. 하지만 몇 년 전부터 달비크Dalvík가 고래투어와 바다낚시를 함께 투어상품으로 만들어 인기를 얻고 있다. 레이캬비크와 아쿠레이리에서도 고래투어를 할 수 있다. 하지만 레이캬비크에서의 고래투어는 고래를 못 볼 확률이 높아 추천하지 않는다.

쥐돌고래　　　　향유고래　　　　흰부리돌고래

참고래　　　　밍크고래　　　　혹등고래

범고래　　　　흰긴수염고래

고래투어 여행사

Arctic Sea Tours
620 Dalvik / tel: 771 7600
www.bataferdir.is.

Elding
Ægisgarður, 101 Reykjavík
tel: 519 5000 / www.whalewatching.is.

Gentle Giants
Húsavík / tel: 464 1500
www.gentlegiants.is.

Hvalalíf – Lif e of Whales
Suðurbugt, Old Harbour, 101 Reykjavík´
tel: 562 2300
www.hvalalif.is.

North Sailing Whale-Watching
Hafnarstétt 11, 640 Húsavík
tel: 464 7272
www.northsailing.is.

Sjósigling
Old Harbour, 101 Reykjavík / tel: 562 5700
www.sjosigling.is.

Viking Tours
Tangagata 7, 900 Vestmannaeyjar
tel: 488 4884
www.vikingtours.is.

6. 낚시

다른 나라와 달리 아이슬란드는 수질이 깨끗하며, 산란을 위한 연어의 이동이 바다의 어업으로 인해 방해받지 않는다. 강에서 낚시를 하려면 보통 일주일 단위 패키지로 허가를 받아 예약을 해야 할 수 있다.(한화 13~20만 원으로 매우 비싸다.) 바다의 송어낚시는 (한화 5천~5만 원) 가격이지만 달비크에서는 고래투어에 참여하면 송어낚시를 공짜로 즐길 수 있다.

Angling Club of Reykjavík
- 주소_ Rafstöðvarvegur 14, Reykjavík
- 전화_ 568-6050
- email_ svfr@svfr.is
- 홈페이지_ www.svfr.is

Federation of Icelandic River Owners
- 주소_ Hagatorg, 107 Reykjavík
- 전화_ 563-0308
- 홈페이지 : www.angling.is

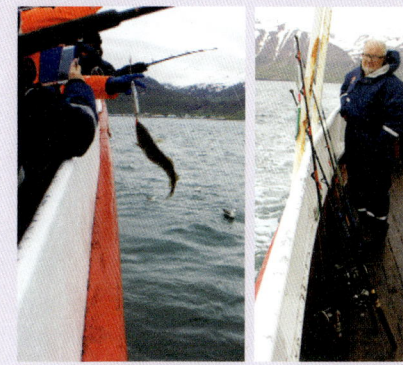

7. 말타기

강인한 아이슬란드 말은 독특한 종으로 9세기 노르웨이에서 초기 정착민들이 데려 온 이후로 순종을 유지해 왔다. 800년 동안 수입된 말이 없기 때문이다. 거친 날씨와 험한 지형에 순응해 왔기 때문에 현지의 조건에 이상적이다.

아이슬란드 말은 여전히 가을 양몰이round-up에 아주 중요한 역할을 한다. 나라 전역의 농부들은 말을 타고 그들의 양을 모으기 위해 하이랜드로 떠난다. 그러나 대부분의 말들은 레크레이션으로 이용되며 승마는 인기가 있는 스포츠 종목이다. 아이슬란드 전역의 농장에서 1시간 코스의 말타기부터 일주일간의 승마코스를 제공하기도 한다.(시간당 약 5,500kr~ / 장거리 승마는 30,000kr(1일 기준), 음식과 임시숙소가 포함)

8. 퍼핀 & 새(Sightseeing)

아이슬란드는 세계에서 가장 규모가 큰 새 번식지를 가지고 있으며, 270종에 달하는 조류의 서식지로 유명하다. 수많은 절벽 서식종들은 서부 피오르의 라우트라비야르그^{Látrabjarg}에서 볼 수 있어 관광객들을 끌어모으고 있으며, 퍼핀^{Puffin}, 북극제비갈매기와 같은 바닷새들을 아이슬란드 어디에서나 볼 수 있다. 북부의 미바튼 호수는 오리와 수상새들의 중요한 번식 장소이다. 새 관찰을 위한 여행은 5월 말~6월이 최적의 시기이다.

많은 관광객들이 아이슬란드에서만 볼 수 있는 '새'로 '퍼핀'을 이야기한다. 하지만 퍼핀은 아이슬란드에만 있는 것은 아니다. 북유럽에도 일부 서식하고 페로제도에도 서식하고 있다. 다만 아이슬란드에 전 세계 퍼핀의 60%가 살고 있다고 한다. 퍼핀은 하늘을 잘 날지 못하고 땅에 곤두박질치는 경우도 많다. 퍼핀은 물속에 있는 모래장어를 먹고 살기 때문에 물에서 여유롭게 지낼 수 있다. 그래서 옛날에는 물고기의 종류라고 생각하던 때도 있었다고 한다. 퍼핀은 바다쇠오리의 한 종류로 서부 피오르 지역 중에 라우트라비아르그에서 볼 수 있다. 아이슬란드 전통 음식 중에는 퍼핀의 메뉴도 있다고 한다.

9. 골프(Golf)

아이슬란드 전역에 65개의 골프코스를 가지고 있다. 아이슬란드 골프장은 인공적으로 만들기 보다 대부분 있는 그대로의 초원 위에 조성하였다. 대부분의 골프코스는 9홀이지만 17개 골프장은 18홀 코스이다. 보통 5월 말~9월 초까지 운영하므로 골프를 즐기고 싶다면 여름의 아이슬란드 골프를 활용하자. 자세한 사항은 아이슬란드 골프협회^{Golf Federation of Iceland} 홈페이지에서 예약이 가능하다.

매년 6월에 아틱 오픈^{Arctic Open}이 열리며, 프로와 아마가 모두 참여가 가능하다.(풀 패키지 상품이 국내외 여행사를 통해 예약가능)

Golfsamband Íslands
주소_ Engjavegur 6, Reykjavík
전화_ 514-4050
홈페이지_ www.golf.is

Akureyri Golf Club
주소_ 600 Akureyri
전화_ 462-2974
홈페이지_ www.arcticopen.is

10. 하이킹

사람의 발길이 닿지 않은 곳을 걷거나 다양한 풍경을 보는 데는 아이슬란드가 최고가 아닐까 생각한다. 아이슬란드에서의 하이킹은 내외국인 통틀어 매우 인기있으며, 1990년대 초이후, 하이킹 시설과 다양한 하이킹 코스 개발이 이루어졌다. 가장 유명한 장거리 트레킹 코스는 란드만나라우가Landmannalaugar 남쪽에서 스코가르Skógar의 해안까지 연결된 라우가베구르 트레일Laugavegur Trail(4~5일 코스)이다. 숨이 멎을 것 같은 풍경에 황무지같지만 길이 잘 정비되어 여름에는 많은 관광객들의 왕래가 있다.

2008년 6월, 요쿨사우르글리우푸르Jökulsárgljúfur와 넓은 보호구역을 가진 스카프타펠Skaftafell 국립공원이 합쳐져, 유럽최대의 국립공원인 바트나요쿨Vatnajökull이 탄생했다. 스카프타펠은 아이슬란드에서 가장 인기있는 자연보존 구역이며 멋진 워킹 도로와 다양한 빙하, 삼림지역이 특색이다.

북부의 요쿨사우르글리우푸르 지역에는 아우스비르기Ásbyrgi에서 데티포스Dettifoss에 이르는 2일간의 스펙타클한 루트가 있다. 배낭여행객들을 끌어 모으고 있는 북서부의 호른스트란디르Hornstrandir도 있다. 동부의 보르가르피오르Borgarfjörður-Eystri 코스는 동부 피오르 지역과 동남부 론소래피Lónsöraefi는 도전적이고 황량한 야생의 하이킹을 보여준다.

Iceland
South

아이슬란드 남부

흐베라게르디
Hveragerði

흐베라게르디는 유명한 온천은 아니었지만 '꽃보다 청춘'에 소개된 이후로 유명세를 타고 있다. 레이캬비크에서 1번 도로를 따라가다가 40분 정도를 운전하다 보면 오른쪽에 흐베라게르디 간판이 보인다.

셀포스까지는 차로 약 15~20분 정도 소요된다. 지열 활동이 활발하게 일어나는 아담하고 아기자기한 마을로 레이캬달루르Reykjadalur로 향하는 하이킹시 출발 지점이다. 블루라군과 같은 흐베라게르디 지열공원에서 머드팩과 온천을 즐길 수 있다.

레이캬달루르는 강에 흐르는 따뜻한 온천이 있는 지열 협곡으로 자연 노천온천에서 목욕을 할 수 있다. 꽃보다 청춘에서 나온 자연 온천지역은 정확히 레이캬달루르라고 할 수 있다. 레이캬달루르까지 하이킹 투어나 승마 투어를 주로 즐기는 관광지이다.

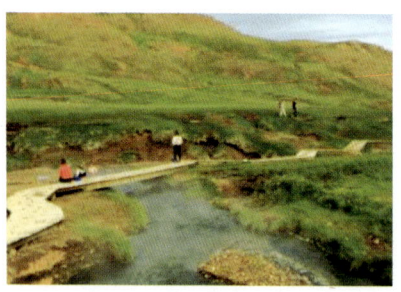

입장시간_ 월~금요일 10~18:00,
　　　　　　주말 : 12~16시/ 6~9월 중순까지 운영

헤이마에이
Heimaey Island

베스트만내야르Vestmannaeyjar의 헤이마에이 섬은 배를 타고 30분 정도 들어가야 한다. 배 크기는 상당히 크고, 시설도 좋지만 보기와는 다르게 흔들림이 조금 심하고 속도가 느린 편이다.

헤이마에이에서 가장 높은 장소인 엘드펠eldfell은 1973년에 화산이 터져서 아이슬란드를 놀라게 만든 섬이다. 화산폭발로 섬의 면적은 더욱 커졌다고 한다. 엘드펠은 정상까지 약 두시간 정도 소요된다. 붉은 화구와 알록달록한 마을의 전경이 잘 어울리는 엘드펠은 정상으로 올라가면 특별할 건 없다. 올라가면서 마을 풍경과 정상에서 보는 파란 바다가 매력적이다.

홈페이지_ www.herjolfur.is
요금_ 왕복 3,000kr
이용 시간_ 14시 45분 출발하여 16시 30분 배를 타면 1일 동안 섬 관광이 가능하다(출항 30분 전부터 탑승 가능).

셀랴란즈포스
Seljalandsfoss

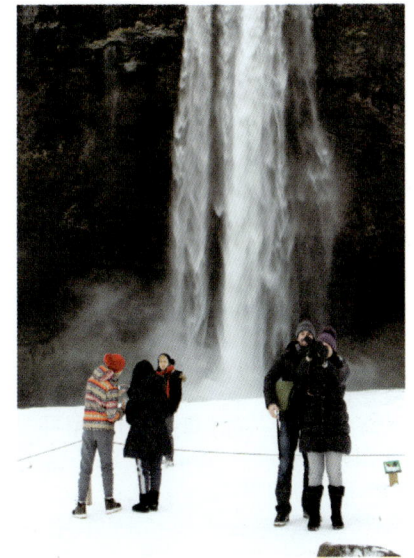

남부로 여행하면서 처음으로 보게 되는 65m의 폭포로, 폭포 뒤의 오른쪽으로 따라 들어가 왼쪽으로 나오면서 폭포의 내부모습을 볼 수 있다.

폭포 뒤쪽으로 나오면 포토존이 있어 폭포수를 맞으면서 생생한 셀랴란즈포스의 사진을 찍을 수 있다. 폭포수를 맞기 전에 우비나 방수옷을 입고 들어가야 온 몸이 젖는 것을 방지할 수 있다.

1번 도로를 따라 가다가 F249번 국도로 들어가는 샛길로 들어간다.

겨울에 셀랴란즈포스의 뒤로 들어가려면 반드시 아이젠을 신고 가야 한다. 폭포수가 빙판위로 떨어지기 때문에 바닥이 매우 미끄럽다.

글리우푸라르포스
Gljúfurárfoss

대부분의 관광객들은 셀랴란즈포스를 보고 스코가포스로 이동하지만, 셀랴란즈포스와는 전혀 다른 매력을 가진 폭포인 글리우푸라르포스Gljúfurárfoss를 보고 가야 한다. 글리우푸라르포스의 뜻은 협곡 사이로 떨어지는 폭포 canyon river waterfall라는 뜻으로, 폭포가 작은 틈으로 나있는 협곡사이에 위치해 있어서, 폭포를 보려면 이 작은 틈으로 들어가야 한다.

대부분의 관광객들이 지나치는 이유는 셀랴란즈포스보다 지명도가 떨어지기 때문이다. 셀랴란즈포스에서 800m 정도 북쪽에 위치하고 있는 글리우푸라르포스는 약 10분 정도 걸어가야 한다. 별도의 주차장도 있어서 차로도 이동이 가능하다. 돌을 밟고 개울을 건너가야 해서 신발이 물에 젖지 않도록 주의해야 한다. 틈으로 들어가면 여름에도 한기가 느껴진다. 작은 틈을 지나면 우렁찬 소리와 함께 폭포가 새차게 쏟아진다. 폭포수가 처음에는 미스트처럼 느껴지다가 조금만 다가서면 뺨을 때리듯이 떨어진다.

셀랴란즈포스 & 글리우푸라르포스의 비교

셀랴란즈포스와 글리우푸라르포스는 같은 원리로 만들어진 폭포로 셀랴란즈포스는 바위가 위에 있고 아래가 다양한 바위여서 물 때문에 약한 바위가 깎여 나간 모양이고, 글리우푸라르포스는 틈으로 나있는 협곡의 부드러운 부분이 물에 녹아 만들어진 폭포이다. 빛이 들어오는 공간이 작아서 여름에 사진을 찍으면 신비롭게 나온다.

에이야프얄라요쿨 화산
Eyjafjallajökull

2010년 유럽내의 모든 항공기들을 묶어
놓은 화산으로, 1달간 화산재가 분출했다
고 한다. 근처의 마을은 화산재가 쌓이고
용암의 열로 빙하가 녹으면서, 인근 마을
에는 홍수가 났다.
아직도 당시의 상처가 남아 있는데 강이
화산재에 파묻혀 부근의 강은 아직도 강
물이 군데군데 흐르고 있다. 1번 도로를
따라 가다 박물관이 있고 당시의 분출 장
면이 담긴 영상을 볼 수 있다.

스코가포스 폭포
Skógafoss

스코가포스는 높이 62m, 폭 25m로 남부
의 최대 폭포로 상징적인 폭포이다. 이 마
을 근처에서 1박을 하고 이동하면 스코가
포스의 아침과 저녁의 모습을 볼 수 있
다. 날씨가 맑다면 아이슬란드에서 최고
의 사진을 찍기에 적절한 무지개를 보면
서 아름다운 스코가포스Skógafoss를 만날
수 있다. 스코가포스 들어가는 입구에는
여름에만 운영하는 에다 호텔Edda Hotel과
게스트하우스가 있다.

스코가포스 Mia's Country Va

보통 관광객이 '스코가포스 피쉬앤칩스(Fish and Chips)'라고 부른다. 남부 지방을 여행하면 문제점이 점심을 해결할만한 레스토랑과 카페가 부족하다는 것이다. 스코가포스 근처에는 보통 점심 때에 도착하여 폭포를 보고 전망대를 올라갔다가 내려오는 데 점심을 먹을 레스토랑은 호텔의 레스토랑만 있다. 레스토랑은 비싸기 때문에 대부분의 관광객은 비크까지 이동하여 점심을 해결한다.

이러한 애로사항을 알고 아이슬란드의 한 젊은이가 푸드트럭을 이용해 관광객의 점심을 해결해 주고 인기를 끌고 있다. 아이슬란드의 비싼 물가에서 비교적 합리적인 가격으로 한 끼를 해결할 수 있고 맛도 좋아 인기가 높아지고 스코가포스의 명물이 되고 있다. 소스는 케첩과 타르타르 소스가 있는데 케첩이 한국인의 입맛에 더 맞다.

스코가포스

전망대

전망대까지 약 30분을 걸어 올라가면 스코가포스의 전경과 폭포의 물줄기를 위에서 볼 수 있다. 오른쪽으로 폭포를 내려다 볼 수 있는 전망대에서 스코가포스 근처에 있는 조그만 스코가르Skogar 마을을 볼 수 있다.

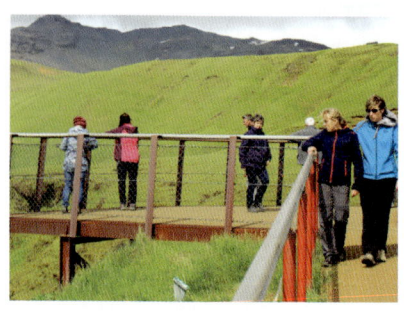

캠핑장

폭포 앞에는 캠핑장이 있는데 캠핑장 규모는 매우 크기 때문에 언제나 캠핑장에서 캠핑이 가능하다. 샤워실과 휴게실은 작아서 불편하지만 폭포소리를 들으며 잠자리를 청할 수 있는 장점이 있다

스코가르 박물관

지붕이 잔디로 덮여있는 아이슬란드의 전통 가옥을 지금은 박물관으로 사용하고 있다. 옛 아이슬란드인들이 자연지형을 이용해 살았던 모습을 확인할 수 있다. 셀랴란즈포스를 떠나 약 20분이 지나면 스코가르 마을에 조그만 집들이 모여있고 왼쪽에 스코가포스를 볼 수 있다.

핌뵈르두할스Fimmvörðuháls
스코가포스 하이킹 트레일
Skógafoss Hiking Trail

스코가포스는 남부에서 가장 많이 찾는 등산루트인 핌블로홀스 트레일이 쏘르스뫼르크까지 약 23㎞정도의 거리가 떨어져 있다. 폭포구간, 화산재구간, '신의 땅' 구간, 총 3구간으로 이루어져 있는데, 일반적으로 트레일을 걸으면 휴식시간까지 포함해 3구간 모두 걸으면 10시간 정도 소요된다.

7~8월에는 눈이 대부분 녹기 때문에 길이 막히는 일이 없어서 모든 구간을 걸을 수 있다. 스코가포스의 전망대를 올라가서 전망대의 뒤쪽에 있는 사다리를 타고 낮은 철조망을 건너가면 핌블로홀스 트레일이 시작된다. 트레일을 걸으면 땅에 박아놓은 나뭇가지로 길을 표시해두었기 때문에 이동로를 몰라도 어렵지 않다. 나뭇가지 표시를 보며 충분히 갈 수 있다. 약 10시간을 걷는 동안 날씨의 변화가 심하다. 폭포구간은 문자 그대로 폭포가 많은 구간으로 브릿지Bridge까지이다. 화산

재 구간의 핵심은 2010년도에 유럽전역의 항공 대란을 일으킨 장본인인 에이야프팔라요쿨 화산을 보는 것이다. 신의 땅(고다랜드 구간)이라 불리는 마지막 구간은 화산폭발 지역을 지나 쏘르스뫼르크에 이르는 구간이다. 날씨가 변덕스러우니 여름이라면 반팔입고 바람막이, 초경량패딩 가져가면 편리하다. 흐렸다 맑았다, 안개가 자욱했다 걷히기를 반복하기도 하니 미리 대비를 해두어야 한다. 돌아오는 버스는 하루에 1대, 바사르에서 오후 8시에 있다.

홈페이지_ www.nat.is
Þórsmörk Panorama (1.5~2시간)
Þórsmörk Highlights (3~4시간)
Tindfjöll Circle (5~6시간)
Merkurrani Plateau (2~3시간)
Stakkholtsgjá Canyon (2~4시간)

디르홀레이
Dyrholaey

디르홀레이는 주상절리 지형으로 유명한
관광지로 바닷바람이 매우 강하여 여름에
도 햇살은 강할지라도 춥기 때문에 바람막
이 점퍼가 필요하다. 해안을 따라 나 있는
검은 모래 해변을 걸을 수 있으며 주차장
왼쪽으로 나있는 길을 따라 올라가면 아이
슬란드를 대표하는 새인 퍼핀Puffin도 볼 수
있다.

코끼리 바위를 찍으려면 주차장으로 들어
오기 전에 보이는 비포장도로를 올라가야
한다. 겨울에는 매우 미끄럽기 때문에 조심
해야 사고가 나지 않는다.

비포장 도로 위에는 중앙에 등대가 보이고
오른쪽에는 검은 모래 해변이 길게 펼쳐져
있는 장관을 볼 수 있다. 등대 뒤로 가면 코
끼리 바위를 가장 근접하여 촬영할 수 있다.

여름

겨울

아름다운
아이슬란드 남부

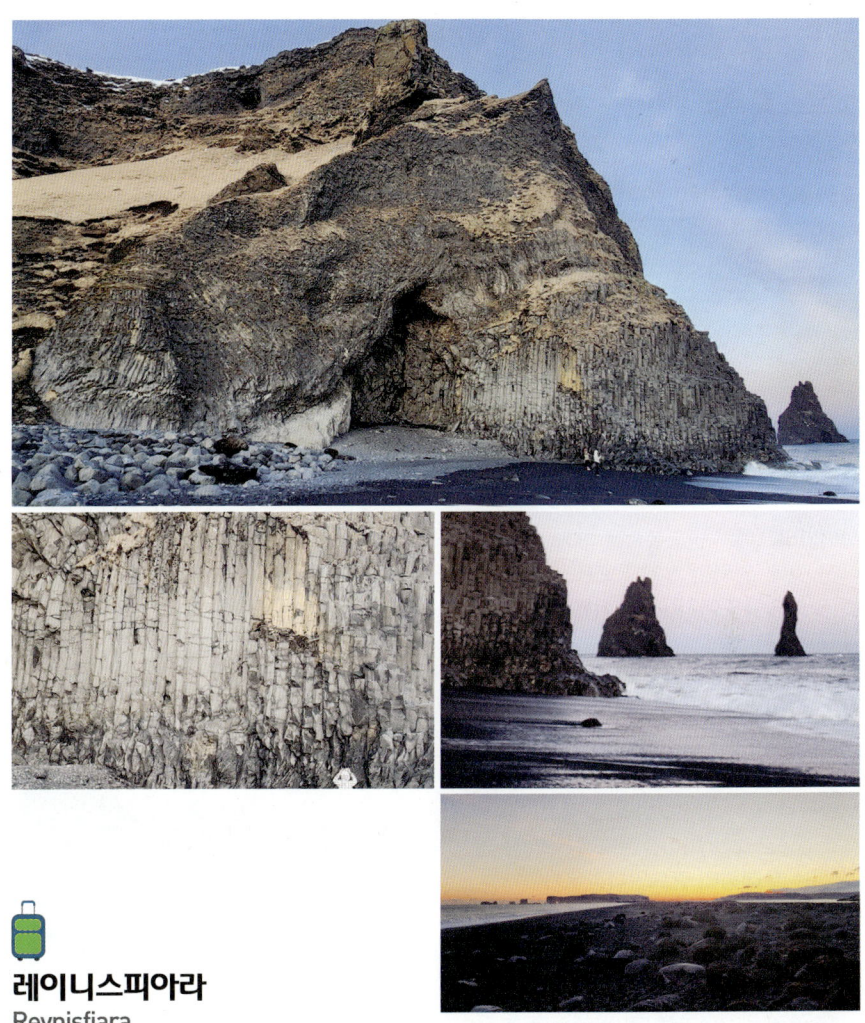

레이니스피아라
Reynisfjara

디르홀레이를 나오면 바로 10분만 지나서 레이니스피아라가 나온다. 검은 모래 해변을 직접 길을 수 있고 밝은 검은 색이 주상절리를 만날 수 있다. 주상절리 지형은 바람으로 동굴도 만드는데 할스네프스헬리르Halsanefshellir라고 부른다. 주상절리의 아랫부분을 볼 수 있지만 겨울에는 파도가 들어와 피할 곳이 없게 되기도 한다. 비크쪽으로 보면 두 개의 뾰족 바위가 솟아 있는데 2명의 어둠의 트롤이 3개의 덫이 달린 배를 끌고 해안으로 오다가 해가 떠오르자 햇빛을 받아 모두 돌이되었다는 레이니스드란가르Reynisdrangar라고 부르는 돌이 솟아 있다.

쏘르스모르크
Þórsmörk

레이캬비크에서 남동쪽으로 130km정도 떨어진 곳에 위치한 쏘르스모르크Þorsmork는 아이슬란드에서 가장 아름다운 숲을 가지고 있다. 토르의 숲이라는 이름을 가진 이 곳은 관목, 자작나무, 화초, 눈 쌓인 산 봉우리와 빙하에 둘러싸여 굽이굽이 흐르는 강과 맑은 시내가 있는 빙하 계곡이다. 멋진 트레킹을 할 수 있어 여름에는 사람들로 북적대기도 한다.

쏘르스모르크가 아이슬란드에서 가장 인기 있는 트레킹인 란드만나라우가Landmannalaugar에서 쏘르스모르크까지, 쏘르스모르크에서 스코가르Skogar까지 이어진 80km 코스의 종착점이다. 쏘르스모르크에 있는 3곳의 오두막은 쏘르스모르크Þorsmörk, 바사르Basar, 후아달루르Huaadalur가 있지만 여름에는 사람들로 가득차기 때문에 미리 예약하지 않으면 머무르기가 힘들다.

여름에 버스가 레이캬비크의 BSI터미널에서 매일 오전 8시 30분, 월~목요일까지는 오후 5시에 출발해 21시경에 도착하는 버스가 운행하고 있다.

비크
vík

영화 '드래곤 길들이기'의 첫 장면의 배경이 되었던, 언덕위의 교회가 아름다운 비크vík는 아이슬란드에서 가장 남단에 위치한 도시이자, 남부 최대의 도시이지만 인구는 360명 정도로 매우 적다.

레이캬비크에서 스코가포스까지 1일 투어로 만들어져 1년 내내 관광객들이 많이 찾는다. 비크 휴게소에서 점심을 먹고 야생화 '루핀'이 피어있는 해안을 따라가면 마을 서쪽에는 레이니스크베르피라는 블랙 비치가 있는데 레이니스피아라에서 바다에 서 있는 두 개의 바위인 레이니스드란가르Reynisdrangar를 반대편인 비크에서도 볼 수 있다.

레이니스드란가르

샤크길
Þakgil

비크를 지나 1번 도로를 따라가면 왼쪽에 214번도로가 나온다. 214번 도로를 따라 1시간 정도 비포장도로를 가면 미르달스요쿨Myrdalsjökull 근처에 캠핑장이 나온다. 주변의 높은 산들이 바람을 막아주기 때문에 화려한 경관과 안락한 느낌이 든다. 샤크길은 단순히 캠핑장으로서의 역할을 넘어서 주변을 트레킹 하다보면 마음의 안정까지 찾아주는 장소이다.
바람소리가 심해도 샤크길 캠핑장은 300동정도는 수용이 가능한 캠핑이 가능하고 평소에는 100~200명정도가 여름에 캠핑을 즐긴다고 한다. 가는 길을 잘 모른다면 비크의 관광안내소에서 팜플렛을 받고 가는 방법을 안내받아 이동하면 편리하다.

바트나요쿨 국립공원
Vatnajökull National Park

빙하로 인해 발생한 피해 때문에 연안 지역 대부분이 수세기 동안 통행할 수 없는 상태였다. 1974년 마침내 링 로드가 만들어지기 전 까지 남동부 대부분의 지역은 아이슬란드에서 가장 외딴 곳이었다. 예를 들어, 육로로 스카프타펠Skaftafell이나 호픈Höfn에 가기 위해서는 북쪽을 거쳐 총 1,100㎞를 가야만 했다. 오늘날에는 레이캬비크에서 남동부까지 이어지는 1번 도로가 생겼고 바트나요쿨 국립공원의 빙하로 가득한 스카프타펠은 가장 인기 있는 명소가 되었다. 바트나요쿨 국립공원 안에는 스카프타펠, 스바르티포스, 피알살론, 요쿨살론 등이 있다.

스바르티포스(Svartifoss)

이 폭포 양쪽은 검은 현무암 기둥으로 둘러싸여 있어 "검은 폭포Black Waterfall"이라는 이름을 갖게 되었다. 길은 쇠나르스케르 정상Sjónarsker까지 계속된다. 높은 산들과 거대한 만년설로 둘러싸인 모르샤달루르Morsárdalur계곡에서는 10m에 달하는 인상적인 자작나무숲을 만날 수 있다. 이곳에서는 또한 아이슬란드에서 많이 볼 수 있는 핫 풀스hot pools 중에 하나를 발견할 수 있다. 모르샤Morsá 강을 건너 뒤에 있는 언덕을 조금 올라가면 길 하나가 있는데 이 길을 따라가면 작은 호수를 만들기 위해 댐이 건설된, 장엄한 지열의 원천이 있다. 이곳에서 지친 하이커들은 전혀 오염되지 않은 거대한 국립공원의 경치를 즐기며, 트레킹을 경험할 수 있다.

스카프타펠(Skaftafell)

광활한 빙하 암설위에 위태롭게 위치한 이 지역의 하이라이트는 바트나요쿨 국립공원Vatnajökull National Park의 스카프타펠Skaftafell이다. 바트나요쿨국립공원에서 가장 인기 있는 장소인 스카프타펠은 험악한 봉우리들과 그 사이에서 자신들만의 자리를 지키고 있는 세 개의 빙하로 잘 알려져 있다. 이 세 빙하는 왼쪽에서부터 각각 모르샤요쿨Morsárjökull, 스카프타펠, 스비나펠스요쿨Svínafellsjökull이다.

조금 더 들어가면 한 쌍의 빙하 흐비아요쿨Kvíárjökull과 팔스요쿨Fjallsjökull를 볼 수 있다. 이 빙하들은 외래파외퀴들Öræfajökull에 비하면 매우 작아 보인다. 외래파요쿨의 봉우리 흐바나달스뉴쿠르Hvannadalshnúkur의 높이는 2,110m로 아이슬란드에서 가장 높다. 스카프타펠 국립공원은 1967년에 설립된 후 1984년에 확장되어 현재는 크기가 13,600㎢로 아이슬란드 전체 면적의 13%를 차지하는 유럽에서 가장 큰 국립공원이다.

사가 시대Saga Age에 정착민들이 처음으로 도착한 곳이 스카프타펠이다. 해안가를 따라 드라이브하면 작은 농장들과 유적지들이 산재해 있는 화려하고 잊을 수 없는 풍경을 만날 수 있다.

공원 주차장 근처에 인포메이션 센터와 카페, 캠핑장이 운영되고 있다. 인포메이션 센터에서 다양한 투어에 관한 정보를 얻을 수 있다. 7~8월의 여름, 주말에는 사람이 너무 많아서 한적한 곳을 원하는 관광객들은 다른 장소로 이동해야 한다.

베스트만내야르
Vestmannaeyjar

매혹적인 평온함과 더불어 자연 그대로의 아름다움을 느낄 수 있는 곳이다. 아이슬란드 남부에 위치한 웨스트만 지역은 수십만 년 간 바다 속에서 화산 활동이 일어나고 있었지만, 처음으로 섬이 모습을 나타낸 것은 약 10,000여 년 전이며, 대부분의 섬들은 약 5,000여 년 전에 생성되었을 것이라고 과학자들이 판단하고 있다.

이곳은 16개의 작은 섬과 30여개의 암초 지대로 이루어져 있으며, 거칠고 황량한 모습으로 차가운 바다 위에 솟아있다. 최근 화산활동으로 생긴 섬중에 사람들이 살고 있는 섬은 유일하게 헤이마에이 Heimaey섬 뿐이다. 헤이마에이는 다른 지역에 비해 관광객, 즉 외부인이 드물다. 그래서일까, 어디를 가나 대접받는 기분이다. 헤이마에이는 화산 꼭대기에 불안정하게 위치해 있는데, 1973년 화산 폭발로 인해 섬이 거의 영원히 사라질 위기에 처했을 당시에 전 세계인들의 주목을 받았다.

플레인 렉
Plane Wreck

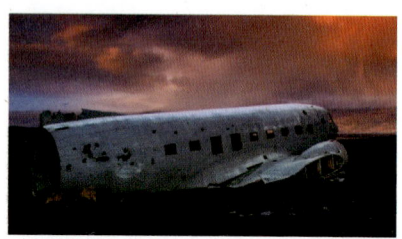

스코가포스에서 디르홀레이를 가다보면 아이슬란드의 여러 책자에서 나오는 플레인 렉 Plane Wreck은 1973년 11월 24일 미군의 해군 수송기 DC-3가 쏠헤이마싼두르 Solheimasandur에 불시착한 장소를 보러 가는 것이다.

비행기의 형체를 보면 모든 인원들이 죽었을 거라는 생각을 하게 되지만, 다행히 모든 탑승자들은 생존을 하였다. 사진 작가들에 의해 사진화보집에 실리면서 유명세를 타게 되었고 지금은 디르홀레이를 가는 아이슬란드 여행객들은 그 생존의 장면을 보러간다.

피얄살론
Fjallsárlón

빙하보트를 탑승하여 빙하를 볼 수 있는 곳이 요쿨살론Jökulsárlón만 있는 것은 아니다. 요쿨살론으로 가기 15분 전 정도에 피얄살론Fjallsárlón이 있다. 요쿨살론보다 한적하게 빙하를 볼 수 있으며 가장 가까이 빙하를 볼 수 있어 피얄살론을 찾는 관광객이 늘어나고 있다. 호수 끝에 보이는 요라이파요쿨은 2,110m로 아이슬란드에서 가장 높은 위치의 빙하라고 한다.

수륙양용 보트와 조디악 보트의 차이점

수륙양용 보트는 육지에서 타고 물로 들어가고 빙하 사이사이를 볼 수 있고, 조디악 보트투어는 빠르고 작은 보트로 물에서 출발한다. 조디악 보트는 보트가 작아서 물이 튀면 옷이 젖을 수도 있다.

요쿨살론 파이어워크 페스티벌(Jokulsarlon Firework Festival)

2016년부터 시작된 요쿨살론Jokulsarlon의 8월 2째주 토요일에 열리는 축제로 빙하위에서 불꽃축제가 열린다. 축제를 보기 위해 20시 정도부터 자동차들이 주차장에 몰리고 8월의 해가 지는 23시에 불꽃축제를 하고 있다. 아이슬란드 정부는 새로운 축제로 자리매김할 것으로 기대하고 있다.

요쿨살론
Jökulsárlón

요쿨살론Jökulsárlón 강 위의 현수교 바로 다음에 사진에 가장 많이 실리는 곳 중 하나인 빙산으로 가득한 호수인 요쿨살론이 있다. 이 빙괴들은 브레이다머쿨Breiðamerkurjökul 빙하에서 분리되어 호수로 들어왔다. 이 호수가 형성된 것은 겨우 20세기로, 지각 변동으로 인해 바다로 통하는 길이 막혔을 때 형성되었다. 그러나 기후변화로 인해 빙하가 빠르게 녹자 요쿨살론은 현재 깊이가 250m로 아이슬란드에서 가장 깊은 호수가 되었다.

7월과 8월에는 하루에 약 40번의 보트 투어가 있다. 해안가에 서서도 빙산들을 볼 수 있지만, 이 빛나는 얼음들 사이를 떠다니는 경험은 매우 신나는 일임이 분명하다. 이 1000년 된 얼음을 쉽게 잡을 수 있는 곳에 이르게 된다면, 얼음을 하나 집어 자세히 보자. 놀라울 정도로 깨끗하다. 제임스 본드James Bond의 팬들은 요쿨살론을 어디선가 보았다고 느낄 것이다. 영화 007시리즈의 '뷰 투 어 킬A View to a Kill'의 오프닝 장면 뿐 아니라 '다이 어나더 데이Die Another Day'의 일부분도 이곳에서 촬영되었다.

1. 표구입

2. 수륙양용보트탑승

3. 가이드 설명

4. 빙하보기

호픈
Höhn

호픈은 남부의 가장 끝에 있는 도시로 요쿨살론에서 빙하체험을 마치고 호픈에서 1박을 하기 위해 잠시 머무는 도시로만 알고 있다. '항구'라는 뜻의 호픈Höhn은 아이슬란드에서 작은 도시는 아니다. 호픈은 랍스터로 유명하지만, 랍스터요리의 가격은 비싸서 망설이게 된다. 시내 레스토랑에서는 항상 신선한 랍스터 요리를 맛볼 수 있는 레스토랑의 스페셜 메뉴로 유명하다. 아침에 고요한 항구를 보는 장면도 아름답다. 호픈 입구의 캠핑장과 통나무집, 수영장은 남부여행의 피로를 풀

기 좋다. 레이캬비크에서 51번 버스가 운행을 하고 있다.

바트나요쿨 국립공원

요쿨살론 호수에서 바다로 흘러가는 빙하

멋진 사진의 배경이 되는 떨어진 빙하

바다에 떠밀려온 빙하 조각

EATING

후마르호픈인 Humarhöfnin

깔끔한 디자인의 랍스터 요리 전문점으로 회픈에서는 상당히 인기 있는 식당으로 '월터의 상상은 현실이 된다'에서 주인공으로 나온 벤 스틸러가 다녀가서 더 유명해졌다. 이 레스토랑의 인기 메뉴인 랍스터요리는 3,000~5,500kr정도의 가격이 부담스럽지만, 양도 푸짐하고 북해에서 잡히는 랍스터 요리는 쉽게 먹을 수 없는 요리이므로 먹어보라고 추천한다. 또한 양고기 요리도 상당히 훌륭하다.

홈페이지_ www.humarhofnin.is
주소_ Hafnarbraut 4, Höfn
전화_ 478-1200

파크후스 Pakkhus

유럽인들에게는 이곳이 호픈에서 가장 아늑한 레스토랑으로 알려져 있다.
메인 도로 옆에 있는 통나무로 된 레스토랑에서는 주로 신선한 랍스터 요리를 주문하지만 맛있는 파스타, 피자, 버거를 맛보는 것도 좋다.

홈페이지_ www.kaffihorn.is
주소_ Hafnarbraut 42, Höfn
전화_ 478-2600

SLEEPING

호텔 호픈 Hotel Höfn

호픈에서는 상당히 시설이 좋은 호텔로 빙하를 바라보는 전망이 아름다워 매우 인기가 좋다. 2008년에 신관을 개관해 신관은 항상 예약이 쉽지 않다. 조식도 잘 나와서 숙박자들의 만족도가 높은 호텔이다.

홈페이지_ www.hotelhofn.is
입장시간_ 09시~19시(6~9월),
　　　　　10시~17시(5월과 9월)
숙박비_ 싱글: 20,000kr~ / 더블: 28,000kr~

키르큐바이야르클레이스투르
kirkjubaejarklavsfir

비크vik를 지나 1번도로를 가면 바트나요쿨의 만년설이 점점 뚜렷하게 다가오면서 스카프타펠 국립공원을 만날 생각에 신이난다. 그 전에 아이슬란드의 아름다움에 작은 감탄을 하게 되는 장소가 키르큐바이야르클레이스투르kirkjubaejarklavsfir이다.

농장이나 회랑이라는 뜻의 키르큐바이야르클레이스투르는 커다란 산과 폭포만이 있는 마을이다. 입구에는 관광정보를 제공하는 인포메이션센터(교회 반대편 / 월~금 : 오전9시~오후9시, 오후 1~3시 사이는 휴식시간)가 있어 마을의 간단한 역사와 뷰 포인트에 대한 설명도 들을 수 있다.

아이슬란드의 대표적인 온천 즐기기

아이슬란드는 화산지형이기 때문에 온천은 전국 어디서나 쉽게 이용할 수 있다. 마을에는 어디나 수영장과 반드시 옆에 온천이 있고 뜨겁지 않은 적당한 30도 정도라서 오랜 시간 온천을 즐길 수 있다. 대부분은 '노천'이고 자연 온천수를 그대로 사용한다. 아름다운 풍경 안에서 여행의 피로를 풀어보자.

01 블루라군
Blue Lagoon

세계인의 버킷리스트 10에 포함되면서 아이슬란드의 상징적인 여행지가 되었다. 그린다비크 바로 바깥쪽, 공항에서 15㎞ 떨어진 지점의 블루라군Blue Lagoon은 입구에 다다르면 블루라군의 간판이 보인다. 입구를 따라 들어가면 오랫동안 노천온천을 즐길 수 있다. 물의 온도는 너무 뜨겁지 않은 적당한 온도라서 차가운 겨울에도 위는 춥고 아래는 따뜻해 훈훈한 느낌을 받는다. 몸과 마음의 피로를 다 풀고 갈 수 있는 온천이다.

02 레이캬비크의 **라우가르달스라우그**
Laugardalslaug

레이카비그의 시내에서는 떨어져있지만 캠핑장 바로 옆에 있는 라우가르달스라우그 Laugardalslaug는 레이캬비크 시내에서 수영장과 온천을 동시에 이용할 수 있어 편리하다. 물의 온도는 20도 이상으로 추운 날에도 수영이 가능하고 옆에는 온천도 있다. 국제 규격의 50m수영장과 실내 수영장도 있는 매우 큰 수영장이자 온천이다.

03 로가바튼 폰타나
Laugarvatn Fontana

아직은 우리나라 관광객들에게는 생소한 호수와 온천이지만 미네랄이 다량 포함되어 1929년부터 시작된 오랜 역사를 가진 노천온천이다. 아름다운 로가바튼 호수Laugarvatn에서 게이시르지역의 온천을 즐길 수 있다.

04 시크릿 라군 Secret Laugin

아이슬란드의 비밀 온천으로 불리우는

아이슬란드에서 비밀 온천으로 알려진 플뤼디르Flúðir지역의 감라 라우긴Gamla Laugin은 우리나라에는 거의 알려져 있지 않다. 아직 모르는 관광객들이 많아 현지인들이 주로 이용하지만 골든서클에서 1박을 한다면 꼭 가보라고 추천하는 숨겨진 온천이다

05

꽃도다 청춘이 즐긴

흐베라게르디 Hveragerði

꽃보다 청춘에서 나온 흐베라게르디는 마을의 지명이다. 아이슬란드에서 유명한 온천은 아니지만 이제는 유명한 온천이 되지 않을까 싶다. 레이캬비크에서 1번 도로를 따라가다 40분 정도를 운전하면 오른쪽에 흐베라게르디 간판이 보인다. 지열 활동이 활발하게 일어나는 아담하고 아기자기한 마을로 흐베라게르디는 레이캬달루르로 향하는 하이킹 출발 지점이다. 블루라군과 같은 흐베라게르디Reykjadalur 지열 공원에서 머드팩과 온천을 즐길 수 있다.

06 란드만나라우가
Landmannalaugar

란드만나라우가Landmannalaugar의 상징은 자연 노천온천이다. 캠핑장이 형성되어 있는 중심에 노천온천을 형성하고, 주위에는 연기가 피어 오른다. 란드만나라우가는 토르파요쿨Torfajökull 화산 지역 근처에 위치한다. 지난 화산활동은 약간의 북동부와 남서부 지대에서만 화산활동이 있어왔다. 란드만나라우가는 관광객들에게 자연 온천으로 매우 인기가 많은 장소이며, 한여름에 자연온천 근처에는 수영을 하려는 사람들로 항상 북적이면서 때로는 온천에 들어가려고 기다리는 경우까지 발생한다.

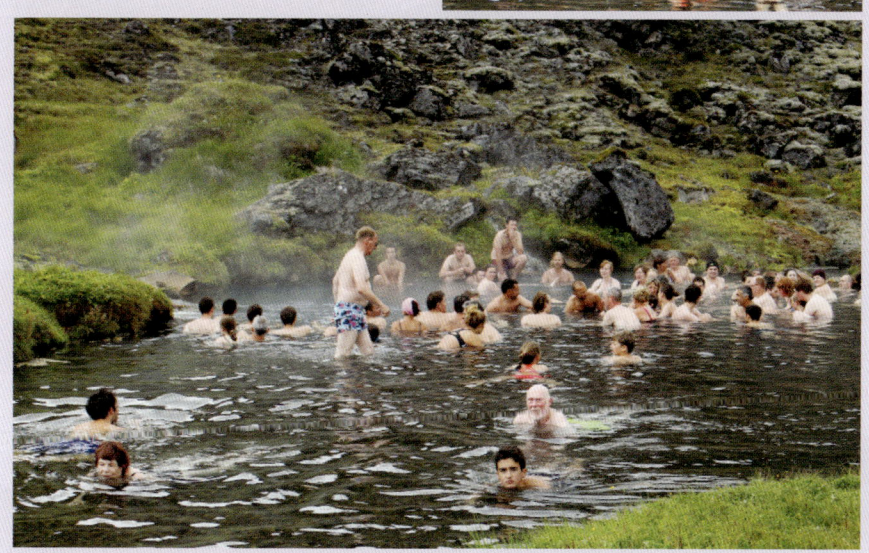

07 호픈
Höfn

남부지방의 마지막 마을은 아이슬
란드어로 '항구'라는 뜻의 호픈이다.
작은 항구마을이지만 동부여행의
시작점으로만 생각되고 있다. 마을
의 중앙에 캠핑장이 있고 그 건너편
에 수영장과 온천이 있다. 아침에도
건강을 챙기는 현지인들의 이용이
많은 온천으로 긴 운전으로 피곤하
다면 들러서 피곤을 풀고 가자.

호프소스
Hofsos

아이슬란드를 잘 아는 여행가들은 바다 옆에서 바다를 보면서 한적하게 수영을 즐기고 있는 사진을 본 적이 있을 것이다. 그 풍경을 바로 이곳 마을에서 볼 수 있다. 절벽 바로 옆에 있는 온천에서 몸을 담궈보는 경험은 아찔한 추억으로 기억될 것이다. 달비크에서 고래투어를 하였다면 해안도로를 따라 1시간 정도 걸려 도착할 수 있다. 아쿠레이리에서는 약 2시간 정도가 소요된다.

아쿠레이리
Akureyri

아이슬란드 제2의 도시인 북부의 아쿠레이리에서도 온천을 즐길 수 있다. 남부와 동부를 거쳐 미바튼 네이쳐 바스에서 온천을 이용하면 아쿠레이리에서는 온천을 이용하지 않는 경우가 많다. 그러나 시내에서 가까워 언제나 걸어서 온천을 이용하기 쉬우니 아침에 온천을 하고 브런치를 먹으면 아쿠레이리의 즐거운 추억을 만들 수 있을 것이다.

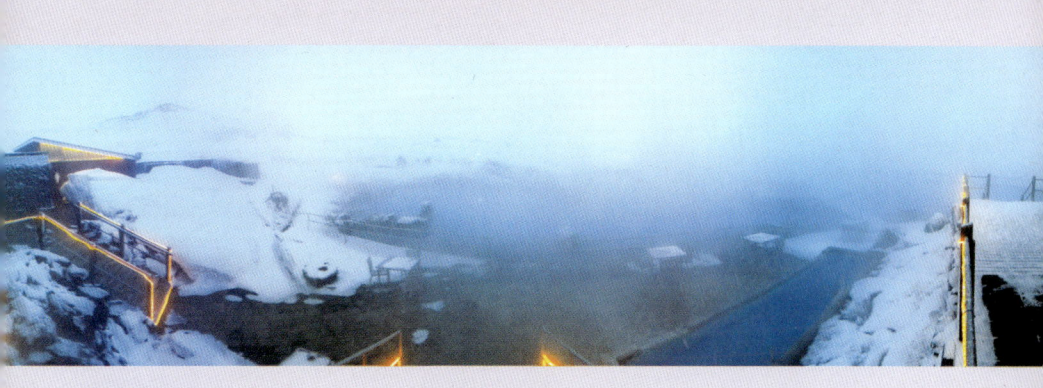

10 미바튼 네이쳐 바스
Myvatn Narure Baths

아쿠레이리에서 동쪽으로 약 15㎞ 떨어져 있으며 경치가 아름다워 이용한 관광객들이 블루라군보다 좋다고 평을 남기는 온천이다. 블루라군은 바닷물을 이용하는 해수이고 미바튼 네이쳐 바스는 담수인 점이 차이가 있다. 여름에는 밤 24시까지 이용할 수 있어 시간적으로도 편리하다.

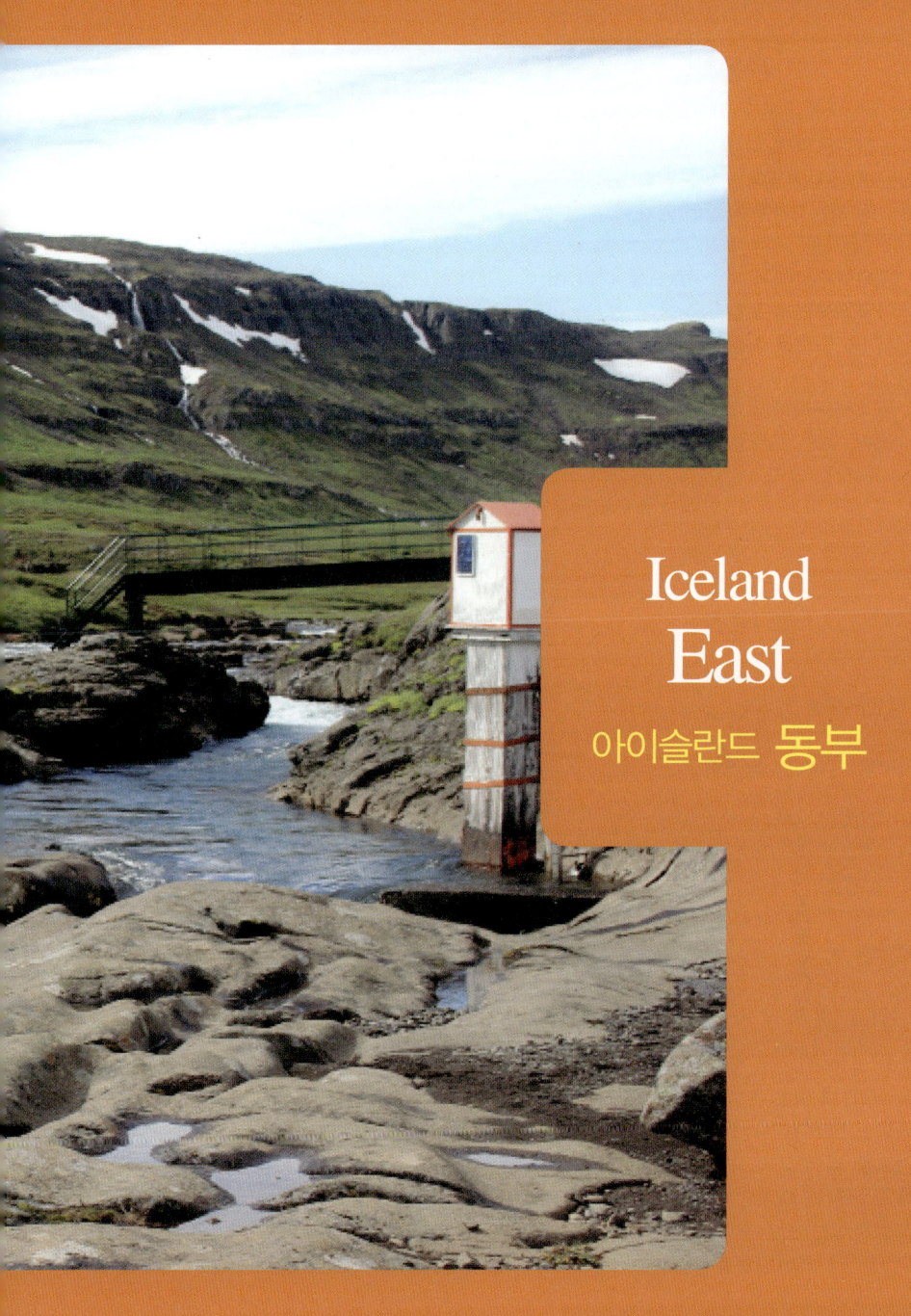

Iceland
East

아이슬란드 동부

자동차

동부해안을 따라 아름다운 모습을 볼 수 있는 자동차여행에는 비포장과 포장도로를 이용하는 2가지 방법이 있다.

1. 듀피보구르에서 1번 링로드를 따라 가다가 939번 비포장도로로 들어갔다가 다시 1번 도로를 이용하는 방법

2. 듀피보구르에서 3번의 피요르를 지나 96번, 92번 도로를 따라 포장도로로만 이동하는 방법

버스

SVAUST의 버스 스케줄을 보고 호픈부터 에이일스타디르까지 이용해야 하는데 시간표를 잘 보고 이용해야 한다. 여름에는 매일 운행을 하지만 한번 버스를 놓치면 다음부터는 한참후에나 이용이 가능하다. 에이일 스타디르에서 아쿠레이리까지

는 56번 버스가 여름에는 매일, 겨울에는 월, 수, 금, 일요일에 운행하고 있다.

항공

에어 아이슬란드Air Iceland에서 수도인 레이캬비크에서 에이일스타디르 공항까지 매일 운항하고 있다.

동부 피요르
The East fjords

파도와 바람이 조각한 아이슬란드 최고의 절경이 동부 피요르 지형이다. 아이슬란드 동부 피요르는 듀피보구르Djupivogur를 지나면서 나오는 동부 피요르 해안지역을 말한다.

바닷가를 따라 굽이굽이 펼쳐진 길은 너무 아름다워 렌트로 여행하면 아름다운 해안을 볼 수 있다. 여름에는 밤에도 백야 현상으로 밝아서 이동이 가능하지만 비가 오거나 굴곡이 심해서 조심해야 한다. 피요르해안을 운전하다보면 안개가 자욱히 깔려 구름위에 떠 있는 듯한 느낌을 받기도 한다.

겨울에는 눈이 많이 오기 때문에 동부여행을 하는 관광객들이 적지만 잘못된 판단이다. 눈으로 미끄러워 조심해야 하지만 도로가 패쇄되지 않는다면 96, 92번도로를 따라 충분히 이동이 가능하다. 여름보다는 겨울 이동 중에 핑크색 발을 가진 거위 무리들, 순록 떼를 볼 수도 있다.

흐발네스
Hvalnes

호픈까지를 보통 남부지방이라고 부른다. 하지만 듀피보구르를 지나기 전까지를 남부지방이라고 생각해도 무방하다. 피요르 지형이 나오기 시작하는 곳이 듀피보구르이기 때문이다. 호픈에서 듀피보구르를 지날 때 잠시 쉬어가면 좋은 장소가 흐발네스로 호픈에서 듀피보구르 중간지점의 해안에 있다. 차를 멈추고 해안을 따라 산책하기 좋은 장소로 바람도 이곳에서는 잦아든다.

동부여행의 시작은 듀피보구르Djúpivogur 부터 시작된다. 대부분의 여행자들이 동부지역을 빠르게 훑어보고 지나가는데 참 안타까운 일이다.

구불구불한 굴곡진 해안가를 따라 슬로 라이프를 하고 있는 어촌마을들이 우리나라의 어촌처럼 바쁘고 부지런히 생활하는 모습과는 다른 어촌의 전경과 모습에 놀라곤 한다.

듀피보구르
Djúpivogur

이 도로의 앞에 흐발네스가 나온다. 만처럼 안으로 들어가 있어 파도가 잔잔하다. 해안으로 내려가 오른쪽 해안을 따라 힘든 운전에서 벗어나 잠시 산책하고 오면 아름다운 해안의 풍경이 눈에 들어온다. 테이블과 의자까지 있어 차에 먹거리가 있다면 점심을 먹고 출발해도 좋은 장소이다. 바다가 구름에 가려 끝을 모르는 아름다운 장면이 나온다.

EATING

호텔 프리미티드
Framitid

대부분의 관광객들은 랑버드와 비드보긴에서 식사와 커피를 하지만 안으로 조금 더 들어가면 호텔 프라미티드에서 운영하는 레스토랑에서 커피와 식사를 맛볼 수 있다.

상대적으로 들어오는 여행자들의 발걸음이 적어서 여유롭고, 맛도 상당히 좋아 만족할 것이다.

랑가버드 LANGABUD

동부피요르를 갈 때 중간에 들렀다 가기에 좋은 지점이 듀피보구르인데, 듀피보구르에서 가장 맛집으로 소문난 집이다. 스테이크와 커피가 소문나서 거의 스테이크세트와 커피를 마시고 간다. 창문으로 보이는 항구의 여유로운 모습이 음식맛을 여유있게 즐기도록 해준다. 점심과 저녁시간 사이에는 잠시 쉰다.

비드 보긴 Við Voginn

듀피보구르는 산과 산사이에 만으로 된 마을이다. 지형이 안정적이고 바다에 접해있어 바람이 많이 불거라 생각했는데 의외로 바람이 불지 않고 따뜻하다.

란가버드는 시간에 맞추어 음식을 먹을 수 있지만, 비드 보긴 레스토랑은 햄버거도 팔고 투어도 예약을 받아서 시간에 관계없이 먹을 수 있는 음식점으로 생각할 수 있다. 햄버거는 안의 고기가 직접 구운 맛좋은 스테이크 고기가 들어가서 정말 맛이 일품이다. 햄버거 세트 메뉴는 가격이 1,500kr로 조금 비싸다. 하지만 크기가 크고, 감자튀김까지 먹을 수 있으니 돈이 아깝다는 생각은 들지 않는다.

SLEEPING

베르네스 유스호스텔
Berunes Youth Hostel

순수한 아이슬란드를 맛볼수 있는 오래된 농가 숙소. 주인장은 시계나 TV없이 오로지 책과 산과 바다만 즐길 수 있는 것을 자랑스러워한다.
새로운 건물에는 방이 조금 더 있고 별장, 게스트 키친도 있다.

주소_ Berunes 1, 765 Djúpivogur
이메일_ berunes@hostel.is
전화번호_ (354) 478-8988 / (354) 869-7227

호텔 프람티드
Hótel Framtíð

호텔과 아파트, 게스트하우스까지 같이 있는 매우 큰 숙박시설과 레스토랑을 가지고 있다. 맛있는 생선요리과 커피맛도 수준급이다.

주소_ Vogaland 4, Djúpivogur, Iceland, 765
홈페이지_ www.hotelframtid.com
이메일_ framtid@simnet.is
전화번호_ (354) 478-8887

스테이나사픈 페트루
STEINASAFN PETRU

1974년에 "페르라"라는 여성이 동부 아이슬란드의 스토드바르 피요르에서 모아온 돌과 미네랄들을 전시하여 지금에 이르고 있다. 미네랄 박물관으로 에이일스타디르를 가기 위해 듀피보구르에서 피요르를 2번 넘어가면 스토드바르 피요르를 찾을 수 있다.
듀피보구르에서 피요르를 2개 넘어갈 때 2시간 이상이 소요되는데 중간에 한번 스토드바르 피요르에서 쉬었다가 운전을 하는 것이 좋다. 미네랄박물관은 매우 아기자기한 박물관으로 개인이 운영하고 있다.

홈페이지_ www.petrasveins@simnet.is
영업시간_ 09:00~18:00
입장료_ 1,000kr

에이일스타디르
Egilsstaðir

동부에서 가장 큰 도시로 인구는 약 2,300명 정도이다. 무엇을 타고 도착하든

간에, 모든 여행자들은 에이일스타디르 Egilsstaðir을 오리엔테이션 포인트로 이용한다. 이 마을이 만들어진 지는 70년이 채 되지 않았으며, 딱히 마을 중심가라고 말할 만한 곳이 없다.

따라서 많은 사람들이 이곳에 오래 머무르기 보다는 경유지로 잠깐 들렀다 간다. 이 지역의 많은 작은 마을들이 그렇듯이 에이일스타디르의 사회 · 경제 생활 역시 N1 주유소를 중심으로 돌아가는 듯하다. 주유소 옆에 캠핑장, 관광안내소, 대형 슈퍼마켓이 있다. 또한 시설이 꽤 괜찮은 호텔들이 있어 이곳을 바탕으로 여행하면 편리하다.

자매 마을인 펠라바르 Fellabær(인구 400명)은 301m 길이의 다리를 가로질러 놓여 있어 더욱 그림 같은 풍경을 자랑한다. 스키팔라쿠르 Skipalækur 농장 호숫가의 오두막에서 하룻밤을 지내보는 것도 괜찮은데 미리 예약하는 것이 좋다.

중간에 96번과 95번도로를 만나는 지점에 터널이 있어서 터널을 지나가면 포장도로를 따라 에이일스타디르로 이동할 수 있다.(비포장도로는 955번도로를 이용하면 된다.)

항공

매일 레이캬비크에서 에이일스타디르로 아이슬란드 에어에서 최대 4회 항공편이 운항한다.

버스

버스가 에이일스타디르의 관광안내소 옆에 정차하여 대중교통의 대부분은 버스를 이용한다. 북부지방인 아쿠레이리 – 미바튼 – 에이일스타디르로 버스가 이동하거나 호픈에서 에이일스타디르로 버스가 운항한다.

편의시설은 중앙 교차로시섬에 모두 몰려 있어 관광으로 2시간 정도면 둘러볼 수 있다. 관광안내소도 중앙 교차로에 있다.

에이일스타디르에서 세이디스피요르 버스

6월 중순~8월 사이에 아우르란드 Austurlands (472-1515, 852-9250) 버스가 월, 화, 금요일에는 하루 2회, 수, 목요일은 하루 3회 운행한다. 매년 시간이 바뀌기 때문에 관광안내소에서 물어봐야 한다.

위치_ Midvangur 123 **홈페이지_** www.east.is
운영시간_ 09:00~17:00 **전화번호_** 471-2320

카페 니엘센 Cafe Nielsen

서 장을 보고 이동해야 세이디스피요르에서 숙박을 하기에 편하다. 또한 마트옆에는 버스터미널과 휴게소와 주유소가 있어 필요한 물품과 기름을 넣고 이동하기에 좋은 장소이다.

버거부터 지역 특산음식인 순록 요리를 먹을 수 있는 카페이다. 이 건물은 에이일스타디르에서 가장 오래되었다.

위치_ Tjarnarbraut 1
식사비_ 점심 1,500kr, 저녁 2,000~4,000kr
운영시간_ 월~목 11:30~23:30, 금 02:00까지,
　　　　　토 13:00~02:00, 일 23:30까지
전화번호_ 471-2626

네토 Netto / 보니스 마트 BONUS

에이일스타디르 입구에 네토와 보니스마트가 있다. 세이디스피요르에는 큰 마트가 없기 때문에 에이일스타디르에

호텔 에다 Hotel Edda

수영장 맞은편 학교에 위치한다. 방마다 욕실이 있고 레스토랑도 있다.

운영기간_ 6~8월 중순
숙박비_ 14,600/18,300kr
전화번호_ 444-4000

기스티헤이밀리드 에이일스타디르 게스트하우스
Gistiheimilid Egilsstadir

농장의 이름을 따서 만들어져 부르기가 힘들다. 교차로에서 서쪽으로 300m 지점의 라가르플리오트 둑에 자리하고 있다. 아침과 저녁식사를 먹을 수 있고 호숫가의 전망이 좋다. 가격이 비싼 게스트하우스지만 머룰만하다.

홈페이지_ www.egilsstadir.com
운영기간_ 6~8월 중순
숙박비_ 19,900/25,900kr
전화번호_ 471-1114

캠핑장
Camping ground

작은 캠핑장이지만 주방, 세탁실, 인터넷 등의 시설이 잘 갖추어져 있다.

위치_ Kaupvangur 10
홈페이지_ tjaldstaedid@egilsstadir.is
운영기간_ 6월-9월 중순
숙박비_ 1,000kr 침낭도 빌려준다.
전화번호_ 470-0750

세이디스피요르
Seyðisfjörður

93번 도로 동쪽에 위치한 세이디스피요르Seyðisfjörður 항구는 유럽 본토에서 온 페리가 정박하는 곳이며, 가파른 산으로 둘러싸여 있다. 예쁜 집들, 눈 덮인 산과 폭포의 물줄기가 여행자들을 오랫동안 머무르게 하는 여행지로 만든다. 인구는 700명의 작은 마을이지만 동부에서는 2번째로 큰 도시로 에이일스타디르Egilsstaðir와는 다르게, 세이디스피요르는 컬러풀한 목조 가옥들과 친절한 주민들로 인하여 개성이 넘치는 곳이다. 목조 가옥들은 1930년대에 노르웨이에서 이미 만들어진 상태로 들어온 것이다.

세이디스피요르에 줄지어 있는 톱날 같고, 꼭대기가 눈으로 덮인 산들은 숨이 멎을 풍경으로 유럽 본토나 페로 제도에서

페리를 타고 온 여행객들을 맞이한다. 이곳의 거대한 항구로 스미릴 라인Smyril Line 사 소유의 노뢰나Norröna 페리가 드나들고, 이 페리는 4월부터 10월 말까지 운영되며 세이디스피요르와 페로 제도, 덴마크 사이를 각각 연결한다. 터미널 안에는 카페와 관광 안내소가 있다. 세이디스피외르뒤르 주민들 대부분은 어업에 종사한다.

매년 가을에 피요르 근처 얕은 바닷가로 몰려오는 청어 떼는 여전히 수산물 가공 공장이 대량으로 돌아가게 하는 원인이다. 성수기에는 매주 목요일마다, 비수기에는 매주 화요일마다 들어오는 페리가 이곳을 활기차게 만든다.

블루처치교회
Blue Church

산기슭을 따라 20분 걸어 올라가면 트비손구르Tvísöngur라는 조각이 있는데, 독일 예술가 루카스 쿠흐네Lukas Kühne이 부지에 맞게 설계한 것으로, 고대 핌문다르손

구르fimmundarsöngur 혹은 트비손구르 Tvísöngur 2중 창법에서 영감을 받았으며 바이킹 시대까지 거슬러 올라가는 것으로 알려진다. 동부가 청어잡이 어업마을로 유명할 때 지어진 건물이다. 매주 수요일 저녁(7월 중순~8월 중순)에 세이디스피요르 교회에서 클래식과 재즈 콘서트 등 다양한 음악 공연이 열린다.

홈페이지_ www.blaakirkjan.is
운영시간_ 7~8월 중순 ~20:30
입장료_ 1,500~2,000kr

관광안내소

홈페이지_ www.visitseydisfjordur.com
운영시간_ 7~8월 중순 : ~20:30
입장료_ 여름 월~금 09:00~12:00 &01:00~17:00,
나머지 기간 화~수만 운영
위치_ 페리터미널 안

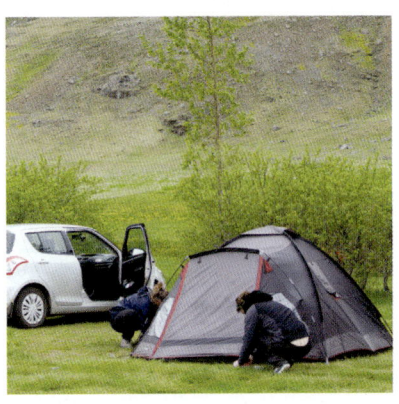

EATING

삼카우프 스트라스 마트

위치_ Samkaup–Strax; Vesturvegur 1
운영시간_ 월~금 09:00~18:00,
토 11:00~16:00, 일 휴무

홈페이지_ ferdamenning@ sfk.is
운영시간_ 5~9월 중순
위치_ Ranargata 교회옆
숙박비_ 1,000kr 침낭 대여 가능
전화번호_ 472– 1521

SLEEPING

캠핑장
Camping ground

작지만 있을 것은 다 있는 좋은 캠핑장으로 울타리와 피크닉 벤치, 휴게소, 샤워시설과 세탁실도 있고 인터넷접속도 할 수 있다.

보르가피요르
Borgarfjörður

보르가피요르Borgarfjörður는 유명한 아티스트 요하네스 캬르발Jóhannes Kjarval이 태어난 곳으로, 그의 그림으로 인해 유명해졌다. 한 평론가는 그가 아이슬란드 사람들로 하여금 아름다운 풍경을 경험할 수 있도록 해주었다고 말했다.

마을 바로 밖에 있는 메인 도로에서 이 예술가를 위한 기념비를 볼 수 있으며, 마을 문화 회관에 그를 위한 작은 전시장이 있다. 교회 길 건너편에는 아직까지 사람이 살고 있는 잔디로 된 집이 있고, 해변 쪽을 향하여, 알파소르그Álfaborg("elf hill")라 불리는 돌로 된 작은 언덕이 있는데 이곳에는 과거 범죄자들이 숨었던 곳이다.

헹기포스
Hengifoss

에이일스타디르에서 약 2시간 정도가 소요되지만 처음 헹기포스로 이동한다면 2시간 30분 이상의 시간은 여유롭게 두어야 당황하지 않는다. 가끔 너무 촉박한 여행일정에 헹기포스를 찾으려는 관광객들은 포기하는 것이 좋다. 하지만 120m의 높이에서 떨어지는 폭포는 압권이다.

파스크루드스 피요르
Faskrudsfjörður

동부 피요르는 1번 도로를 따라가면 비포장도로를 만나게 되어 비포장도로를 만나지 않으려면 듀피보구르에서 피요르를 3번 타고 이동해야 하는데 피요르를 운전하는 것은 쉽지 않다.
파스크루드스 피요르를 통과하면 터널을 통과해 에이일스타디르를 향해 올라갈 수 있다. 작은 마을로 볼만한 풍경은 별로 없지만 운전이 피곤할 때 이곳에는 쉴만한 좋은 카페가 있다.

카페 수마르리나
Cafe Sumarlina

관광객들이 동부 피요르를 지날 때 대부분은 쉬었다가 가는 카페로 인기가 좋다. 규모는 작지만 아이슬란드만의 분위기를 가지고 있는 카페이다.
특히 커피와 생선요리가 유명하다. 여름에만 주로 운영하고 09:00~20:00까지 운영하고 있다.

보르가피요르 에스트리
Borgarfjörður Eystri

94번 도로를 따라 '박가게르디Bakkagerði' 라고도 알려져 있는 보르가피요르-에스트리Borgarfjörður-Eystri까지 가보는 것을 추천한다. 이 도로는 에이다르Eiðar를 지나 넓은 늪지대로 이어진 전 지역이 산들에 의해 둘러싸여 있고, 조류들로 가득한 광경을 볼 수 있다. 동쪽의 황토색 산맥은 산성 형태의 유문암으로부터 만들어졌다. 재스퍼jasper와 마노agate조각들과 함께 이 유문암은 빛나는 장신구로 만들어져 마을 북쪽 끝에 있는 알파카페Álfacafé에서 판매되고 있다. (5월 말~9월 말 매일 11:00~20:00)

후세이
Húsey

에이일스타디르Egilsstaðir 북쪽에 있는 또 다른 길인 925번 도로는 후세이Húsey로 이어진다. 후세이Húsey 농장은 멀리 떨어져 있지만 평안함으로 유명하다. 요쿨사 아 달Jökulsá á Dal강 서쪽 평지대에 있는 화려하게 칠해진 건물들은 1930년대에 지어졌다. 이곳에는 아직까지 말들이 길러지고 있어 방문객들은 짧고 긴 트레킹들을 통하여 동물에 대해 더 잘 알 수 있는 기회를 가질 수 있다. 낮은 산·황야지대에 나는 야생화와 보라색·분홍색·흰색의 꽃이 피어있는 아름다운 풍경을 볼 수 있다. 많은 여행자들이 후세이의 평화로움에 매혹되어 계획했던 것 보다 훨씬 더 오래 머무르는 경우가 많다.

호스텔들은 간소하고 안락하지만 인근에는 아무것도 없으므로 먹을 것을 챙겨가는 것이 좋을 것이다. 밤에 침대에 누워 황량한 바람소리를 들으면 아이슬란드인들의 고립된 거친 환경에서 생존을 위해 살아온 환경을 느껴볼 수 있다. 후세이 내륙에는 바트나요쿠들 만년설에서부터 미바튼 호수로 가는 도중에, 중앙 사막에 이르기 전까지 150㎞를, 링로드부터 요쿨사 아 달Jökulsá á Dal 강을 따라 나 있다.

아이슬란드의 외계행성같은 초현실적인 관광지 BEST 5

1. 누구나 "화성, 외계행성같다" 라고 말하는 '레이흐뉴크르'

아이슬란드를 여행하면 누구나 이야기하는 문구는 "여기는 지구가 아닌 것 같다라는 말이다" 지구가 아닌 '우주'같은 초현실적인 화성의 어디쯤에 덩그러니 놓여 있는 느낌이 드는 곳이 북부의 크라플라지대에 있는 레이흐뉴크르Leirhnukur이다. 땅은 바위처럼 부서져 평지처럼 걸을 수 없고 여기저기에서 김이 올라오고 있어 영락없는 화성이다. 여름에도 눈과 흙이 뒤섞여 있어 제대로 걷기가 힘들어 살벌한 미지의 느낌이다. 태초의 행성이 태어났다면 당연 레이흐뉴크르를 떠올릴 것이다.

2. 인터스텔라의 얼음행성 '스비나펠스요쿨'

아이슬란드 남부에 있는 바트나요쿨 국립공원. 인터스텔라 영화를 보고 맷 데이먼이 있는 얼음행성으로 나오는 장소가 이질적이라 CG라고 알고 있을 수도 있다. 이곳이 실제로 있는 '스비나펠스요쿨'이다. 아이슬란드는 화산지대이기 때문에 빙하에도 검은색으로 보이는 화산재가 빙하에 섞여 있다. 여름보다는 어디를 봐도 눈으로 둘러싸인 추운 겨울이 인터스텔라와 같은 분위기를 연출한다.

또한 빙하는 온도가 낮아지면 낮아질수록 푸른색을 띠기 때문에 추운 겨울이 더욱 신비롭다. 인터스텔라의 상영이후에 아이슬란드 여행에서 반드시 '트레킹'으로 해야하는 투어가 되었다. 직접 우주를 밟아보는 느낌은 안전하게 가이드가 동반해야 한다. 가이드 없이 빙하위를 올라가면 우주의 미아처럼 실종될 수도 있으니 조심해야 한다.

3. 흑백의 폭포, 영화 프로메테우스의 '데티포스'

'흑빛의 폭포', 믿기지 않지만, 영화 프로메테우스의 몽환적인 오프닝 장면을 찍은 데티포스는 북부 지방에 있다. 흑색을 띤 이유는 화산재가 섞여 있는 빙하가 녹으면서 폭포가 흑갈색을 표출하며 지구같지 않은 분위기를 연출한다.
데티포스는 864과 862번도로를 따라 볼 수 있지만 864번 비포장도로를 따라 들어가야 영화 프로메테우스와 같은 장면을 볼 수 있다.

4. 블루라군

블루라군은 온천으로 세계에서 가장 유명한 노천온천중의 하나이다. 블루라군이라는 입구의 간판을 나면 검은 바위가 부서져 있어 색다른 분위기를 연출한다. 블루라군으로 바로 들어가지말고 왼쪽으로 돌아가면 밀크 호수가 보인다. 블루라군은 스바르챙기 지열발전소에서 발전을 하고 남은 온천수에 들어가면 사해처럼 몸이 저절로 뜬다. 물의 색은 우윳빛을 띠는데 소금을 좋아하는 미생물들 때문이라고 한다.

5. 아이슬란드의 겨울 '오로라', 북부 '미바튼호수'

겨울 아이슬란드 여행은 뉴오로라를 보기 위해 방문하는 관광객이 대부분이다. 아이슬란드에서 오로라는 관광을 하다가 볼 수 있어 오로라만을 보기 위해 많은 시간을 기다릴 필요가 없어 매년 오로라 관광객은 늘어나고 있다. 오로라를 보기 위한 명소 중의 베스트는 단연 미바튼 호수이다.
마치 꿈결인 듯, 밤하늘의 은하수를 빼닮은 청보라빛 풍경. 몽롱함과 기시감은 그저 탄성만 자아낼 수밖에 없다. 게다가 미바튼 호수에서 오로라가 나타나면 황량함과 함께 우주의 공간 어딘가에 있는 듯한 환상적인 기분으로 빠져들기 때문에 미바튼에서 오로라를 보라고 권하고 싶다.

Iceland
North

아이슬란드 북부

Akureyri

아쿠레이리

Móðusse

Beyk11

Reynil

Bjarkart

Grenllu

Hörpul

Hlndertun

Höllateigur

Myravegur

Myravagur

Melateigur

Hringteigur

Mólalgur

Mosat

Sunnutröö

Myrantun

Vallartún

Skálátún

Vóróutún

Stallatún

tún

Stekkjar

Höfðegata

Lækjargata

Tjamartún

Miðhúsabraut

Graveyard

스케이트장

6

4 논나후스 박물관

산업 박물관

3

2

15

1

아쿠레이리 공항

모터사이클 박물관

Skógartundur

Tjarrartundur

Hlíðatundur

Þingvallastræti

Þartundur

Halðartundur

Myravegur

Engimýrt

Viðimýrt

Lanfamýrt

Norður

Byggðavegur

Hamar

Asvegur

Asbyggð

Goðabyggð

Altabyggð

Varaby

Græntmýrt

Rauðamýrt

22

Norðursíðð

Borgarbraut

Hvannsh

Bandagerði

Drangsh

Íborganh

12

글레라선드라우그 수영장

Háhlíð

Áshlíð

Höfðahlíð

Borgarbraut

Kringju

Myn

Hrafnabjörg

Kletsborg

netto

Ódyrt fyrir hoimat

너토

18

Glerártorg

Ausyurb

Hratnagilsstræti

13

11

Botanical
Gardans

Laugarg

Möðruvallast

Eyranandsvegur

Barðstún

10

Theatre   8

5

Löggrigg

Hlt

Hlíðargötu

케아호텔

Oddeyrargata

Oddagata

Bjarmast

9

16   서점

20

Skipag

19   21

Glerárgata

Lundarg

Norðurg

Háleitr

Laxagata

Lagata

Fríborg

Eiðsvalla

Grænm

Solvellir

Grenivellir

7

23   호프

AKUREYRI

아쿠레이리의 랜드마크인 하얀 아쿠레이라키르캬 교회가 아쿠레이리에 온 관광객들을 가장 먼저 환영해 준다. 교회 안 순백의 하얀 색상이 서유럽도시들의 교회와는 다른 분위기를 연출한다. 소박하고 편안한 느낌을 전해 주는 교회는 아쿠레이리의 오랜 역사와 함께 외관이 조금씩 바뀌어왔다. 마을 가장 높은 곳에 자리잡아 온 마을이 한 눈에 내려다 보이는데, 교회에서 바라보는 동네는 평화롭기만 하다.

아쿠레이라키르캬 교회에 들르고 난 후 아름다운 카페에 앉아 도시를 둘러보면서 여유를 즐긴다면 여행의 여독을 풀기에 좋다. 거리를 걷다보면 바이킹의 나라답게 커다란 곰도 만나고, 북유럽 토르도 만날 수 있다. 작고 아담한 아쿠레이리를 걷다보면 이 작은 도시의 매력에 빠져나오기가 힘들어질 수도 있다.

아이슬란드의 인구는 약 33만 명(331,918 명, 2016년 4월 기준)정도로 적은 인구이다. 생각하기에 쉽게 비교를 하자면 서울시 한 개의 동 정도의 인구가 약 30만 명이 넘으니 서울 한 개의 동보다도 적은 인구이다.

아이슬란드 제2의 도시라고 하는 아쿠레이리Akureyri의 인구도 18,900명 정도이다. 작은 도시이기 때문에 버스는 1번 버스노선 하나만 운행을 하고 있다. 버스를 탈 일은 많지 않지만 렌트를 하지 않고 아쿠레이리를 둘러보며 보니스같은 마트를 가기 위해서는 버스를 타고 이동해야 하기 때문에 알고 있어야 한다.

레이캬비크에서 6시간 정도를 지나면 북부의 제2의 도시인 아쿠레이리로 이동할 수 있다. 하지만 대부분의 아이슬란드를 일주하는 아이슬란드 관광객들은 동남부와 동부를 지나 아쿠레이리로 이동하게 되어 고다포스를 지나면 아쿠레이리로 도착할 수 있다. 아쿠레이리는 바다의 움푹 들어가 있는 만에 위치하여, 위에서는 바다와 산이 보인다.

항공

아이슬란드 에어(www.Icelandair.is)에서 여름에만 레이캬비크와 아쿠레이리를 왕복하는 노선을 운영하고 있다.

> ▶ 홈페이지 : www.airiceland.is
> ▶ 항공료 : 15,000kr
> ▶ 소요시간 : 45분 정도
> ▶ 전화번호 : 570-3030
> ▶ 운영 : 여름에 최소 매일 7번 정도

버스

SBA에서 레이캬비크와 아쿠레이리로 오가는 버스노선을 운영하고 있다.

아쿠레이리까지 운행하는 버스는 주로 SBA-노르뒤를레이드Nordurleid에서 중앙버스터미널을 통해 운행하고 있다. SBA-노르뒤를레이드에서는 레이캬비크와 아쿠레이리에서 아침 8시에 출발하고 있다.

렌트

아이슬란드에서 2번째로 큰 도시이다. 레이캬비크에서 차로 1번도로를 따라 가면 5~6시간 정도 지난 후에 도착할 수 있다. 도시 내부를 볼 때는 숙소에 렌트카를 주차하고 보는 것이 좋다.

렌트카로 이동할 때 그라브록휴게소에서 쉬었다가 아쿠레이리로 이동하면 힘들지 않게 도착할 수 있다. 보통은 차량 렌트로 남부에서 동부를 지나 아쿠레이리로 가기 때문에 미바튼에서 1번도로를 따라가면 도착할 수 있다.

아쿠레이라키르캬 교회
Akureyrakirkja

이 교회를 보면 레이캬비크의 할그림스키르캬 교회를 떠올리게 된다. 그럴 수 밖에 없는게 같은 건축가 사무엘손Gudjon Samuelsson이 설계했기 때문이다. 여름에만 입장이 가능하여 입장시간이 자주 바뀌기 때문에 낮시간에 가는 것이 헛걸음을 안 하는 방법이다.
할그림스키르캬 교회처럼 360도방향으로 다양한 교회의 모습을 가지고 있다. 내부의 스테인드글라스는 예수의 12제자를 장식해 놓았다.

홈페이지_ www.sba.is
버스비_ 10,000~12,000kr
소요시간_ 6시간 정도
운영_ 연중 최소 1회이상
전화_ 550-0700

아쿠레이리 박물관
Akureyri Museum

이곳에는 정착 시대를 비롯해 다양하고 흥미로운 역사 유물이 전시되어 있다. 밖에 있는 조용한 정원은 19세기 아이슬란드에서 유행했던 양식을 보여 준다.

홈페이지_ www.akmus.is
요금_ 일반 600kr, 학생무료
위치_ Adalstraeti 58
운영_ 6~9월 중순 10:00~17:00
　　　　9월 중순~5월 토 14:00~16:00

논나후스 박물관
Nonnahus Museum

아이슬란드의 유명한 아동문학작가인 욘 스베인손Jon Sveinsson은 아쿠레이리에서 어린 시절을 보냈기 때문에, 그의 책에 나오는 이야기에는 아쿠레이리의 느낌이 묻어 나온다. 욘 스베인손이 어린 시절을 보낸 집을 개조한 박물관이다.

리스티가르뒤르
아쿠레이라르 정원 식물원
Lystigardur Akureyrar

세계에서 가장 북쪽에 있는 식물원으로 아쿠레이리 시민들이 자주 아이들과 즐기는 식물원이다. 1912년 문을 열었고 가장 많은 아이슬란드 자생종식물이 서식한다.

홈페이지_ www.lystigardur.akureyri.is
요금_ 무료
운영_ 월~금 08:00~22:00
　　　　6~9월 토~일 09:00~22:00

선드라우그 아큐레이라르
수영장 Sundlaug Akureyrarr

아쿠레이리 시내에 위치한 유일한 수영
장이다. 수영장뿐만 아니라 온천, 사우나,
워터 슬라이드도 이용할 수 있다.

위치_ bingvallastraeti 21
요금_ 성인 500kr, 16세 이하 무료 / 사우나 650kr
운영_ 월~금 07:00~21:00
　　　토~일 08:00~18:30

호프 문화센터
Hof Cultural and Conference Center

외관의 유리가 주상절리를 형상화한 돌들과 어우러져 세련된 느낌의 호프 문화센터는 레이캬비크의 하르파 콘서트홀과 비슷한 역할을 아이슬란드 제2의 도시인 아쿠레이리에서 한다.

내부는 날씨가 좋으면 햇살이 따뜻하여 브런치를 먹기에도 좋은 장소이다. 각종 문화생활을 하도록 공연을 소개하고 있다. 관광객에게는 아쿠레이리 전체의 풍경을 보고 싶을 때에 찾아와 사진을 찍을 수 있는 장소이다.

아쿠레이리 캠핑장
Akureyri camping ground

함라르 캠핑장

최신 시설을 갖춘 대규모 캠핑장으로 산이 보여 인기가 많다. 주방과 세탁실이 있다.

운영_ 5월 중순~9월 중순
이메일_ hamrar@hamrar.is
전화_ 461-2264
1박비용_ 1000kr

센트럴 캠핑장

시내가 가깝고 수영장, 슈퍼마켓이 근처에 있어 가족 여행객들에게 인기가 많다. 주방과 세탁실이 있다.

운영_ 6월 초~8월
이메일_ hamrar@hamrar.is
전화_ 462-3379
1박비용_ 1000kr

EATING

스트리키드 Strikid

2016년 초에 새롭게 리모델링을 하여 더욱 현대적인 인테리어를 가지게 되었다. 5층에 있는 그릴 레스토랑으로 아쿠레이리에서 가장 맛있는 음식으로 정평이 나 있다. 비싼 가격이지만 비싼 값을 하는 레스토랑이다.
또한 창문으로 피오르드 경치를 보면서 먹는 음식은 더욱 맛좋게 만들어주는 분위기를 연출한다. 피자, 버거뿐만 아니라 송어, 꿀을 발라 구운 돼지고기, 해산물을 아이슬란드 정통 맥주인 칼디Kaldi 맥주와 함께 먹어보자.

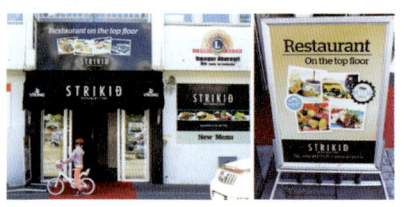

위치_ Skipagata 14
요금_ 메인요리 2,500~5,500kr
전화_ 462-7100
홈페이지_ www.strikid.is

바우틴 Bautinn

밤 12시까지 문을 여는 대중적인 레스토랑으로 아쿠레이리에서는 저렴한 가격과 점심시간의 샐러드 바Bar가 인기가 높다.

어두운 내부 디자인이 겨울의 마음을 우울하게 할 수도 있지만 피자, 샐러드, 고래 고기가 가장 인기 있는 요리이다.

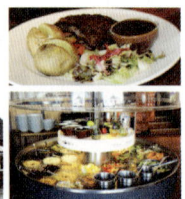

위치_ Hafnarstraeti 92
요금_ 메인요리 1,600~3,800kr
전화_ 462-1818

루브 23 Rub23

아쿠레이리 시민들에게 가장 인기있는 고급 레스토랑으로 알려져 있지만 스시가 유럽에서는 고급 음식으로 인식된 것도 한몫했다. 생선이나 스테이크의 메인 요리에 11개의 양념 소스를 고르고, 스시 메뉴도 따로 주문한다. 주방장의 추천 메뉴를 주문하는 것도 좋은 방법이지만 큰 기대는 금물, 우리나라에서도 먹을 수 있던 맛이어서 아쉬웠다.

위치_ Kaupvangsstraeti 6
전화_ 462-2223
요금_ 메인요리 저녁 3,700~5,000kr
홈페이지_ www.rub.is

블라 칸난 카페 Blaa Kannan Cafe

나무로 꾸민 인테리어와 알록달록한 테이블이 있고 아침시간 노닥거리기에 좋은 곳이다. 여름에는 대로에 테이블을 내놓는다. 점심 스페셜(커피, 수프, 샐러드, 메인요리)이 맛도 좋고 가격도 저렴해 많이 찾는다. 가끔 채식 요리도 나온다.

위치_ Hafnarstraeti 96
Open_ 여름 08:30~23:30, 겨울 단축운영

리스트로란테 이탈리아노
Ristrorante Italiano

아쿠레이리에서 이탈리아 피자만을 전문으로 하는 피자집으로 유럽인들이 많이 찾는 레스토랑이다. 우리나라 관광객이 많이 찾는 곳은 아니다.

위치_ Hafnarstraeti 108
Open_ 월~금 08:00~17:30, 토 10:00~17:00

피쉬 & 칩스
Fish & Chips

 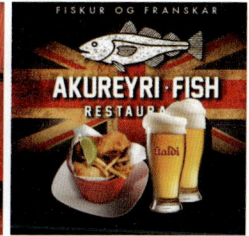

레이캬비크에 있는 아이슬란딕 피시&칩스Icelandic Fish & Chips에서 2015년, 아쿠레이리에 지점을 열었다. 젊은 여행자들을 위한 여행자 센터 맞은 편에 전통적 유기농 재료를 반죽에 밀과 설탕을 쓰지 않고, 튀기기 보다는 구운 감자에 가깝게 만들어 내는 음식은 신선함 그 자체이다. 아쿠레이리 주차장을 찾으면 바로 앞에 있으니 찾기는 힘들지 않을 것이다. 메인 거리인 하프나스트레티Hafnarstraeti에서는 떨어져 있지만 그 거리는 100m도 안 되는 짧은 거리이다. 젊은 감각의 피쉬 & 칩스는 영국인들도 맛이 좋다고 했으니 인정할 만하다.

위치_ Skipagata 12
전화_ 414-6050
홈페이지_ www.reykjavikfish.is

SLEEPING

아쿠레이리 시내는 숙소가 많이 부족하였지만 개인이 관광객에게 대여하는 아파트가 많이 생겨나면서 숙소문제를 해결하게 되었다. 가족단위의 여행객들은 현지인의 분위기인 아파트를 더 선호한다.

아이슬란드에어
Icelandair Hótel Akureyri

2011년 오픈한 아이슬란드에어 호텔은 최신 시설을 자랑한다. 밝은 분위기의 스타일리쉬한 방들이며 12개의 방이 있다. 아쿠레이리에서 겨울 스키를 타려는 관광객을 위해 스키 보관소와 정원, 식당이 있다.

위치_ Þingvallastræti 23, 600 Akureyri
요금_ 싱글 22,000kr~ / 더블 28,400kr~
전화_ 518-1000
홈페이지_ www.icelandairhotels.com

케아 호텔
Kea Hotel

1944년에 아쿠레이리의 최고급 호텔로 지어진 호텔로 위치도 최상이다. 4성급 호텔이지만 오래된 건물은 구식이다. 5개의 최고급 객실에는 피오르가 보이는 발코니가 있다.

노루두르란드 호텔
Nordurland Hotel

케아 호텔의 자매 호텔로 케아호텔보다 등급이 낮은 호텔이지만 최근에 문을 연 호텔이라 시설은 케아호텔보다 최신시설이다. 42개의 객실과 모던한 분위기로 위치는 중심부에서 벗어나 있지만, 2분 거리라 멀지 않다. 겨울에는 30%이상 할인된 가격으로 숙박이 가능하다.

위치_ Eyrarlandsvegur 28
요금_ 싱글 15,600kr~
　　　　더블 19,600kr~
전화_ 462-2600
홈페이지_ www.hoteledda.is

흐라프닌
Hrafninn

'까마귀'라는 뜻의 흐라프닌은 고급스러운 대저택에 있어 항상 예약이 어렵다. 위치가 좋고 모든 객실에 욕실이 딸려 있는 시설은 호텔보다 더 좋다. 가격에는 아침이 포함되어 있으며, 주인은 매우 친절하다. 최근 리모델링해 가구와 마루가 모던하고 고급스럽다.

위치_ Brekkugötu 4 - 600 Akureyri
요금_ 싱글 11,700kr~ / 더블 16,200kr~
전화_ 462-2600
홈페이지_ www.hrafninn.is

컬라 비들란 게스트하우스
Gula Villan Guesthouse

가족 여행객에게 인기 있는 게스트하우스로 객실이 밝은 분위기이다. 수영장 맞은편에 주인이 운영하는 또 다른 게스트하우스가 있어 여름에는 노란색 건물로 숙소가 바뀔 수도 있다. 주방이 있고, 4인 이상은 아침식사를 주문해서 먹을 수 있다.(1인당 1,500kr)

위치_ Brek-kugata 8
요금_ 싱글 6,500kr~ / 더블 9,800kr~
전화_ 896-8464 **홈페이지_** www.gulavillan.is

스토르홀트 HI 호스텔
Storholt Hi Hostel

깨끗한 호스텔로 편안한 거실과 두 개의 큰 주방이 있다. 여름에 즐길 수 있는 데도 있다. 휴양 별장 건물이 두 곳에 있는데 하나는 3인용이고 다른 하나는 8인용이다.

위치_ Storholt 1
요금_ 3인용 11,000kr~ / 8인용 31,000kr~
전화_ 462-3657
홈페이지_ www.hostel.is

아쿠레이리 호텔
Storholt Hi Hostel

19개의 객실이 있는 저렴한 호텔로, 주방시설을 갖춘 호텔이다. 작지만 깨끗하고 아침 식사를 하는 룸에서는 하프나르스트라이티 중심거리가 보인다.

위치_ Hafnarstraeti 104
요금_ 싱글 12,400kr~ / 더블 16,500kr~
전화_ 462- 5600
홈페이지_ www.hotelakureyri.is

아쿠레이리 백페커스
Akurairi Backpackers

마을 중심부에 있는 게스트하우스로 주차장도 갖추고 있다. 작은 사이즈의 방이지만 밝은 분위기이다. 공용 욕실을 사용하면서 부엌은 밤 9시까지만 이용이 가능하다.

위치_ Brekkugata 27a, 600 Akureyri
전화_ 461-2500, 899-5259

아이슬란드의 북부, 아쿠레이리의 대표 투어

아직은 아쿠레이리를 하루정도 머무는 도시로만 생각하는 관광객이 많지만 아이슬란드에서 2번째로 큰 북부의 대표도시인 아쿠레이리는 여러 투어가 많다. 레이캬비크에 대표적인 관광지를 묶은 골든 서클(싱벨리어 국립공원, 게이시르, 굴포스)이 있다면, 아쿠레이리에는 다이아몬드 서클이 있다.

1. 다이아몬드 서클 투어 | Diamond Circle Tour / 28,000kr~

아쿠레이리에서 가장 유명한 투어로 6월부터 9월까지만 운영한다. 아이슬란드에서 가장 유명한 관광지라고 하는 아우스비르기, 요쿨사르글류포르, 데티포스, 미바튼 호수를 묶어서 다이아몬드 서클이라고 이름을 붙이고, 9시간 정도 투어를 진행한다. 오전 8시에 픽업하여 9시 정도에 출발한다. 북부의 아쿠레이리는 겨울에 눈이 많이 오는 날씨로 겨울에는 투어가 진행될 수 없어 낮의 길이가 긴 여름, 하루에 이용할 수 있다.

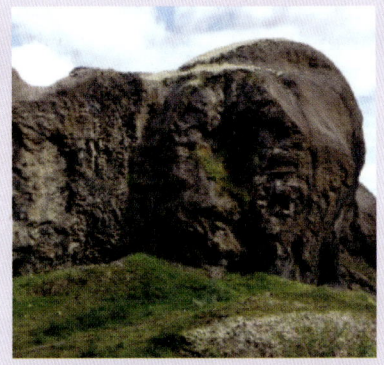

2. 미바튼 왕좌의 게임 테마 투어
| Myvatn, Mystery & Magic Tour / 22,000kr~

왕좌의 게임 드라마로 인해 탄생한 투어로 서양 관광객에게는 가장 인기가 높은 투어이다. 왕좌의 게임Game of Thrones의 촬영지를 가이드의 설명을 따라 보는 투어로 시즌1에 나온 존 스노우Jon Snow와 이그리트Ygritte의 발자국이 나오는 오프닝인 "장벽 너머의 땅Beyond The Wall"의 장면, 나이트 워치들에게 공격당한 겁에 질린 숲Haunted Forest, 존 스노우와 이그리트가 동굴에서 사랑을 나눈 동굴의 사랑Love Cave 등을 직접 볼 수 있지만 여름에는 드라마의

장면과 달라 실망하기가 쉽다. 겨울에는 드라마의 장면과 비슷해 더욱 몰입이 쉽게 된다.
고다포스를 둘러보고, 미바튼 네이쳐 바스 온천(입장료 포함)에서 여행의 피로를 풀고 아쿠레이리로 돌아온다. 오전 9시에 출발해 약 7시간 이상 소요된다.

3. 미바튼 호수 투어 | Lake Myvatn Tour / 18,000kr~

북부지역의 대표적인 아름다운 호수 미바튼호수Lake Myvatn를 보면서 고다포스와 미바튼 호수의 남쪽지역인 스쿠투스타다기가르Skútustsðagigar의 분화구, 크라플라지역의 크라플라 화산지대, 비티 등을 볼 수 있도록 진행되고 있다.
마지막으로 미바튼 네이쳐 바스에서 온천을 하고 나오면 끝이 난다. 겨울에는 밤에 눈을 맞으며 하는 색다른 온천욕 경험을 즐길 수 있다.

4. 터널 3 투어 - 시글로 투어 | he Three Tunnel Tour - Siglö / 19,000kr~

아이슬란드에서 피오르드 해안을 직접 경험해 볼 수 있는 지역이 동부와 서부피오르드만 있는 것은 아니다.
북부해안에서도 14세기. 청어잡이 시대에 시글리피오르드Siglufjorður를 볼 수 있는 투어로 터널이 뚫리면서 투어가 생겨났다. 구불구불한 해안 도로를 1시간 이상 지나가기 때문에 지루해질 수 있다.
7월에는 청어를 소금에 절이는 장면을 직접 볼 수 있으며 음악과 춤으로 마을은 축제의 분위기가 된다.

데티포스
Dettifoss

리들리 스콧 감독의 영화 '프로메테우스'
촬영지로 유명해진 이 폭포는 유럽에서
가장 큰 폭포이자 가장 강력한 물살을 자
랑하는 폭포이다. 흐베리르를 지나 1시간
30분 정도를 가면 도착한다. 동부의 에질
스타디르에서 가려면 2시간 정도를 가야
도착할 수 있다. 데티포스를 보러가는 길
은 비포장도로를 1시간 정도 가야 하기
때문에 차량상태를 한번 확인하는 것이
좋다.

힘들게 데티포스에 도착하면 장대한 폭
포가 눈앞에 펼쳐진다. 바람이 많이 불 때
는 물보라와 모래바람이 너무나 심해 카
메라가 상할 수도 있으니 조심해야 한다.
옆에는 데티포스에 비해 규모가 작은 셀
포스도 있다.

▶862번 도로 : 포장도로
▶864번 도로 : 비포장도로

셀포스
Selfoss

데티포스Dettifiss에서 상류로 800m를 걸어가면 셀포스Selfoss가 나온다. 셀포스는 고다포스와 비슷한 모양으로 높이는 10m

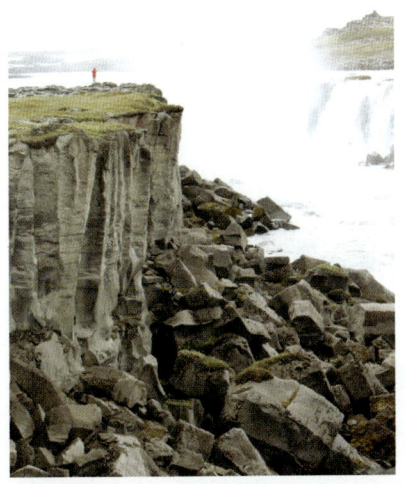

**남부의 셀포스(Selfoss)와
북부의 셀포스(Selfoss)의 차이**

아이슬란드를 처음으로 여행하는 여행자들이 혼동을 일으키는 것이 "셀포스Selfoss폭포는 어디에 있어요?"라는 질문이다. 레이캬비크에서 1번 링로드를 따라 남부로 가면 처음으로 도착하는 도시인 셀포스는 도시 지명이며 셀포스 폭포는 없다.

셀포스폭포는 북부의 데티포스 뒤의 위치한 셀포스가 바로 그곳이다. 가끔 남부지방으로 가서 폭포를 찾는 여행자들이 질문을 하는 경우가 있는데 착각하지 말고 데티포스에서 셀포스를 찾아가자.

로 높지 않지만 너비가 183m로 고다포스보다 넓다. 864번 비포장도로를 따라 들어가 데티포스를 보고 트레일코스로 연결되어 있어서 쉽게 접근이 가능하다.

셀포스를 보고 데티포스로 돌아오는 시간도 약 40분 이상은 소요된다. 862번 포장도로에서도 셀포스를 볼 수 있지만 멀리서 보기 때문에 셀포스를 보지 않고 돌아가는 경우가 대부분이다.

데티포스

고다포스

아우스비르기
Ásbyrgi

아이슬란드 북동쪽에서는 데티포스와 아우스비르기 협곡이 비포장의 864번도로나 862번 포장도로를 따라 가면 볼 수 있다. 데티포스를 보고 나서 마지막으로 내륙부에 있다. 다른 아이슬란드와는 확연하게 구분되는 지역으로, 864번도로를 따라 갈때는 4륜 차량으로 이동하는 것이 좋다. 겨울에는 864번도로는 패쇄되어 있어 862번도로만을 사용할 수 있으나 눈이 많이 오는 북부로 도로차단이 많으므로 확인하고 이동해야 한다.

오프로드 차량만이 길을 지날 수 있다. 또한 내륙부의 온도는 예고도 없이 아주 위험한 수준까지 곤두박질칠 수 있어서 조심해야 한다.

아우스비르기 협곡은 북유럽 신화중 최고의 신 오딘이 8개의 다리를 가진 말의 다리가 땅에 닿으며 생긴 자국이라는 전설이 전해지는 아우스비르기는 위에서 보면 말발굽 모양으로 생겼다. 거대한 로키산맥같은 느낌의 협곡은 협곡 가장자리로 가면 보츠트요른Botnstjorn호수까지 다가갈 수 있다. 캠핑장과 보츠트요른 사이에 튀어나온 에이얀Eyjan절벽이 압권이다.

요쿨사르글류푸르
Jökulsargljúfur

많은 관광객들이 데티포스만을 보고 다시 크라플라로 이동하는 루트가 대부분이기는 하지만 작년부터 요쿨사르글류푸르Jökulsargljúfur협곡을 직접 보러가는 관광객이 늘고 있다. 요쿨사르글류푸르캐년Cannon은 아이슬란드에서 2번째로 긴 강인 요쿨사 아 플룸Jökulsa á Fjollum이 만든 길이 24km, 폭 500m, 깊이 100m의 아이슬란드의 많은 협곡의 가장 크고 인상적인 풍경을 보여주면서 오랫동안 여행자들을 끌어들였다. 바트나요쿨Vatnajokull의 만년설에서 이어져 나온 옥사르피요르드Öxarfjörður까지 이어져 있다.

요쿨사르글류푸르Jökulsargljúfur 계곡은 물, 불, 얼음의 이동에 의해 형성되었다. 거대한 빙하 요쿨흘라웁스Jökulhlaups는 아우스비르기Ásbyrgi의 유명한 깊은 계곡과 바위 분지를 탄생시켰다.
강은 모든 화산 물질을 휩쓸고 흘료다클레타르Hljóðaklettar의 고대 화산의 핵심으로 화산물질이 지속적으로 강을 따라 이동한다. 요쿨사 아 플룸Jökulsa á Fjollum강

은 셀포스Selfoss, 데티포스Dettifoss, 하프라길스포스Hafragilsfoss, 레타르포스Réttarfoss의 강력한 폭포를 만들어냈다. 홀마퉁구르Hólmatungur지역은 대조적으로 식물들과 동물들이 절벽과 돌더미 언덕의 보호 아래 지낼 수 있었다.

트레킹

아이슬란드 남부에 란드만나라우가 트레킹이 있다면 묵부에는 아우스비르기에서 시작하는 요쿨사르글류푸르Jokulsargljufur 트레킹이 있다. 아우스비르기에서 데티포스까지 총 34km의 트레킹 코스가 아름답다. 1박 2일로 중간지점의 베스투르달루르Vesturdalur 캠핑장에서 하루를 쉬었다가 데티포스까지 가는 코스이다.

요쿨사르글류푸르 방문자 센터
아우스비르기Ásbyrgi로 온 관광객은 방문자 센터에서 먼저 문의해야 한다. 늦게 도착해 관광을 하려면 위험할 수도 있어 미리 인적 사항을 적어놔야 안전하다.
전화_ 470 7100
이메일_ asbyrgi@vjp.is

▶아우스비르기Ásbyrgi 캠핑장
　Open_ 5월 15일~9월 30일
▶베스투르달루르Vesturdalur 캠핑장
　Open_ 6월 7일~9월 15일

미바튼 네이처 바스
Myvatn Nature Baths

아쿠레이리에서 동쪽으로 15㎞ 떨어져 있는 온천으로 규모는 블루라군보다 작지만 경치가 좋아 북쪽의 블루라군이라 불리운다. 블루라군은 바닷물을 데워서 온천으로 사용하고 미바튼 네이처 바스는 담수를 온천물로 사용하는 것이 차이점이다.

크라플라 화산지대
Krafla volcanic area

1,700년대부터 300년간 화산활동이 이어진 칼테라지역인 크라플라 화산지대는 비티Viti, 흐바르Hvar, 흐베리르Hverir, 레이흐뉴크르Leirhnjukur를 다 합쳐서 일컫는 말이다.

크라플라 발전소
Krafla a geothermal power plant

흐베리르 인근엔 지열발전소가 있다. 아이슬란드는 전력의 대부분을 굵은 파이프를 이용하여 지열을 공급한다. 화석연

료를 대부분 사용하는 우리나라와 다른 친환경에너지를 사용하는 아이슬란드에서 에너지사용에 대한 새로운 개념도 얻게 되는 교육적 효과를 가지고 있다.

요상한 땅 흐베리르, 유황가스가 피어오르고 지열발전소에서도 새하얀 연기가 쉼없이 피어오르는 뒤에는 괴상한 산들이 지구 태초의 비현실적인 풍경을 자아내고 있다.

비티
Viti

크라플라 발전소 지역의 언덕을 넘어가면 언덕 위에 레이흐뉴쿠르 화산이 보이고 연기가 계속 피어오르고 있는 곳에 주차장이 있다. 여기가 비티 분화구이다.

레이흐뉴쿠르
Leirhnjukur

뜨거운 진흙 구멍으로 이루어진 레이흐뉴쿠르Leirhnjukur는 거친 태초의 옛날 지구의 모습을 보는 것 같기도 하고, 나무 한그루 없는 황량한 땅이 마치 화성에 들어간 것처럼느껴진다.

흘러 내리다만 용암의 흔적으로 남은 검은 빨강색이 마치 지옥같은 느낌이 들기도 하고 거칠게 유화로 그린 그림같기도 하다. 일단 사람들이 많은 곳으로 따라 가면 된다. 원시지구의 모습을 보는 것같아 거친 지구의 매력에 빠져들 것이다.

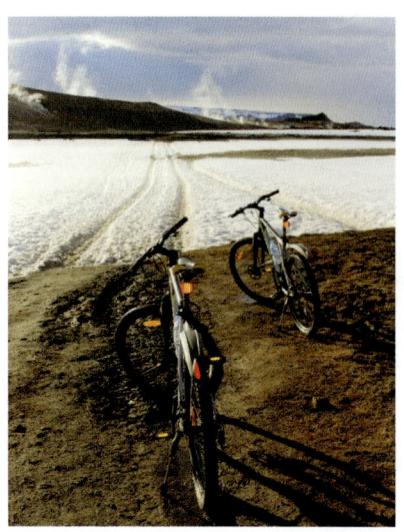

돌아다니다 보면 구멍들이 매우 많이 보인다. 구멍은 깊이가 백미터도 넘는다는데 보고 있노라면 바로 용암이 내 위로 분출할 것 같다. 땅은 원시 지구를 보는 느낌이라면 하늘은 따뜻한 햇살이 눈부시게 내리쬐고 있으면서 너무 파랗다.

방문자센터_ 월~금 13:00~17:00
　　　　　6~8월 토~일 18:00
버스운영시간_ 6월 18일~8월 말일까지 08:00~11:30
　　　　　관광안내소에서 크라플라(1,500kr)로
　　　　　출발

레이흐뉴쿠르 트레킹
Leirhnjukur

1. 레이흐뉴쿠르 표지판이 보이고 설명을 읽고 출입구를 지나 뜨거운 용암에 이끼가 낀 땅을 지나간다.

2. 이끼가 낀 지형이 끝나고 눈이 덮인 지형을 다시 지나가야 한다.

3. 눈 덮힌 땅이 끝나면 나무판으로 이어진 길과 계단이 나온다. 계단을 올라가면 전망대가 나온다. 중간중간에 무너진 나무길이 많아 조심해야 한다.

4. 나무길을 따라 약 40분 정도를 더 걸어가면 다시 전망대로 돌아온다.

5. 전망대에서 내려가 눈 덮힌 길을 돌아나오면 약 1시간 30분~2시간 정도 소요된다.

흐베리르
Hverir

차에서 내리면 코를 찌르는 유황냄새가 내리기 싫게 만들지만, 눈 앞에 펼쳐진 기이한 풍경이 궁금증을 만드는 장소이다. 증기와 진흙을 내뿜는 지열지대로 수많은 증기와 진흙이 끓고 있으며 땅은 거친 오렌지빛이 돌고 갈라진 틈에서는 수증기가 뿜어져 나온다.

시커먼 진흙물이 쉴새없이 올라오는 검은 샘이 신기하면서도 무섭다. 80~100도라고 주의 표시가 되어있는데 200도가 넘는 곳도 있다고 한다. 개방은 되어있지만 위험하기 때문에 정해진 길로만 다닐 수 있다.

이 곳을 다닐 때 또 유의할 점은 수많은 모기떼이다. 마치 벌에 쏘이지 않기 위해 쓰는 가리개 같은 것을 쓰는 사람들을 간혹 만나게 된다.

미바튼 호수
Lake Myvatn

호수 면적은 여의도 면적의 13배쯤 되는 3㎢로 매우 넓다. 자동차로도 30분~1시간 정도 돌아야하는 거리이기 때문에 관광안내소에서 자전거를 빌려 자전거를 이용해 호수를 둘러볼 수 있다.

Open_ 5~9월 10:00~22:00
전화_ 464-4270
요금_ 메인요리 1,700~3,500kr

보가 피오스 카우-셰드 카페
Voga fios Cow-Shed Cafe

레이캬흘리드Reykjahlíð에서 동쪽으로 2㎞ 떨어진 곳에 있는 아기자기한 귀여운 카페로 소의 젖을 짜는 모습을 구경할 수 있다. 낮에는 유기농 아이스크림을 주로 판매하고, 밤에는 송어와 양고기 요리를 판매한다. 아이슬란드적인 지열로 구운

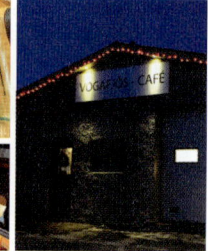

EATING

레이캬흘리드에는 먹을 만한 곳이 호텔 레스토랑과 감리 바이린 밖에 없다.

감리 바이린 Gamli Baerinn

레이캬흘리드에 간단한 햄버거와 스프를 파는 레스토랑이지만 밤에는 술집으로 변신한다.
햄버거와 커피, 케이크을 주로 판매하고, 밤에는 칩스, 라자니아 같은 간단한 식사를 판다. 미바튼 호수에서 가장 찾기 쉬운 레스토랑이라 자주 찾게 된다.

호밀빵인 '크베라브라우드hverabraud'를 먹어보는 체험도 할 수 있다.

주소_ Vogafjos
Open_ 5~10월 7:30~22:00
전화_ 464-4303
요금_ 약 3,500kr~
홈페이지_ www.voga.net

SLEEPING

레이니흘리드 & 레이캬흘리드
Reynihlíð Hótel & Reykjahlíð Hótel

미바튼 호수에서 가장 크고, 고급인 유명한 호텔로 여름에 숙박을 원한다면 2~3월에는 예약을 해야 할 정도로 인기가 있다. 가격은 매우 높지만 객실은 평범하다. 캠핑장과 붙어있는 레이캬흘리드Reykjahlíð Hótel도 같이 운영하는데 조금 더 낮은 가격의 호텔이다.

주소_ Reynihlíð, 660 Reykjahlíð
전화_ 464-4170
홈페이지_ www.reynihlid.is

뱌르그 캠핑장
Bjarg

미바튼 호수 옆에 잘 갖춰진 넓은 캠핑장에는 통나무집이 따로 있는데 이용가능하다.

전화_ 464-4240
이메일_ ferdabjarg@simnet.is

미바튼캠핑장
Myvatn

호수의 아름다운 경치를 보기 위해 미바튼 호수의 캠핑장을 이용한다. 호수에는 2개의 캠핑장(페르다시오뉘스탄 비아르그, 흘리드 캠핑장)이 있는데 그 중에 호숫가에 있는 캠핑장(페르다시오뉘스탄 비아르그Ferdapjonustan Bjarg)이 1번도로에서 호수 만나는 지점이라 찾기 쉽고 바로 건너편에 N1주유소와 편의점이 있어 주로 이용한다.(샤워실 24시간 개방, 화장실 남녀공용 취사실은 오피스 앞에 있으므로 캠핑 위치를 잘 선택해야 한다.
여름이어도 날씨의 변화가 심해 추워서 두꺼운 패딩을 입는 것이 좋다. (투어 10% 할인, 캠핑비는 현금)

페르다시오뉘스탄 비아르그 캠핑장
(Ferdapjonustan Bjarg)

큰 규모를 자랑하고 편의시설이 잘 갖춰진 캠핑장으로 호숫가에 자리하고 있다. 바닥에 히터가 들어오는 샤워시설이 있다. 세탁실, 여름 보트 대여(시간당 2000kr),

자전거 대여(12시간 2000kr), 잘 만들어진 주방 텐트가 있다.

전화_ 464-4240
홈페이지_ ferdabjarg@ simnet.is; myvatn;
요금_ 텐트당 1100kr, 침낭 3000kr~

흘리드 캠핑장(Hlid)

대규모 캠핑장으로 교회에서 내륙으로 300m 들어온 지점에 있다. 세탁시설, 인터넷, 샤워시설 대여가 가능하다. 포르타 카빈 스타일로 지어진 건물의 4베드 방에서는 침낭 숙박이 가능하다.

전화_ 464-4103
홈페이지_ hlid@sholf. is; Hraundbrun;
요금_ 캠핑장 1인당 1200kr, 침낭 포함 4000k

스쿠투스타디르 농장
Skútustaðir Farm

미바튼 호수 남쪽가에 자리잡고 있어 외딴 지역이지만, 특색있는 숙소를 원한다면 좋은 숙소가 될 것이다. 기본적인 객실에 공용욕실과 5개의 거실이 있는 더블룸도 있다. 주변이 깜깜해서 겨울에 오로라를 보기에는 최적의 장소이다.

주소_ Skútustaðir 2b, 660 Reykjahlíð
전화_ 464-4212
홈페이지_ www.skutustadir.info

보가피오스 카우쉐드 통나무집
Vogafjos Cowshed

미바튼 호수 동쪽 보가피오스Vogafjos에 있는 카우쉐드 레스토랑에서 같이 운영하는 통나무집 호텔이다. 이 레스토랑과 호텔은 둘 다 유명하다.
특히 그들의 유기농음식을 맛보면서 여유로운 여행을 하고 싶은 여행자들에게 인기가 높다. 이곳의 숙소는 매우 빨리 예약이 완료되므로 2월에는 예약을 해야 할 것이다. 겨울에 숙박을 하면 30%이상 할인 받고 제공되는 푸짐한 조식을 먹을 수 있다.

그리오타이아우
Grjótagjá

1975년~1984년에 크라플라 화산지대에서 폭발하면서 그리오타이아우의 물 온도가 온천에 부적합한 60℃까지 올라가면서 온천으로서의 기능을 상실했다. 겨울에는 40℃ 정도로 온천을 즐길 수 있지만 지금은 찾는 관광객들이 많지 않다.
미바튼 호수의 레이캬홀리드 남쪽에 848번 도로를 따라 4㎞정도 이동하면 표지판이 나온다. 동굴 온천이니 조금만 들어가면 맑은 푸른 색을 보고 사진을 찍게 된다.

고다포스
Godafoss

미바튼에서 아쿠레이리로 향하는 부근에 '신들의 폭포'라고 불리우는 고다포스는 아쿠레이리에서 약 50㎞ 떨어진 곳에 있다. 11세기에 국교를 기독교로 바꾼 아이슬란드의 왕이 자신들이 이전까지 믿던 신의 상들을 이 폭포에 던지면서 신이라는 뜻의 고다goda라는 이름을 갖게 되었다.

굴포스나 데티포스에 비해 규모는 작지만 폭포 주변에 접근하기가 쉬워 많은 사람들이 폭포의 모습을 많이 찍는다.

고다포스 기념품 가게와 카페

고다포스에 있는 유일한 기념품과 카페로 고다포스를 지나 아쿠레이리로 간다면 이곳에서 점심을 해결하고 아쿠레이리로 이동하는 것이 좋다. 아쿠레이리까지 중간에는 휴식을 취하거나 식사를 해결할 수 있는 장소가 없기 때문이다.

후사비크
Husavík

후사비크Húsavík는 고래 수도로 잘 알려진 깨끗하고 쾌적한 어업 도시이다. 색색의 배들과 검고 흐린 바다, 만을 가로질러 보이는 눈이 쌓인 화강암 산이 특히 인상적이다. 입구에서부터 보이는 항구는 많은 관광객들을 작고 예쁜 후사비크로 끌어들이는 데 중요한 역할을 한다.

후사비크는 플랑크톤과 물고기들이 풍부한 스칼판디Skjálfandi만에 위치한 지리적

인 이점으로 고래의 수도whale-watching capital로 잘 알려져 있다.

고래 투어 회사는 99%의 성공률로 고래를 볼 수 있다고 홍보한다. 후사비크 앞바다에는 많은 고래들이 있어, 가장 자주 볼 수 있는 종은 밍크고래minke, 혹등고래humpback, 흰부리돌고래white-beaked dolphins, 쥐돌고래harbour porpoises이다. 운이 좋다면 긴수염고래sei whales, 북방병코고래northern bottlenose whales, 범고래killer whales, 둥근머리돌고래pilot whales, 흰긴수염고래도 볼 수 있다고 하지만 기대는 하지 않는 것이 좋다.

고래 박물관 Whale Museum

고래와 고래잡이의 역사, 고래의 종에 대해서 전시하고 있으며 고래 뼈도 관람할 수 있다

홈페이지_ www.whalemuseum.is
입장시간_ 6~8월 : 매일 08:30~18:30
4~5월, 9월 : 매일 09:00~12:00
10~3월 : 월~금 10:00~12:00,
13:00~15:30

고래 투어 Whale-watching tours

여름에 후사비크를 간다면 고래 투어를 하고 싶은 관광객일 것이다. 고래투어는 각 투어회사가 하루 최대 10번 출발한다. 항구 옆에 있는 젠틀자이언트Gentle Giants (tel: 464 –1500/www.gentlegiants.is)와 North Sailing (tel: 464-7272/www. northsailing.is) 티켓 창구나 미리 인터넷을 통해 예약할 수 있다. 만약 고래(돌고래 포함)를 보지 못한다면 다음 날, 무료로 다시 투어에 참여할 수 있다.

고래 투어 요금_ 59유로
퍼핀 & 고래 투어_ 65유로/ 7~15세는 30유로

EATING

레스토랑 살카 Restaurant Salka

아이슬란드 최초의 조합이 있었던 역사적인 건물에 있고, 고래 관광을 하는 투어 회사들이 바로 옆에 있어 관광객이 가장 많이 찾는 레스토랑이다.
멋진 내부인테리어에 피자와 버거, 해산물 전통 음식(가재, 새우, 바다 오리, 양고기)을 먹을 수 있어 여름에는 항상 관광객들이 넘쳐난다.

Open_ 일~목 11:30~20:00, 금~토 13:00까지
위치_ Garðarsbraut 6, Húsavík
요금_ 메인요리 1900~3,800kr
Tel_ 464-2551

감리 바우쿠르 Gamli Baukur

바다를 풍경으로 인테리어를 꾸민 색다른 느낌의 레스토랑이며 저녁부터는 펍 Pub으로 운영된다. 항구가 가까워 바다의 짠 내음도 많이 난다. 유럽여행자들을 위해 축구 경기 중계를 볼 수 있어 대부분은 유럽 여행객이다. 신선한 가리비, 대구, 새우, 청어요리도 있지만 내 입맛에는 햄버거가 더 나았다.

Open_ 일~목 11:30~20:00, 금~토 13:00까지
위치_ Garðarsbraut 6, Húsavík
요금_ 메인요리 1900~3,800kr
Tel_ 464-2551

SLEEPING

케이프 호텔
Cape Hotel

후사비크에서 바다 풍경을 가장 잘 볼 수 있는 호텔로 1950년대에 호텔로 리모델링하면서 호텔영업을 시작했다. 아름

다운 바다가 보이기 때문에 여름에 특히 인기가 높다. 깨끗한 객실과 공용욕실, 무료 인터넷, 세탁 서비스 등을 제공한다.

위치_ Laugarbrekka 16
요금_ 싱글 19,000kr / 더블 24,500kr
Tel_ 464-1674
홈페이지_ www.husavikcapehotel.is

게스트하우스 발뒤르스브레카
Guesthouse Baldursbrekka

시내에서 가장 저렴한 숙소로 유럽의 배낭여행객들이 주로 찾는다. 총 9개의 룸 (맞은편 No 17개에 객실 4개)과 요리 시설도 갖추고 있다. 단, 골목 끝에 위치해 있어 찾기가 쉽지 않다. (현금 사용만 가능)

위치_ Baldursbrekka 20
요금_ 침낭 2500kr/3500kr/7000kr

달비크
Dalvík

달비크는 작은 마을로 생각되지만 인구 약1,400명의 북부 아이슬란드에서 3번째

- 그림세이 페리 티켓 오피스
- **Samkaup Úrval**
- 그림세이 페리 타는곳
- **Arctic Sea Tours** ●
- **Gísli, Eiríkur Helgi-Kaffihús Bakkabræðra**

로 큰 도시이다. 어촌의 시골도시이지만 관광객들에게는 후사비크를 대신해 고래투어를 하는 마을로 인식되고 있다. 달비크에서는 고래투어와 바다낚시를 후사비크보다 저렴하게 동시에 할 수 있어 인기를 끌고 있다. 그림세이Grímsey 섬으로 가는 페리선이 달비크에서 출발한다.

달비크의 지진

1934년 리히터 규모 6.3의 지진으로 근방의 산으로부터 산사태가 일어나 마을 가구의 절반정도가 파괴되었다.

달비크 고래투어

후사비크Húsavík의 고래투어가 인기를 끌면서 여름 후사비크 고래투어는 예약을 하지 않으면 힐 수 없는 투어가 되었다. 그 대안으로 후사비크는 고래를 볼 수 있는 확률이 높고, 상대적으로 조용한 고래투어를 원하면서 인기를 얻게 되었다. 후

사비크에 있는 사람들보다 상대적으로 더 친절하고 바다낚시를 고래투어비용에 포함되어 할 수 있다. 또한 낚시로 잡은 대구 등의 생선은 직접 구워 먹을 수 있어 관광객의 만족도가 높다.

아틱 씨 투어스(Arctic Sea Tours)
홈페이지_ www.arcticseatours.is

그림세이
Grimsey

달비크에서 약 41㎞, 아쿠레이리에서 44㎞
정도 떨어진 그림세이는 아이슬란드에서
북극권 안에 포함되어 있는 유일한 섬이
다. 북극권과의 경계를 표시한 표지판이
보이고 북극권 안으로 들어가면 항구에
있는 카페에서 증명서도 구입할 수 있다.

그림세이는 주로 퍼핀과 북극권 안으로
들어가는 경험을 위해 달비크에서 배를
타고 들어와 오후에 달비크로 돌아간다.

페리,비행기 시간표

출발 도시	페리				비행기
	달비크(아쿠레이리)	아쿠레이리(여름)	그림세이	그림세이	아쿠레이리
출발 시간	09:00	07:45(월,수,금)	19:00	16:00	13:00
도착 도시	그림세이	그림세이	달비크	아쿠레이리	그림세이
도착 시간	12:00	10:45	22:00	19:00	13:25
요금	2,100kr(왕복)				2,700kr

비그다사프니드 크보틀
Byggðasafnið Hvoll

작고 별난 박물관으로 아이슬란드에서 가장 키가 컸던 달비크 출신의 요한 페투르손Jóhann Pétursson(1913~1984)을 기리기 위해 만들었다.

Open_ 6~8월 매일 11:00~18:00
　　　 9~5월 토 14:00~17:00
홈페이지_ www.dalvikurbyggd.is/byggdasafn

흐리세이 섬
Hrísey Island

아이슬란드에서 두 번째로 큰 섬(헤이마에이가 가장 크다)으로 제 2차 세계대전 중에 5명의 영국 군인이 아이슬란드의 피오르로 접안하는 저인망어선을 검사하는 임무를 맡으며 잠시 머무르게 되면서 유럽에 알려지게 되었다. 군인들은 "피오르 섬"이라는 '에이야피오르' 이름을 지어 지금도 사용하고 있다. 170여 명이 살고 있고 새로 지어진 지열 풀장, 아이슬란드 상어잡이 전시장 등의 시설이 있다.

흐리세이 섬Hrísey island의 모든 동물은 교차 감염의 위험을 최소화하기 위해 아이슬란드의 격리 센터가 1974년에 문을 열었다. 격리가 되면서 지금, 아이슬란드에서 가장 무성한 식생을 자랑한다. 섬의 대부분은 사유지라서 관광객들에게는 접근 금지이다. 보랏빛 헤더 꽃과 새들로 가득한 평평한 황야로 아름다워 사진을 찍기

위해 찾는 이들이 많다. 오래된 트랙터에 올라타 섬을 둘러 볼 수 있는 투어도 인기가 있다. 바닷가에서 여기저기 흩어져 있는 섬을 바라보면 근심이 다 날아간다. 레스토랑인 브레카에서는 섬의 특산물인 홍합류 음식을 맛볼 수 있다.

날씨가 좋은 날에는 달비크Dalvík 남쪽의 아우르스코욱산두르Árskógssandur에서 15분이면 닿을 수 있다.

스카가피오르 반도
Skagafjördur

북부 아이슬란드의 중앙에 위치해 있는 스카기 반도는 산, 폭포, 절벽, 섬들로 이루어진 험난한 지역으로, 관광객들이 많이 찾지 않는 장소이다. 북극해를 향해 돌출되어있는 북부의 스카기Skagi반도는 아이슬란드 북부해안을 후나플로이Húnaflói 만과 스카가피오르Skagafjörður fjord로 나눈다. 비포장도로를 따라가면 바다 새들이 둥지를 틀고 있는 현무암 절벽, 검은 모래 사장, 바다표범만이 찾아오는 해변을 만날 수 있다.

블론두오스
Blönduós

1번 링로드를 따라 가다가 711번 도로를 따라 북쪽으로 18㎞, 비포장의 721번 도로를 올라가면 만나는 장소가 스카가피오르Skagafjörður이다. 주교인 욘 외그문다르손Jón Ögmundarson이 1133년에 아이슬란드 최초 베네딕토 수도원 중 하나를 이곳에 지었다. 이 수도원은 수도승들이 하루 종일 성경과 사가Saga를 필사하면서, 빠르게 문학의 거점이 되었다.

800명이 조금 넘는 인구의 블론두오스 Blönduós마을은 많은 서비스를 제공하긴 하지만 다소 시시하다. 하지만 낚시꾼들에게는 이것이 별로 중요하지 않다. 아이슬란드에는 연어가 올라오는 강이 몇군데 없는데 그 중에서 가장 긴 강인 블란다 Blanda 강이 부근에 위치해 있으며, 낚시 허가 비용이 그리 비싸지 않기 때문이다. 링로드가 이 강 위의 다리를 가로지르며, 블린디로스Blönduós 중심부로 가는 갈림 길이 있다. 블린디로스에는 좋은 수영장과 호텔, 병원, 주유소와 세 개의 작은 박물관(아이슬란드의 전통의상, 연어, 해빙 그리고 북극곰들에 대한 전시를 볼 수 있다)이 있다. 마을 아래 부둣가 옆에 위치한 기본스타일의 카페로 샐러드와 수프, 샌드위치 케이크 등을 판매한다.

Open_ Við Árbakkann(6월~8월까지만 영업)
주소_ Húnabraut 2, Blönduós
전화_ 452-4678

스카가스트론드
Skagaströnd

500명의 사람들만이 살고 있는 스카가스
트론드Skagaströnd는 16세기에는 주요 무
역항이었지만 현재는 바위투성이의 광맥
위에 지어진 조용한 어촌마을이다. 밝게
칠해진 목재 가옥들이 곡선모양의 만 가
장자리를 따라 있으며, 눈이 점점이 내린
스파코누펠Spákonufell 산 봉우리들이 우뚝
솟아 있다.

사우다우르크로쿠르
Sauðárkrókur

사우다우르크로쿠르Sauðárkrókur는 북부
중앙의 상업과 서비스업의 중심지로 행
정구역상 노르두를란드 베스트라에 속한
다. 2,600명이 넘는 인구가 있는 큰 도시
이다.(아이슬란드 북부에서 아쿠레이리
에 이어 두번째로 크다) 최근에는 어업과
유제품 생산과 경공업, 기초 서비스업의
경제발전으로 인구가 크게 증가하고 있
다. 수영장, 영화관 등의 시설과 전 세계
에서 유일한 생선가죽 공장이 있다.

방문자 센터(월요일부터 금요일까지 오후 2시에 가이드 투어가 있음)
홈페이지_ www.sutarinn.is
Open_ 6~9월 중순 월~금 11:00~17:00
　　　　　　　　토 11:00~15:00

천연 풀장인 그레티스라우그
마을 북쪽의 레이키르Reykir에는 천연 풀
장인 그레티스라우그Grettislaug를 찾는 관
광객이 많아지고 있어서, 마을에서 온천
물을 제공하고 있다.

EATING

올라프후스 olafshus

사우다우르크로쿠르Sauðárkrókur에 먹을
곳이 별로 없기 때문에 여름에 온 많은
관광객들 사이에서 한참을 기다렸다가
먹어야할 수도 있다. 피자에서부터 일품
요리 메뉴까지 모두 인기가 있다.

홈페이지_ www.olafshus.is　　전화_ 453 6454

글라움베어
GLAUMBAER

아쿠레이리에서 약 100㎞를 가면 아이슬
란드의 옛 모습을 볼 수 있는 잔디지붕마
을이 나온다. 아쿠레이리에서 글라움베어
는 1번도로를 타고 가다가 75번도로로 이
동하면 바로 나온다. 잔디지붕마을은 북
유럽에서 사는 나라에서는 다 나오는 집
의 형태로 추운 겨울을 자연지형을 이용
하여 여름에는 시원하고 겨울에는 난방
효과를 내는 집의 형태이다.

잔디를 지붕에 올릴 때는 자작나무를 이
용하여 지붕에 잔디를 심으면 여름에는
물을 흡수하고 있는 잔디들이 집의 온도
를 내려서 시원하도록 해주고, 겨울에는
잔디들이 가지고 있는 흙들이 공기층을
만들어 난방효과를 나타내 집의 온도를
올려주는 효과를 가진다.

잔디지붕마을은 옛 아이슬란드의 거친
자연환경에서 살아가는 모습을 보고 느
낄 수 있는 마을이다.

집들을 구경하고 아스카피Askaffi카페로
이동하면 옛날의 아이슬란드 복장을 하
고 주문을 받고 서비스를 하는 모녀를 볼

수 있다. 카페 내부는 매우 아기자기하도
록 꾸며놓고 두 손을 공손히 모아 주문을
받는 모습이 이색적이다.

너무 친절한 서비스에 약간은 불편한 생
각이 들기도 한다. 모든 테이블은 이미 세
팅이 되어 있다.

예쁜 티 찻잔과 유럽의 옛집에서 차와 커
피를 마실 수 있는 이 공간에 잠시 들러
가길 추천한다.

잘 보존된 잔디 농가 박물관과 목조 건물
은 두터운 잔디로 된 벽과 지붕에 의해
단열이 된다. 잔디집 대신에 19세기에 지
어진 집인 아스후스Áshús에는 아이슬란
드 전통 팬케이크를 맛볼 수 있는 카페가
있다.

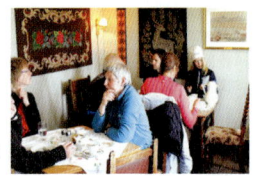

농가 박물관
6~9월 초
매일 09:00~18:00

바르마흘리드
Varmahlíð

글라움베어Glaumbær로부터 남쪽에 있는 바르마흘리드Varmahlíð는 은행, 호텔, 관광객을 위한 센터와 수영장을 갖춘 작은 마을이다.

레프팅

바르마흘리드Varmahlíð 서쪽의 강들은 급류타기 하기에 최고로 좋은 장소이다. 마을 사거리에 위치한 엑티비티 투어스 Activity Tours는 아름다운 빙하 강인 요쿨사 베스타리Jökulsá Vestari와 요쿨사 아우스타리Jökulsá Austari에서 급류타기를 할 수 있는 투어를 운영하고 있다.

엑티비티 투어스(Activity Tours)
홈페이지_ www.activitytours.is
전화_ 453-8383

호프소스
Hofsos

북부의 호프소스는 아이슬란드에서 가장 오래된 무역 센터 중의 하나이다. 많은 항구 주변의 오래된 마을에는 약 200명 정

살고 있다. 항구 옆 해안지구에 센터를 만들어 1850~1914년 사이에 미국으로 이주한 약 2만 명의 아이슬란드인들의 역사를 추적하는 전시와 인포메이션 센터와 도서관, 기념품점이 있다.

1777년에 지어진 통나무집 형태의 가장 오래된 창고를 포함한 마을의 중요한 역사적 건물들을 복원 해놓았다.

피오르드를 마주보고 있는 수영장

조용한 호프소스는 아름다운 바다에 걸친 수영장 때문에 관광객들을 끌어 모으고 있다. 수영장 아래, 코브 스타달뱌르가비크Staðalbjargavík에는 키가 큰 현무암 기둥이 줄 지어 있는 아름다운 모습에 반할 것이다.

홈페이지_ www.facebook.com/sundlauginhofsosi
Open_ 6~8월 매일 09:00~21:00
         9~5월 월~금 07:00~13:00, 17:15~20:15
         토~일 11:00~15:00
전화_ 455-6070

EATING

논톳 Lónkot

뭔가 색다른 음식을 원한다면 마을에서 멀리 떨어져있는, 호프소스Hofsós 북쪽 방향으로 12㎞ 거리의 이 식당을 추천한다. 피오르의 생선들과 절벽의 새들을 재료로 한 슬로우 푸드를 선보인다. 여름에만 연다.

홈페이지_ www.lonkot.com
주소_ 565 Hofsós, Skagafjörður
전화_ 453-7432

시그루피오르
Siglufjörður

매력적인 마을 시그루피오르Siglufjörður는 2010년까지는 놀랄 만큼 고립되어 있었

지만, 현재는 이웃 마을 올라프스피오르Ólafsfjörður와 두 개의 긴 산악 터널로 연결되어 있다.
빙하로 뒤덮인 산맥 한복판에 자리 잡은 이 마을의 현재 인구는 1,200명으로 근래 역사 상 최저이다. 하지만 한 세대 전만 해도 이 마을은 청어 산업의 중심지이자, 적어도 계절적으로는 10,000명의 노동자들의 거주지였다.

헤링 에라 박물관(Herring Era Museum)

항구 옆에 있는 세 곳의 역사적인 건물에서 이 마을의 영광스럽던 날들을 보여준다.

홈페이지_ www.sild.is
Open_ 6월 중순~8월 중순 : 매일 10:00~18:00
6월 초, 8월 중순~9월 중순 : 01:00~17:00

한스보이 & 카피 라우드카
Hannes Boy & Kaffi Rauðka

꿀 바른 닭 가
슴살 요리, 타
임thyme을 곁들
여 구운 양고
기 그리고 항구로 들어온 모든 생선들을
맛볼 수 있다. 바로 옆에는 친밀한 카피
라우드카Kaffi Rauðka카페에서 커피, 케이
크, 크레페, 술을 곁들인 주말 공연을 제
공한다.

한스보이 홈페이지_ www.hannesboy.is
주소_ Granugata 23, Siglufjörður
Open_ 6월 중순~8월 중순 : 매일 10:00~18:00
　　　 6월 초, 8월 중순~9월 중순 : 01:00~17:00

보프나피오르
Vopnafjörður

아이슬란드에는 총 109개의 피오르드가
있는데 동부와 북동부, 북서부에 집중되

어 있다. 피오르
드를 탐험하기
가장 좋은 방법
은 직접 차를 끌
고 피오르드 지
형을 넘어가 보는 것이다. 아이슬란드 북
동부의 끝에 보프나피오르Vopnafjörður는
"Weapon fjörður"라는 별칭을 가지고 있는
917번 비포장도로로 높은 655m의 피오르
드지형을 넘어가야 한다.(85번 도로를 따
라가면 힘들지 않게 이동할 수도 있다)
보프나피오르 해안 지역은 노르웨이와의
전쟁에서도 험난한 지형 때문에 노르웨
이와의 전쟁을 지형지물을 이용해 승리
하며 아이슬란드의 자존심을 지킨 피오
르드 지역이다. 917번 도로를 넘어가면 아
름다운 해안과 폭포를 볼 수 있다. 마을에
는 등대와 수영장도 있어 한적한 아이슬
란드 풍경까지 즐길 수 있다.

피오르드

대규모 빙하가 녹으면서 내려가면 U자 모양
으로 형성된 움푹 파인 계곡을 말한다. 아이
슬란드 피오르드는 깊고 좁은 모양이며 바
다로 이어지고 있다. 바다와 연결된 부분을
'피오르드의 입'이라고 말하고 바다로 떨어
지는 부분에는 멋진 폭포가 있다.

West Fjords
서부 피요르

WEST FJORDS

발바닥처럼 생긴 서쪽의 끝에 위치한 서부 피요르는 아이슬란드 현지인들도 거의 찾지 않는 관광지이다. 이곳은 작은 마을과 험악한 산속으로 이뤄져 있으며 비포장도로를 흔하게 마주치는 특색 있는 지형이다.

최악의 도로들을 포함해 여러 장애물들이 여행자를 기다린다. 하지만 아이슬란드의 가장 드라마틱한 피요르Fjords와 멋진 하이킹코스에서 북극여우들을 만날 수 있고, 수백만 마리의 바닷새들이 깎아지른 절벽에 앉아 있다.

1번 '링로드'에서 떨어지고 접근하기 힘든 지역인 서부 피요르는 아이슬란드의 다른 지역과는 다른 찾기 어려운 아름다움과 풍부한 자연보존지구를 가지고 있다. 대부분의 여행자들이 링로드를 따라가며 여행하기 때문에 서부 피요르를 지나쳐 간다. 하지만 내륙의 하이랜드를 뚫고 온 여행객들이 다시 서부 피요르를 찾고 있다.

아이슬란드에서 가장 멋진 풍경을 가진 서부 피요르는 색다른 아이슬란드를 찾고 싶은 여행객들이 마지막으로 찾는 보물 같은 지역으로 당신을 감탄시킬 것이다. 거친 바위산 아래에서 독자적이며, 독특한 지역문화가 발전했고 괴물, 유령, 악령의 이야기들이 여행의 재미를 더할것이다.

서부 피요르의 거칠고 톱니모양 같은 지형은 아이슬란드의 처음 여행에서는 망설여지지만 아이슬란드를 다시 찾는 여행자들은 꼭 가봐야 한다. 아름다운 풍경에 영혼마저 감동할 것이다. 이곳이 역사상 가장 거친 지역 중 하나이기 때문에 가지고 있는 자연의 감동이 아닐까 생각한다. 비옥한 저지대가 없으므로 아이슬란드인들은 먹고 살기 위해 바다에 눈을 돌렸다. 육로는 어렵고 위험했으며, 파도는 해안을 후려치고, 가파른 산은 눈과 흙을 밑으로 떨어뜨리는 사태로 마을을 위협했다.

여행이 힘든 이유

굽이치는 해안선과 중심부의 피요르가 눈은 즐겁게 하지만 다니기에는 꽤 힘이든다. 피요르 사이에 바위산과 평원이 있는 것도 어려운 점이다.

서부 피요르의 역사

20세기부터 아이슬란드에서는 어업을 기계화시키며 어업의 현대화가 이루어졌다. 일은 편하게 했지만, 청년들은 더 편한 일을 찾으며 수도인 레이캬비크로 이끌렸다. 청년들이 떠나자 마을의 연령대는 높아지고 마을이 사라지는 폐촌들이 생겨났다. 현재 인구는 13,397명에서 7,129명으로 약 절반이 감소했다.

지방의 인구감소는 아이슬란드 전역에서 일어나고 있는 현상이지만 서부 피요르에서는 특히 심각한 문제이다. 각 지역의 인구감소는 많은 마을의 존립과 삶을 위협해왔다. 인구가 감소하는 이유로는 크게 2가지가 있다.

예를 들어, 호른스트란디르Hornstrandir 반도의 겨울은 빨리 오고, 눈은 봄인 4월까지 지속되며 평균 기온은 항상 낮았다. 호른스트란디르의 헤스테이리Hesteyri에 1881년부터 무역의 장소였던 헤스테이리는 1912년까지 노르웨이인들의 고래고기 처리기지였던 시기에는 번성하기도 했다. 폐허를 지금도 볼 수 있다.

1920년대에 청어 처리공장이 지어졌고, 약 80명의 사람들이 살기도 했지만 1940년에 문을 닫았고, 1952년에 마지막 거주자가 마을을 떠나면서 빈 마을이 되었다.

서부 피요르 가는 방법

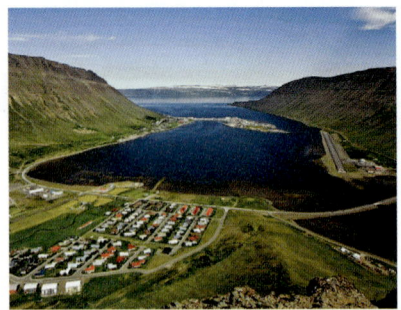

육로

1번 링로드를 따라 가다가 68번 도로를 따라 서부 피요르를 따라 간다. 서부 피요르의 빙빙도는 길은 감안하여 운전해야 한다.

항공

가장 좋은 여행방법은 바로 항공기이다. 서부 피요르에는 3곳의 공항이 있다. 험한 지형이라 편하게 하는 유일한 방법은 항공밖에는 없다. 이사피요르Ísafjörður, 빌두달루르Bíldudalur, 스트란디르 해안의 괴구르Gjögur에 있다. 하늘에서 보는 서부 피요르의 산꼭대기의 풍경은 너무 아름다워 숨이 멎을 정도이다.

이사피요르
Ísafjörður

인구 2,600명의 서부 피요르에서 가장 큰 도시이며 좋은 레스토랑이 있는 유일한 도시로 대부분의 여행자들은 이사피요르Ísafjörður에서 여행을 시작한다. 9세기의 농장지인 에이리Eyri는 마을에서 가장 오래된 지역이며 아이슬란드에서 가장 자연적인 항구로 손꼽힌다.

모래톱 끝에 있는 가장 오래된 건물들은 18세기로 거슬러 올라가는 재건된 4개의 목재 건물로 생선공장과 창고로 남겨져 있다. 4개 건물 중 가장 오래된 토르후스Tjöruhús는 1733~1742년까지 10년간 만들어지고, 이어서 크람부드Krambúð가 1761년에 상점으로 건축되었다. 복구된 타워로 건설된 턴후스Turnhús는 1744년에 지어졌다. 생선 공장이 지금은 '서부 피요르 문화유산 박물관West Fjords Heritage Museum'으로 사용되고 있다.

서부 피요르 문화유산 박물관
West Fjords Heritage Museum

마을과 어업의 발전사가 전시되어 있으며 별난 선원들의 소지품과 아코디언 등도 있다.

Open_ 5월 중순~9월 중순.
　　　　매일 09:00~18:00
홈페이지_ www.nedsti.is

아르나르스타피 & 헤를나르(Arnarstapi & Hellnar)

전망테크

🍴 **Fjöruhúsið**

Bárður 거념물

하이킹 트레일

🧺 **Samkaup Úrval**

Fosshotel Hellnar

Hellnavegur

🍴 **Fjöruhúsið**

HELLNAR

574

그룬다피요르(Grundarfjörður)

🏠 **Bjargarsteinn Mathús**

🚢 Baldur 페리 타는곳

🛏 **Hótel Famnes**

Sólvellir

Sæból

🍴 **Láki Hafnarkaffi**

Hrannarstígur

🧺 **Samkaup Úrval**

Grundargata

54

Fellautrörka

Hrannarstígur

Hamrahlíð

Hellnafell

fellasneið

Hlíðarvegur

Smiðjustígur

🛏 **Grundarfjörður Hi Hostel**

🛏 **G4 Apartment**

Suðurgarður

54

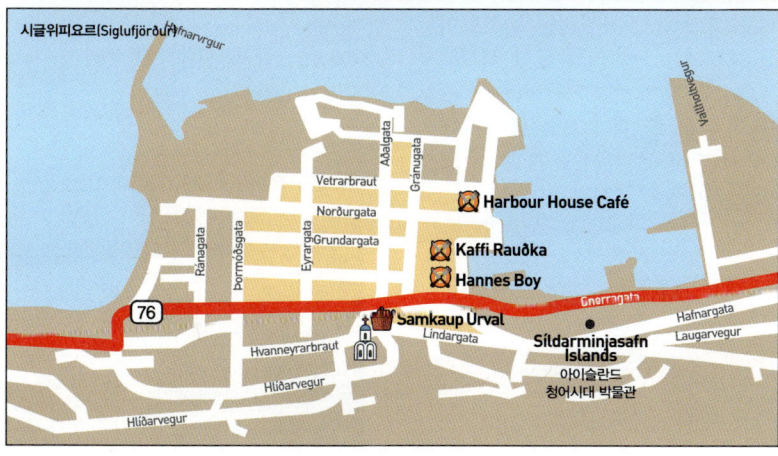

시글위피요르(Siglufjörður)

marvrgur

Vallholtsvegur

Aðalgata

Gránugata

Vetrarbraut

🍴 **Harbour House Café**

Norðurgata

Grundargata

Ránagata

Þormóðsgata

Eyrargata

🍴 **Kaffi Rauðka**

🍴 **Hannes Boy**

Gnerragata

76

🧺 **Samkaup Úrval**

Hafnargata

Laugarvegur

Hvanneyrarbraut

Lindargata

Síldarminjasafn Íslands

아이슬란드

청어시대 박물관

Hlíðarvegur

Hlíðarvegur

셀랴란즈달루르Seljalandsdalur 계곡
크로스컨트리 코스가 지나가는 퉁구달루르는 하강하는 스키어들을 위한 코스

이사피야르다르듑Ísafjarðardjúp의 계곡
이사피요르의 서부 피오르를 절반으로 나눈다. 이사피로부터 남동쪽으로 이사피야르다르듑의 남부해안을 꺼안는 61번 루트는 1975년 완성되었다.

축제
8월 초에는 유럽 습지 축구챔피언십European swamp soccer championships대회가 열리고, 캬약과 보트여행이 마을의 항구에서 출발한다.

EATING

에딘보르그 Edinbor 비스트로 카페 & 레스토랑

이사피요르의 문화센터인 에딘보르그 Edinborg는 마을의 엔터테인먼트 허브이다. 에딘보르그는 커피와 든든한 식사로 인기가 높으며, 밤에는 활기찬 바Bar가 된다. 여름의 염장(소금에 절인)생선 축제에는 전통 서부 피오르 음식을 먹을 수 있지만 맛은 기대할지 말자.

주소_ Aðalstræti 7, Ísafjörður
전화_ 456-8335

볼룽가르비크
Bolungarvík

이시피요르Ísafjörður의 북서쪽으로 2 번째로 큰 마을이다. 볼룽가르비크와 크니프스달루르는 눈사태와 산사태가 자주 발생하는 가파른 산자락의 오스흘리드Óshlíð가 있다. 이 곳이 도로를 때때로 막아버려 마침내 2010년에 5.4㎞의 터널이 뚫렸다.

오우스뵈르
노를 젓는 배를 이용하던 시기에 고기잡이 헛간으로 사용하였다. 지금은 해양박물관으로 바뀌었다.

Open_ 6~8월 중순 매일 10:00~17:00
자연사박물관

Open_ 6~8월 중순 월~금 09:00~17:00
　　　　　　　토~일 10:00~17:00

호른스트란디르
Hornstrandir

Hornstrandir
Nature Reserve

Hesteyri

수다비크
Súðavík

이사피요르의 남동쪽에 위치한, 1900년대 노르웨이 고래잡이 처리장에서 발전한 마을이다. 70개 가구 중 23곳은 1995년의 눈사태 때에 붕괴되었다. 이후 안전한 곳에 다시 마을이 지어졌다.

북극여우센터 Arctic Fox Center
마을이 운영하는 북극여우센터는 아이슬란드에 얼마 남아있지 않은 포유류인 북극여우에 관해 영구전시 중이다. 털 때문에 예전엔 사냥감이 되었지만 보호를 위해 아이슬란드에서 보호하고 있다.

Open_ 6~8월 중순 매일 09:00~22:00
홈페이지_ www.melrakki.is

북쪽의 자연보전지인 호른스트란디르 Hornstrandir는 이사피요르에서 출발해 페리를 타고 갈 수 있다. 이 보존지구는 스코라르헤이디Skorarheiði 북부 전체를 포함하는, 크라픈피요르Hrafnfjörður의 끝부터 푸루피요르Furufjörður의 끝까지다. 20세기 초부터 버려졌던 지역이라 목초지, 식물들이 번성해 있고 야생동물도 많이 살고 있다. 이곳에서는 무릎까지 오는 야생화 초원을 헤치며 걸어 볼 수도 있고 석양에 북극여우의 울음소리도 들을 수 있다. 자연보존지구는 모터를 이용한 모든 교통수단의 출입이 제한되며 보트나 도보로만 탐험할 수 있다.

숙박시설은 없고 16개의 캠핑장만 있다. 여름에 이사피요르에서 호른스트란디르로 매일 페리가 다닌다.

당일 여행객, 하이커들이 이용하며, 간혹 예전 땅주인들의 후손들이 남아 있는 농장을 여름별장으로 사용하기 위해 페리를 탄다고 한다.

이사피요르의 여행자센터
페리 시각과 티켓을 확인할 수 있다.

주소_ Aðalstræti 7
Open_ 6~8월, 월~금 08:00~18:00,
　　　　　　토~일 10:00~14:00
　　　9~5월, 월~금 08:00~12:00
홈페이지_ www.westfjords.is
전화_ 450-8060

웨스트투어 예약서비스West Tours booking service에서 확인할 수도 있다. 기항지는 아달비크Aðalvík과 북서쪽의 헤스테이리Hesteyri, 북쪽의 호른비크Hornvík, 남서의 흐라픈피요르Hrafnfjörður, 서쪽의 베이딜레이수피요르Veiðileysufjörður를 포함한다.

웨스트투어 예약서비스
홈페이지_ www.westtours.is
전화_ 456-5111

돌아오는 배편은 하루코스로는 모험일수 있고 대부분의 사람들은 아달비크나 헤스테이리에서 내려 호른비크까지 동쪽으로 하이킹을 하기도 한다.

브레이다비크
Breiðavík

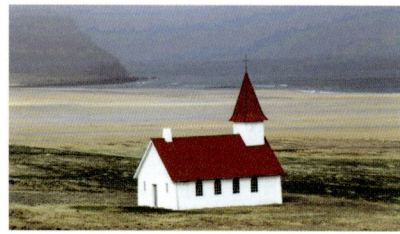

아름다운 황금해변을 아이슬란드에서도 볼 수 있다. 서부 피요르는 아이슬란드에서 가장 훌륭한 2개의 백사장이 브레이다비크Breiðavík와 라우다산두르Rauðasandur에 있다.

여름에도 바람이 차갑기 때문에 맑고 화창한 날에도 일광욕은 어렵다. 브레이다비크Breiðavík는 이사피요르Ísafjörður에서 대중교통으로 접근가능하다.

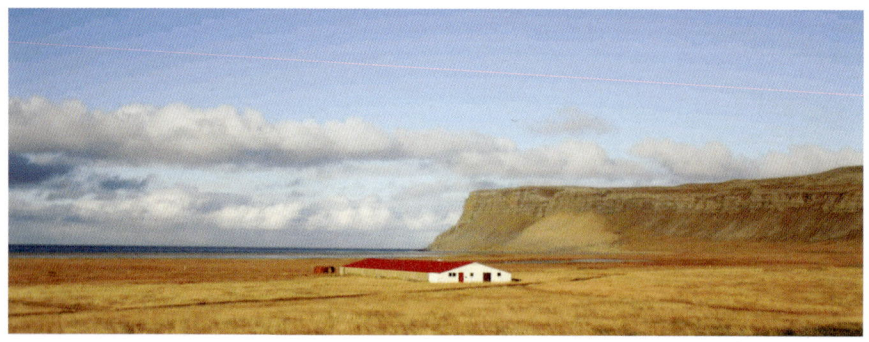

서부 피요르의 남쪽

60번도로는 이사피요르 남부의 피요르를 연결하는 몇 곳의 고지대도로를 도는 도로이다. 높이 610m로 근처에서 가장 높은 위치에 있는 브레이다달스헤이디Breiðadal sheiði의 거대 현무암덩어리를 통과하는 터널이 뚫렸다. 터널이 뚫리기 전에는 종종 막혀서 며칠, 몇 주일씩 마을을 차단시키고는 했다. 큰 도로에서 17㎞ 떨어진 수두레이리Suðureyri마을은 아주 가파른 수간다피요르Súgandafjörður의 그림자에 묻혀 4개월 간, 겨울동안 직사광선 없이 지낸다고 한다.

태양빛이 고산지대에 첫번째 내리쬐면서 마을을 비추는 것은 매년 2월 22일이며, 다른 서부 피요르 지역처럼 '햇빛커피 sunshine coffee'를 마시며 이날을 축하한다.

딘얀디 폭포
Dynjandi waterfall

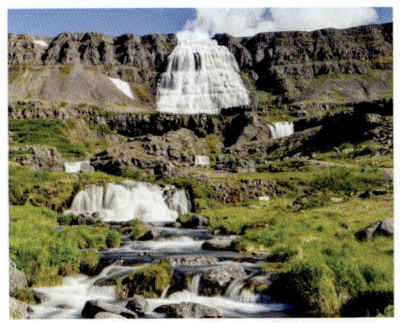

아르나르 피요르의 북쪽 팔모양의 머리쪽에 자리잡은 계단식 폭포이다. 메인 계단폭포인 펄스포스는 '산폭포mountain falls'

라는 뜻으로 산에서 100m 밑으로 떨어지며 폭 60m 부채꼴로 펼쳐져 떨어진다. 개별적으로 붙여진 계단폭포는 이름이 따로 있다.

훈다포스Hundafoss → 스트로쿠르Strokkur 굉구만나포스Göngumannafoss → 크리스바즈포스Hrísvaðsfoss → 쇼아르포스Sjóarfoss 순서로 연속적으로 떨어진다.

유럽에서 가장 서쪽 지점

라우트라비야르그
Látrabjarg

진정한 매력은 라우트라비야르그 Látrabjarg의 절벽에 가득차 있는 새들을 보러가는 것이다. 아이슬란드의 가장 서쪽 끝이며, 좁고 가느다란 먼지로 뒤 덮힌 도로를 가야한다.

길이 14㎞, 최고 444m 봉우리의 이 절벽은 아이슬란드 최대의 바닷새 서식지 중한 곳이다. 번식기에 퍼핀들은 절벽 위, 은신하는 굴 가까이까지 관광객이 다가와도 움직이지 않는다.

이용시간_ 6~8월(월, 화, 토요일)
2~3시간 보는 버스가 이사피요르와 브레이피요르 페리 사이를 왕복, 절벽의 정류장까지 운행
전화_ 893-6356

바튼스피요르
Vatnsfjörður

바튼스피요르Vatnsfjörður의 입구에 있는 브랸슬라이쿠르Brjánslækur는 브레이다 피요르 페리의 종착지이며 스나이페들스네스 반도의 스티키쉬홀무르Stykkishólmur와 하루에 2번 연결된다. (비수기에 토요일 운항 없음).

60번 도로는 피요르 주변 남쪽으로 계속되며 길고 구불구불한 도로이다. 우연히 희귀한 흰꼬리 바다독수리를 여기서 볼 수도 있을 것이다. 한 세기에 걸친 사냥 때문에 비록 70쌍 정도만이 남아(40쌍은 브레이다피요르에 산다) 보호종으로 지정되어 있다.

주요 주거지는 비야르칼룬두르Bjarkalundur 이며 비공식적인 서부 피요르의 출입문이다. 여기엔 바달피욜Vaðalfjöll의 쌍둥이 봉우리의 풍광 속에 호텔과 캠핑시설이 있다.

트롤의 전설
Troll legend

트롤은 원래 북유럽와 스칸디나비아 반도에서 나오는 전설 속의 괴물로 신화속에서 묘사가 되는 것은 조금씩 다르게 묘사되고 있다. 신과 싸우는 거인족이나 인간에게 해를 끼치는 나쁜 모습으로 묘사가 되기도 한다.

거인족인 요툰의 후예로 사람들이 잠든 고요한 백야에 나타나 마을을 어슬렁거린다고 나온다. 트롤이 나오면 가축들은 두려움에 떨어 암컷 새는 알을 낳지 못할 정도로 두려움의 대상이라고 한다. 요즘은 '괴물' 종족으로 판타지 게임의 캐릭터로 잘 나온다.

Landmannalaugar
& Highland

란드만나라우가 & 하이랜드

란드만나라우가Landmannalaugar의 캠핑장 중심에 노천온천이 있고, 주위에는 연기가 피어 오른다. 란드만나라우가는 토르파요쿨Torfajökull 화산 지역 근처에 위치한다. 지난 화산 활동은 약간의 북동부와 남서부 지대에서만 있어왔다. 가장 최근에 형성된 베이디보튼Veiðivötn의 화산 활동은 북쪽으로 30㎞ 가량 더 진행되어 있다.

란드만나라우가는 관광객들에게 자연온천으로 매우 인기가 많으며, 근처의 캠핑장도 여름이면 항상 캠핑족으로 붐빈다. 한여름에 자연온천 근처에는 수영을 하려는 사람들로 항상 북적이는데, 때로는 온천에 들어가려고 기다리는 경우까지 발생한다.

용암류 바로 아래의 따뜻하고 차가운 용천수들은 란드만나라우가를 하늘 아래 천국으로 느끼게 하고 있다.

여행자 쉼터 위에는 용암 지대 로우가흐라운Laugahraun이 있는데, 란드만나라우가의 사진은 대부분 이곳에서 촬영한 것들이다. 로우가흐라운은 용암벽 아래에서 지열수와 온천수의 물줄기가 합쳐져서 수영과 온천욕에 최적의 온도를 만들어 내는데, 과학자들은 15세기 말 폭발로 형성된 것으로 추측한다.

트레킹

란드만나라우가는 퍄라박 자연보호구역 Fjallabak Nature Reserve의 일부로 지역 내에는 많은 트레킹 코스가 있다. 트레킹을 시작하는 퍄라박은 베이스캠프로 운영되고 있다.

1~2시간 코스

퍄라박의 암석은 800~1,000만 년 전부터 형성된 것으로 그 모양이 다양한데 황량한 산 정상의 누런 색상은 유문암들이다. 차가운 기후 그리고 가을과 겨울의 모래폭풍 때문에 나무들은 찾기 힘들지만 건조한 용암 모래 위로 자작나무가, 습지에는 황새풀이 자라고 있다. 빙하 사이에 유문암 용암도 브란스길Brandsgil에서 발견되고 있다. 브란스길은 란드만나라우가 쉼터에서 1시간 정도 걸어가면 만날 수 있다.

1~2시간 정도가 소요되는 다른 인기 있는 트레킹은 빙하 아래의 유문암에 의해 형성된 940m 높이의 블라뉴쿠루Bláhnúkur 정상에 오르는 코스와 브렌니스테인살다 Brennisteinsalda로 가는 2개 코스가 있다.

당일 코스

5~6시간이 소요되는 하달다Háalda의 정상을 가는 코스도 추천할 만하다. 호수 프로스타스타다바튼Frostastaðavatn 주위를 한 바퀴 도는 코스로, 호수를 도는 데는 약 2~3시간이 걸린다.

3~4일 코스

여름에 가장 인기 있는 중요한 트레킹 코스로는 대략 4~5일이 소요되는 남서부의 소르스뫼르크로 향하는 53km짜리 로우가베이걸 코스가 있다. 이 트레킹 코스는 7~9월 초가 가장 좋은 시기이다.

주변에는 용암류, 유문암질 언덕, 빙하가 내려다보이는 황홀한 풍경 등이 있다. 길을 따라 걸으면 흐라픈틴누스케르 Hrafntinnusker, 아울프타바튼Álftavatn, 엠스트루르Emstrur에서 묵을 쉼터를 찾을 수 있다. 코스를 끝내고 많은 트레커가 트레킹을 연장해 2010년 에이야파틀라요쿨 화산 폭발로 형성되어 아직도 연기를 뿜어대는 핌보르하울스를 지나 남부 해안의 스코가르까지 가기도 한다.

▶가는 방법

레이캬비크에서 란드만나라우가까지 가는 버스가 여름에 매일 2회 운행한다. 트레스버스패스를 구입하여 아침 7시 45분과 18시 15분에 떠나는데, 버스패스는 인터넷이나 레이캬비크 캠핑장에서 구입 가능하다.

T21 & T23 FROM REYKJAVÍK T21 & T23 FROM LANDMANNAL	T21 ▼	T22 ▲	T23 ▼	T24 ▲
The Centre -Aðalstæti	07:30	18:30	12:30	22:00
Campsite Laugardalur	07:45	18:15	12:45	21:45
Ferðafélag - Mörkin 6	08:00	18:00	13:00	21:30
Hveragerði(Shell & N1)*	08:35	17:35	13:35	20:55
Selfosss(N1 gas station)	08:50	17:15	13:50	20:45
Hella(Bus stop & Campsire)	09:25	16:25	14:25	20:10
Leirubakki	10:00	15:45	15:00	19:30
Rjúpnavellir	10:10	15:30	15:15	19:15
Landmannahellir*	11:10	14:15	16:15	18:15
Landmannalaugar	11:40	14:00	16:40	18:00

남부 해안으로 가자!

여행자들은 란드만나라우가에서 몇 가지 루트와 마주한다. 26번, 32번도로를 따라 남서쪽으로 내려오면 남부 해안에서 1번 도로와 만나게 된다. 그러나 아마도 가장 극적인 것은 남동쪽의 블라팔Bláfjall과 연이어 만나는 해안 풍경으로, 장관 그 자체이다. 많이 좋아진 도로 상태이지만 이렇게 해안까지 가는 도로는 많은 강을 건너야 해서 모험과 다름없다. 강을 건너기 전에는 반드시 강물의 수심을 확인해야 한다. 따라서 예상한 시간보다 2배 정도까지도 생각해야 하는 긴 오프로드 운전이 될 것이니, 반드시 사륜구동 차량으로 이동해야 한다.

검은 풍경

길은 이후 용암 지대를 오르락내리락하며 약 20km가량 파도를 타듯 심하게 출렁인다. 헐벗은 암석은 때론 모래와 부석으로 덮여 있다. 헤르두브레이드Herðubreið산은 해발고도 1,682m로 주위를 감싸고 있는 평원 위로 솟아오르며 시야의 대부분을 차지한다. 구름이 잔뜩 낀 날이면 헤르두브레이드 산의 상단부가 가려져, 산의 우울한 느낌을 배가시킨다.

산을 올라가려는 사람들은 헤르두브레이다르린디르Herðubreiðarlindir의 안내소장에게 반드시 인원 체크를 해야 등반이 가능하니 체크인과 체크아웃을 잊지 말자. 소장은 등산로에 대한 상세한 정보를 제공해준다. 안내소에서 출발하여 정상을 밟고 돌아오면 12시간 정도 소요된다. 낙석이나 자갈이 떨어질 위험이 있어 조심해야 한다.(헬멧을 사용하면 좋다)

헤르두브레이다르린디르는 검은 모래와 용암 지대의 한가운데 있는 환상적인 오아시스이다. 식생이 풍부하고 용암 아래로 물이 솟는 것도 볼 수 있으며, 18세기 도망자 퍄틀라-에빈두르가 기발한 방식으로 지은 보금자리의 흔적도 찾을 수 있다.

해발 1,040m 그 어떤 예술 작품이 이토록 감동적일까? 차디차게 얼어붙은 빙하 아래 검게 탄 흙은 화산의 흔적이다. 서로 상극의 성질을 지닌 얼음과 불이 서로 심하게 다투며 만들어낸 란드만나라우가는 해발고도가 높아질수록 풀 한 포기, 나무 한 그루 찾아보기 힘든 황량한 풍경이 이어진다. 오래전 뜨거운 용암이 흘러내리며 내어놓은 산의 고랑들은 마치 자연의 붓질이 지나간 듯 오묘하고 신비롭다.

아이슬란드는 국토의 10%가 빙하로 덮여 있다. 아이슬란드는 지대가 꽤 높아서 높이 1,000m만 돼도 숨이 가빠올 때도 있다. 란드만나라우가 트레킹에서 시시각각 얼굴을 바꾸는 아이슬란드의 다채로운 모습을 볼 수 있을 것이다.

란드만나라우가는 볼거리가 많다. 로우가
흐라운Laugahraun 용암 지대, 란드만나라
우가 산장에서 서쪽으로 200㎞ 떨어진
온천, 브렌니스테인살다Brennisteinsalda의
다채로운 분출구, 리료티폴루르의 붉은
칼데라호, 란드만나라우가의 북쪽 유문
암 산 바로 위에 있는 호수 프로스타스타
다바튼Frostastadavatn 등이 있다.
아주 천천히 녹아내리고 있는 미르달스
요쿨 빙하가 자갈을 불도저처럼 밀어내
고 있다. 지구온난화 때문에 빙하가 녹아
없어지면서 커다란 모래 언덕을 남기게
되었다.

페르다페일라호 산장
(위도 N63°59.600, 경도 W19°03. 660)

▶Tel : 860-3335
▶요금 : 5,000kr / 캠핑장 : 1,000kr
▶수용 인원 : 75명
▶운영 기간 : 7~9월

선착순제로 운영되므로 늦게 도착하면 사
용할 수 없다. 단체 인원이 많아 여름에는
항상 만원이다. 이럴 때는 캠핑장을 이용해
야 한다. 화장실과 샤워 시설이 있어서 사
용할 만하다.

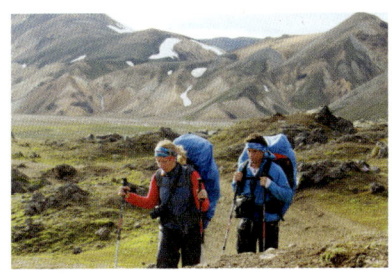

도 건너고 변화무쌍한 날씨에 적합한 등산복과 장비도 필요하다. 자신에게 맞는 등산화와 충분한 식량, 마실 물은 매일 준비해야 한다. 대부분 북쪽에서 출발해 남쪽으로 가는 코스를 이용하는데, 3~4일 정도 걸린다. 남부 해안의 스코가르 마을까지 가는 5~6일 코스를 가는 트레커들도 있다.

코스를 따라 산장이 배치되어 있으니 매일 자신의 상태에 맞도록 트레킹하면 된다. 란드만나라우가 입구에 가면 트레킹 코스에 대한 정보를 얻을 수 있으니 반드시 미리 확인하고 출발해야 한다. 여름에는 단체 여행객이 많아 예약이 완료되는 경우도 많다.

란드만나라우가 트레킹은 보통 80㎞ 코스를 말하는 것이다. 로우가Lauga는 '물웅덩이'라는 뜻이고, 베이걸Vegur은 '길'이라는 뜻이다. 곧 '물웅덩이로 들어가는 길'이라는 뜻이다. 로우가베이걸 트레킹은 5~10월까지 가능한데, 6~8월까지가 많고, 7~8월이 가장 추천하는 기간이다.
5일 동안 80㎞를 완주하려면 하루에 16㎞씩 걸어야 한다. 남자들은 3일에 완주하기도 한다. 3~5일 동안 적절한 체력 안배와 호흡 조절이 필요하다.
몸 상태만 괜찮으면 여자들도 가능하다. 우리나라 제주 올레길처럼 너무 쉬운 코스는 아니니 준비는 철저히 해야 한다. 강

란드만나라우가 트레킹 문의
▶ Tel : 568-2533
▶ 홈페이지 : www.fi.is;
▶ 주소 : Morkin 6, Reykjavik

란드만나라우가 트레일 코스(4박 5일)

란드만나라우가

라우가베구르 트레일 시작

Brennisteinsalda
브렌니스테인 살다

Bláhnúkur (943m)

휘이틀라뱌튀 국립공원

Hrafntinnusker Huts 흐라프틴튀 누스케르 산장

그라튼 노스켈 산장 (해발 1125m)

Hvanngil Hut & Camping Ground

스토라쉴라 Storasúla (820m)

Álftavatn Huts

알프타뱌튼 산장

알프타뱌튼

Stóra Grænafell (850m)

1일차

1일차
란드만나라우가Landmannalaugar → 흐라프틴누스케르Hrafntinnusker
[이동거리 10km, 오르막 470m, 트레킹 5시간]
1. 화산암으로 이루어진 란드만나라우가 남쪽지역의 언덕을 지나간다.
2. 라우가흐라운(Laugahraun)의 암석지대와 브렌니스테인살다
(Brennisteinsalda) 온천지대를 통과

2일차
흐라프틴누스케르Hrafntinnusker → 알프타뱌튼Álftavatn
[이동거리 14km, 내리막 490m, 트레킹 5시간]
1. 구불구불한 언덕들을 지나 흐라프틴누스케르(Hrafntinnusker) 고원
까지 이동.
2. 고원을 가로질러 횡단하면 묘퀴튼구르(Jökulltungur)의 도랑
3. 알프타뱌튼(Álftavatn) 산장 도착.

2일차

2일차
알프타뱌튼Álftavatn → 엠스트루르Emstrur
[이동거리 15km, 내리막 40m, 트레킹 5시간]
1. 봉우리들과 맞은 편의 미르달스요쿨 빙하(Mýrdalsjökull)가 함께
기대한 분위기를 통과.
2. 작은 규모의 초원지대가 형성되어 있는 엠스트루르(Emstrur)

미르달스요쿨
Mýrdalsjökull

보트나르 산장
(Emstrur)Huts

쏘르스모르크 산장
Þórsmörk Huts

3일차

엠스트루르Emstrur ➜ 쏘르스모르크Þórsmörk
[이동거리 15km, 내리막 300m, 트레킹 5시간]

1. 미드가르피요르스류쿠르Markarfljótsjökur까지 지점.
2. 미드달스요쿨 빙하Mýrdalsjökull와 에이야프얕라요쿨Eyjafjallajökull 사이에 위치한 쏘르스모르크Þórsmörk를 향해 계속 남으로 이동.
3. 쏘르스모르크에 다가갈수록 서서히 초원지대로 변화되며, 계곡에 이르면 자작나무가 우거진 숲이 나타남.
4. 계곡으로 이동하기 위해서는 미드달스요쿨 빙하Mýrdalsjökull에서 흘러져 나온 강을 건너야 하므로 아래 바닥이 얕은 여울을 통해 강을 건넘. 날씨가 좋으면 지평선을 따라 에이야프얕라요쿨Eyjafjallajökull 모습을 볼 수 있음.
5. 산장 도착 후 숙박.

4일차

쏘르스모르크Þórsmörk ➜ 핌뵈르두할스Fimmvörðuháls
[이동거리 12km, 오르막 900m, 트레킹 5시간]

1. 고다란드Godaland의 아름다운 산등성이를 따라 핌뵈르두할스Fimmvörðuháls 고개로 이동.
2. 모린스헤이디Morinsheiði 고원에 오르면 풍경 감상.
3. 2010년 화산 폭발이 일어났던 에이야프얕라요쿨Eyjafjallajökull 화산의 분화구와 이 곳에서 분출되어 나온 용암원 지대를 지남.

쏘르스모르크 산장
Þórsmörk Huts

Húsadalur Hut

Básar Hut

핌뵈르두할스 산장
Fimmvörðuháls Hut

3일차

4일차

5일차

● 스코가포스

휘아틀라박 국립공원 안으로 들어가 로우가베이걸 트레킹을 시작하는데 란드만나라우가는 지질학적으로 아주 독특한 지형을 이루고 있다. 아이슬란드뿐만 아니라 전 세계에서도 보기 힘든 지질학적 특징이 있다. 정확히 알 수 없지만 불타는 땅이 500~600m 정도 되는 얼음으로 덮여 있다. 그래서 검은 황무지가 내뿜는 느낌은 많은 작가의 영감이 되기도 했다.

『반지의 제왕』의 작가 톨킨은 죽음의 땅 모르도르의 밑그림을 이곳에서 그려냈다고 하고, 『십오 소년 표류기』를 쓴 작가 쥘 베른은 아이슬란드의 한 분화구에 지구의 중심으로 들어가는 길이 뚫려 있어 지구 속을 여행할 수 있을 거라 생각하고 『지구 속 여행』이라는 소설을 썼다. 아이슬란드는 지금도 살아 숨쉬는 활화산이 수십개나 된다. 뜨거운 열을 주체할 수 없어 무성한 열기를 내뿜고 있다. 그중에서 란드만나라우가 트레킹은 마치 안개 속을 걷는 듯하다.

란드만나라우가 산장에서 로우가흐라운 용암 지대를 건너 840m인 브렌니스테인살다 산으로 올라간다. 황량한 화산암 언덕을 지나 스토리크베르Storihver로 내려가

면 하얀 눈들이 덮여 있는 진한 땅색의 황무지 지대가 나오고 고개를 넘으면 흐라픈틴누스케르 산장Hrafntinnusker hut이 나온다.

트레킹 내내 마그마가 분출되어 아주 천천히 흘러간 용암의 길이 보이는데 두껍고 뻑뻑한 느낌이다. 두께가 50m는 된다는데, 그 아래는 아직도 따뜻하다. 50m를 파보면 아직 따뜻하겠다는 생각이 든다. 하지만 500년이 지났는데도 용암이 흐른다니, 상식적으로 상상이 안 된다.

흐라픈틴누스케르 트레킹은 화산암 산등성이의 옆을 지나는 동안 가파른 지대가 나오면서 온천과 구멍이 뚫린 땅들이 보인다. 정상을 지나면 매우 가파른 내리막길이 위쿨퉁귀르Jokultungur 정상부터 알프타바튼Alftavatn 계곡까지 이어진다. 트랙의 끝에 산장 두 개가 있다. 다시 남쪽으로 시냇물을 몇 개 건너 5km 지점을 지나면 흐방길Hvanngil 산장과 캠핑장이 나온다. 그러니 산장이 다 찼다고 실망하지 않아도 된다.

해발 900~1,000m 정도 되는 언덕처럼 보이는 산을 따라가면 여름에도 얼음이 녹지 않고 계속 남아 있는 곳이 보인다. 2010년에는 화산 폭발이 일어나 모든 길이 통제되기도 했다. 폭발로 일어난 화산재가 전 지역으로 퍼졌고 다시 와보니 검은 먼지로 뒤덮이기도 했다는데 아직도 검은 재들이 얼음 위에 남아 있는 장면이 가끔씩 보이기도 한다.

칼다클로프스크비슬Kaldaklofskvisl 다리를 건너 '엠스트뤼르Emstrur/플리오츠흘리드Fljotshlid)'라고 쓰여 있는 길을 따라가다 무릎 깊이의 블랴팔라크비슬Blafjallakvisl을

건넌다. 그러면 검은색 모래와 부석으로 이루어진 5㎞의 사막 지대가 나온다. 사막 가운데 피라미드 모양의 스토라술라 Storasula 산이 있다.

일행과 함께 산을 오르면 신뢰를 쌓아가며 믿고 의지하는 동지로 거듭난다. 낯선 시간, 낯선 공간만큼 상대의 진짜 모습을 알 수 있는 기회도 드물 것이다. 익숙하지 않은 자연의 길 위에서 매 순간 새로운 모습을 발견하고 기회의 폭을 넓힌다. 시

리도록 차가운 빙하의 냉정함과 화산처럼 끓어오르는 열정이 있다면 뭐든 할 수 있고, 서로를 향한 이해의 폭을 넓힐 수 있다.

한여름에 가끔 눈보라가 몰아치기도 하는데 길을 가다가 목숨을 잃은 젊은 등산객의 묘지도 볼 수 있다. 걸었다가 쉬면서 다시 몸을 추슬러 지친 몸을 재촉한다. 하지만 같이 가줄 수는 있어도 대신 가줄 수는 없는 것이 길이고 또 인생길이다. 다만 시린 바람을 맞으며 가파른 고개를 넘을 때 나란히 곁에서 함께 나누는 온기와 숨결만으로도 힘이 되는 존재가 동행이다. 하나의 풍경을 향해 같이 걸어가며 호흡을 맞추다 보면 마음까지 맞출 수 있는 동행의 묘미를 우리는 길 위에서 알아챌 수 있다.

다음 장벽은 인리-엠수트뤼아우Innri-Emstrua 강이다. 다리로 연결되어 있지만 무릎 깊이의 운하가 있을 수도 있다. 다리

를 건너 정상까지 올라가면 왼쪽에 '피 스
카울리Fl Skali' 표지판이 보인다. 그 표지
판을 따라가면 사막을 지나 보트나르
Botnar(엠스트뤼르) 산장이 나온다.

3일차

작은 산장을 지나 가파른 내리막길을 내
려가 프레미리Fremri-엠스트뤼아우
Emstrua를 건넌다. 여기서부터 리오사우
Ljosa 다리까지는 대체로 평이한 길이 이
어진다.
란드만나라우가 길을 걷노라면 '걷는 이
유는 무엇일까?'라는 물음을 계속하게 된
다. 자연 속에 있다 보면 나 자신이 좀 더
겸손해지며 걷고 또 걷게 된다. 경이로운
풍경만큼 값진 선물은 없을 것이다. 죽음
의 땅에서 생명의 땅으로, 불의 땅에서 얼
음의 땅으로 시시각각 모습을 바꿔온 길
란드만나라우가. 세상의 끝과 시작이 맞
닿은 란드만나라우가에서 보게 될 것이
다. 꾸밈보다 소중한 여백을, 채움보다 아
름다운 비움을….
위치도 방향도 가늠하기 힘든 황량한 땅.
이정표가 알려주는 대로 바람처럼 흘러
온 지 3일째에 척박한 땅에서도 생명을
지켜온 작은 식물들을 제외하고는 아무
것도 찾아보기가 힘들다. 마치 이름 모를
외계의 행성에서 표류하는 것 같은 이 낯
선 느낌과 분위기!

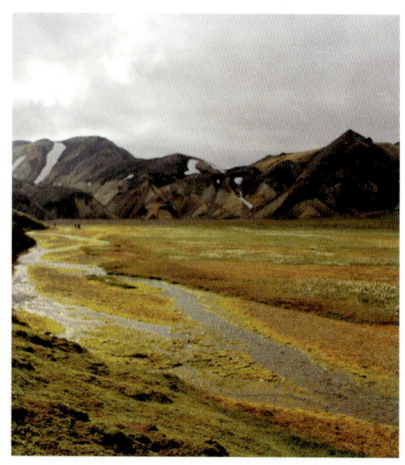

이 기묘한 지형들은 화산 폭발과 빙하 침
식의 산물이다. 태초에 빚어진 자연을 그
대로 간직한 땅일 것이다. 여기서는 두 눈
과 사진으로만 채워야 한다. 이 광활한 자
연에서는 자신을 내려놓아야 한다. 그래
야 3일 동안 쉽게 걸을 수 있다. 때로는
바람에 떠밀려 갈 것 같기도 하다. 온몸을
휘감는 바람과 귓전을 때리는 물소리가
일상에 무뎌진 감각을 일깨워주기도 한
다. 쉼없이 펼쳐지는 대자연의 파노라마
를 3일 동안 함께하면 힐링은 자연스럽게
이루어진다.
그다음 언덕을 건너면 다리가 없어 힘든
브롱가bronga 강이 나온다. 반대편 둑 쪽
길은 명확하지 않다. 건너는 표시가 있는
곳의 서쪽에 있는 V자 모양의 협곡을 찾
는다. 거기서부터가 포스막Þorsmork 숲 지
대다. 교차로에서 오른쪽으로 가는 길을
따라가면 레이캬비크 익스커전스의 후사
달뤼르 산장Husadalur hut이 나온다. 왼쪽
길로 가면 페르다페일라흐 이슬란
Ferdafelag Islands의 포스막 산장Þorsmork hut
이 나온다. 캠핑은 산장 근처에서만 가능
하다.

아스캬
The Askja

내륙부로 들어가는 스프렝기산두르와 키욀루르 루트보다 아스캬 루트The Askja route는 까다로워 들어가려면 항상 고민하게 만든다. F88, 비포장도로는 사륜 구동 차량만 이동할 수 있으며 절대 이륜구동 차량은 진입하지 말아야 한다(스코다 차량도 불가). 도로도 길어 약 64㎞ 정도를 가면, 빙하강 요쿨사 아우 플룸Jökulsá á Fjöllum을 지나 헤르두브레이드Herðubreið 산에 도착한다. 길은 이리저리 굴곡진 도로를 따라가면 린다Lindaá 강변으로 향하고, 용암지대를 오르락내리락 하며 한동안 심하게 롤러코스터를 탄 듯 출렁인다.

헤르두브레이드 산Mount Herðubreið은 1,682m로 날씨의 변화가 심하고, 구름이 끼면 헤르두브레이드 산의 상부가 가려져, 우울한 아이슬란드를 맛볼 수 있다. 산을 올라가려고 한다면 헤르두브레이다르린디르Herðubreiðarlindir의 입구에서 정보를 제공받아야 입산이 가능하다. 안내소에서 정상까지 올라갔다가 돌아오면 약 12시간 정도가 소요된다고 한다.

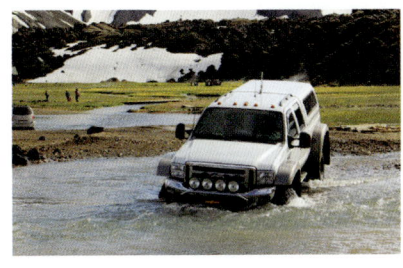

헤르두브레이드Herðubreið에서 아스캬까지 약 35km정도의 거리로 황토색 지형을 지나는데 바람이 강하므로 차량이 심하게 흔들리기 때문에 조심해야 한다. 아스캬의 북쪽은 '나쁜 용암 대지'라는 뜻의 넓은 오다흐라운Ódáðahraun이라는 세계에서 가장 큰 용암지대를 지나간다.

아스캬 산(Mount Askja)

아스캬Askja 산 안에는 청록색의 분화구 호수Viti Lake가 있고, 그 뒤로 파란색 호수 Öskjuvatn Lake가 연이어 위치한다. 엄청나게 많은 용암이 한꺼번에 분출한 흔적이 있는 아스캬Askja 화산은 보통의 화산과 다르다. 보통 화산이 분출하려면 마그마의 공간이 생성되고 그 위로 화산이 만들어진다.

헤클라 화산
Hekla Mountoin

헤클라 화산은 1,104년 화산 폭발 이후, 화산 폭발만 20~30번이 넘고, 1,300년경에는 1년 가까이 용암의 분출이 계속됐다는 아이슬란드에서 가장 위협적인 화산 가운데 하나다. 하지만 지금은 예측이 가능하여 위험한 장소는 아니다.

헤클라 화산은 최근에도 왕성한 활동성을 보여 1970년, 1980년, 1991년, 2001년까지 총 4차례 분화했다. 헤클라 화산의 남쪽으로 2010년에, 200년 만에 분화하여 전 유럽의 항공기들이 날지 못하게 한 에이야프야틀라이외쿠틀Eyjafjallajökull화산이 있다. 화산이 폭발하면 용암이나 화산재에 의한 피해보다 용암이 빙하를 깨며 많은 물이 흘러나오기 때문에 화산 근처의 시설들은 거의 다 무너지거나 다리는 끊기기도 한다. 아이슬란드에서는 다리를 튼튼하게 만들지 않는 이유이기도 하다.

그런데 아스캬 화산은 가운데 화산이 있어서 하나의 화산이 위로 분출하는 것이 아니고, 지각이 양 옆의 틈으로 거대한 용암류가 분출하는 현상이 발생한다. 일명 '틈분출'이라고 말하는 현상이다.

앞에 있는 비티호수Viti Lake는 아이슬란드어로 지옥이라는 뜻으로 호수의 수온은 20~60도 사이이다. 지옥같은 경험을 맛보게 했다는 이야기인줄 모르겠지만 지금은 믿을 수 없는 장면을 선사하고 있다. 화산이 분출된 지 140년이나 지났지만 현재도 유황냄새가 나고 연기가 나온다. 블루라군 온천에서 보는 이산화규소가 포함되어 피부미용에 좋은 실리카 머드Silica Mud를 이곳에서도 볼 수 있다.

> '요쿨'이란 아이슬란드어로 빙하(발음은 '이외퀴들')를 의미하고, 빙하를 뚫고 나온 화산에는 끝에 '요쿨'이라는 이름이 붙는다.

블루라군이나 칼데라의 호수들이 청록색으로 보이는 이유

칼데라의 틈으로 빗물이 들어가고 마그마가 아직 존재하므로 그 물을 데우고, 뜨거워진 물이 다시 지표면으로 올라올 때 주변에 있는 암석들이 가지고 있는 철(Fe)물질을 녹여내면서 나오게 된다. 철(Fe)때문에 물 색깔이 청록색으로 보이게 하는 것이다.

산장에서의 2박 3일 일정

▶1일차 : 하이포스 → 갸우인정원Gjän
　　　　 → 스통Stöng
▶2일차 : 헤클라 산 트레킹
　　　　 (약 4시간 소요)
▶3일차 : 란드만나라우가 자연 노천온천

홀라스코구르 산장
Tel_ 780 6113
수용인원_ 약 80명
샤워실_ 4개
화장실 1층 하나

트레킹 코스
하이포스(Hipos) → 갸우인정원(Gjain) →
스통(Stöng)

하이포스
Haífoss

아이슬란드에서 세 번째로 높은 폭포다.
122m의 높이에서 떨어지는 풍경은 사진
으로 담을 수 없을 만큼 장엄하다. 하이포
스 근처의 주차장에 주차하고 평지의 조
그만 폭포를 생각하고 다가갔는데, 엄청
난 반전 매력을 뽐낸다. 마치 거대한 폭포
가 무엇인지를 보는 느낌이다. 폭포수가
떨어지는 지점에 큰 화강암바위가 있는
데, 가운데가 움푹 들어간 모습만 보더라
도 폭포수가 얼마나 강력한지를 짐작하
게 한다.
하이포스 좌측으로는 빙하가 만들어놓은
물줄기가 나 있고 우측으로는 하이포스보
다 작은 또 다른 폭포가 있다. 하이포스는
아이슬란드의 숨은 매력을 찾으려는 사진
작가들이 빼놓지 않고 들르는 곳이다.

갸우인
Gäuin

산장 밑에 위치한 인공정원이지만 인공
적인 느낌은 거의 나지 않는다. 인랜드에
이처럼 아름다운 정원이 있을 거라고 누
가 생각했겠는가! 갸인정원을 본 관광객
들은 감탄을 금치 못한다. 햇살이 따뜻한
날이면 관광객들은 작은 주상절리 폭포
아래에서 명상을 하고 이야기를 나누며
편안한 시간을 즐긴다.

스통
Stöng

바이킹 시대의 농장이었던 스통은 바이
킹이 살았던 집터를 보존해놓아 아이슬
란드에서 역사적인 의미를 지니고 있는
장소다. 그러나 관광객들에게 큰 감흥을
주지는 못한다. 다만, 갸인정원 인근에 있
기에 이동하기 편하다는 장점이 있다.

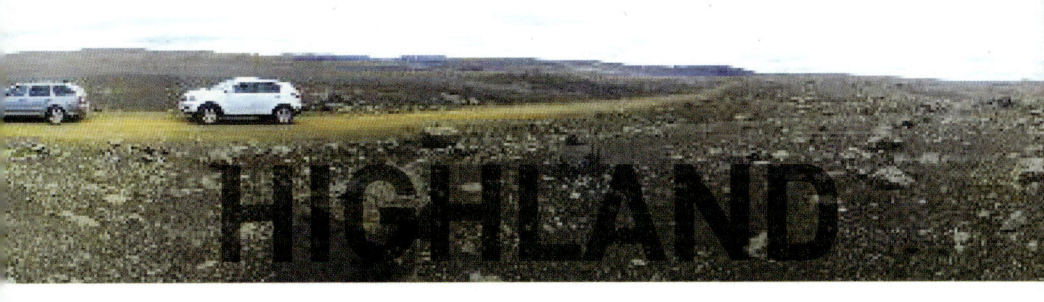

HIGHLAND

아이슬란드는 대부분이 인간의 손때가 묻지 않는 곳이 대부분이다. 그중에서 가장 자연 그대로의 모습을 잘 간직한 곳을 다시 찾는다고 한다면, 아이슬란드의 내륙인 하이랜드Highland이다. 인랜드Inland라고도 부르는 하이랜드는 가장 반전의 매력과 양극단의 풍경이 있는 장소로 반드시 사륜구동 차량으로만 갈 수 있다.

겨울 내내 눈과 바람이 몰아치는 하이랜드는 매년, 7월이 되어서야 통과가 가능하다. 하이랜드는 험하기 때문에, 눈이 녹아 흙탕에 차가 빠지고, 변화무쌍한 날씨에 기진맥진해질 각오를 하고 가야 한다. 끝없이 이어지는 불모의 땅에 나 혼자만 덩그러니 서있을 때에, 우주에 홀로 떨어져 있는 느낌이다. 옛날에는 아이슬란드의 마을에서 쫓겨나면 어쩔 수 없이 살게 되는, 현지인조차 꺼리는 하이랜드가 전 세계의 모험을 하고 싶은 관광객들을 부르고 있다.

하이랜드의 역사

13세기부터 아이슬란드에 정착하는 이들이 7만 명을 넘게 된 시기에 아이슬란드 남북 사이를 오가는 시간을 단축하고 싶은 생각에 중앙지역을 가로지르는 길이 필요하게 되고, 3개의 루트가 뚫리게 되었다. 지금도 하이랜드는 사람은 살지 않고 거대한 지역이 여름에만 인간에게 길을 허락하고 있다.

아이슬란드의 정착시기인 8세기에는 내륙으로 들어가는 바이킹은 없었다. 간혹, 사회에서 쫓겨난 도망자들만 어쩔 수 없이 이 차가운 땅에 들어와 살았다고 한다. 도망자의 땅이 지금은 모험가들이 가고 싶은 아이슬란드 최고의 여행지이다. 하이랜드의 메인 도로가 내륙을 관통하는 퀼루르Kjölur와 스프렝기산두르Sprengisandur루트가 있다. 독특한 내륙지역을 탐험할 수 있는 기회를 얻으려 매년 아이슬란드를 찾는 모험가들이 늘어나고 있다. 전 세계의 어디에도 인간의 문명에서 멀어질 수 없고, 아름다운 장관을 보여주지 못한다. 아이슬란드의 극적인 장면들은 빙하로 갈라져있는 만년설, 괴상한 용암과 광활한 평원, 크고 작은 화산들, 얼어버린 사막과 빙하가 녹은 빙하수에 의해 퇴적된 검은 모래 평원 등이다. 내륙부의 남서쪽이자 바트나요쿠틀 빙원이 바로 위쪽, 때묻지 않은 자연 그대로의 땅은, 최근 건설된 카우라뉴카르Kárahnjúkar의 댐으로 인해 여론이 서로 엇갈린 상태이다. 이는 환경보호와 관련된 이슈에 있어서 아이슬란드 사상 가장 큰 논쟁으로 번지게 되었다.

달비크
Dalvík

82

고다포스
Goðafoss

87

글리움베어
Glaunmbær

아쿠레이리
Akurevri

미바튼호수
Mývatn

바르마홀리도
Varmahild

B

2

F821

3

블로두론
Blöndulón

F26

D

F35

F752

A

F910

흐베라베들리르
Hveravellir

호프스요쿨
Hofsjökull

E

4

랑요쿨
Langjökull

쿌룔르
Kjölur

F26

5

게이시르
Geysir

굴포스
Gullfoss

포리스바튼
Þórisvatn

1

A

6

B

홀라스코구르
Hólaskógur

ICELAND

1

842번 도로
고다포스 → 바우르다르달루르 협곡 → F26번 도로 → 알데이야르포스Aldeyjarfoss → 오우다우다흐라운Ódáðahraun

2

F821 국도
에이야피요르두르 협곡 → 니이바이르Nýibær → 라우가펠

3

F752 국도
베스투르달루르 협곡 → 소를료우트스타디르Þorljótsstaðir → 오라바튼스루스티르Orravatnsrústir → 오라회이가르Orrahaugar → 빙하강 외이스타리 요쿨사우Austari Jökulsá → 외이스투르부구르Austurbugur 다리

4

블라우페틀 산Mount Bláfell(해발 1,204미터) → 산다우 강River Sandá → 하가바튼Hagavatn → 흐비타르바튼Hvítárvatn → 흐비타 강River Hvítá → 호프스요쿨Hofsjökull → 인리−스쿠티Innri-Skúti → 요쿨팔Jökulfall→ 케르링가르푤kerlingarfjoll → 블라우크비슬Blákvísl → 칼펠Kjalfell → 베이나홀Beinahóll

5

가이사바트날레이드Gæsávatnaleið → 요쿨파틀Jökulfall → 오우다우다흐뢰인Ódáðahraun → 알데이야르포스Aldeyjarfoss → F26번 도로 → 바우르다르달루르 협곡 → 고다포스 → 842번 도로

광활한 지평선에 조심해야 한다.
넋이 나간다.

오프로드 자동차를 타고 아이슬란드의 도시와 해안가, 내륙 곳곳을 탐방할 수 있다. 여름의 아이슬란드는 위도가 높아 한밤중에도 해가지지 않는 백야로 시간이 길어진 듯하다. 해가지지 않으니 쉽게 잠들지 못한다. 간신히 피곤해 새벽녘 어스름한 빛 속에, 서늘한 느낌이 드는 순간, 불어 닥친 바람에 갑자기 겨울처럼 추워진다.

모험가들의 아쉬움에도 불구하고 여전히 인기가 높다. 7월이라 해도 가끔은 눈과 눈보라를 만날 가능성도 많다.

하이랜드의 날씨는 매일 변화무쌍하여, 날씨는 예측불가능하며 숙소도 거의 없어서 지정된 지점을 제외하고는 캠핑을 하는 것이 유일한 방법이다. 스프렝기산두르Sprengisandur나 퀼루르Kjölur와 같이 주요 지역에 위치한 시설들은 가장 기본적인 시설만이 있어서 강풍 속에 텐트를 치고 지낼 수밖에 없다.

하이랜드 루트

내륙인 하이랜드로 들어가기 위해서는 차량의 문제가 있다. 도로는 좁아지고, 거친 화산 도로는 대부분이 사륜구동만으로 통과할 수 있다. 내륙으로 들어가는 도로는 7~8월, 한여름에만 개방되어 많은

내륙인 하이랜드를 지나는 교통수단은 레이캬비크와 아쿠레이리 사이를 운행하는 버스에서부터 산악자전거에 이르기까지 다양하다. 교통수단을 직접 준비하게 되는 경우에는 준비 과정에 세심한 주의가 필요하다.

1. 하이랜드의 날씨는 누구도 예측할 수 없다. 여행하려고 생각한다면 겨울 옷가지와 식량 등을 미리 철저히 준비해 통과해야 한다. 모든 음식과 식수, 경우에 따라서는 연료를 포함하여 필요한 모든 것을 제대로 챙겨가야 한다.

2. 4륜차만이 다닐 수 있다는 것을 명심하자. 포장되지 않은 오프로드를 통과해야 하니 반드시 4륜차를 가지고 하루에도 몇 번씩 변화하는 날씨에도 상관없고 갑자기 나타나는 물길도 지나가야 한다.

3. 차량이 험한 길을 달리고 차량의 훼손이 생길 수 있어 렌트카의 보험도 풀보험으로 가입을 해두어야 보험 처리도 별문제가 생기지 않는다.

4. 렌트카는 일반 2륜 차보다 2배 이상의 가격이 된다. 물가 높은 북유럽의 아이슬란드인데 하루 렌트비는 손이 떨리게 되는 수준이 된다. 하이랜드는 7~8월 성수기에만 지나갈 수 있어 더 비싸진다.

5. 차량 견인이나 빼내는 방법과 날씨 사정에 어떻게 대처해야 하는지 충분히 숙지해야 한다.

6. 아이슬란드 정부는 늘어나는 관광객이 좋지만 인랜드의 자연이 훼손되는 것을 원하지 않는다. 오프로드지만 정해진 길이 아닌 다른 길로 가다가, 자연이 훼손될 경우 벌금을 부과하고 있다.

퀼루르
Kjölur

퀼루르 루트의 도로(F35 국도)는 중세의 사가 시대에 사용되었던 샛길을 기반으로 하는 내륙을 가로지르는 연결선 중 하나로, 도로는 랑요쿨과 호프스요쿨Hofsjökull 빙원 사이를 지나게 된다.

당연히 사륜구동 자동차가 바람직하지만, 남서부 굴포스Gullfoss에서부터 시작해 북부의 블뢴두달루르Blöndudalur협곡까지 들어가는 루트의 남쪽 부분에는 2륜 차량 역시 간혹 보이기도 한다. 흐베라벨리르 Hveravellir의 천연 온천으로 향하는 길의 초반부는 자갈, 돌, 바위의 길을 달리게 된다.

흐베라벨리르를 넘어가면, 길이 점점 진흙탕으로 변하면서 길의 상태는 더 악화된다. 악화된다고 하더라도 다른 내륙 노선들과 비교하면, 퀼루르는 항상 상대적으로 사람들이 별탈 없이 여행을 할 수 있는 루트의 역할을 해왔다(역사적으로, 말을 타고 이동하는 여행자들에게는 초지가 펼쳐진 이 지역이 말의 배를 채우는 데 중요했다) 그리고 오늘날 F35 국도를 따라 흐르는 모든 주요 강에는 다리가 있어 위험하지는 않다.

스프렝기산두르
Sprengisandur

아이슬란드 여행인 하이랜드의 스프랭기산두르 루트를 통과하거나, 트레킹이 가능한 란드만나라우가Landmannalaugar에서 1~5일동안 트레킹을 하는 또 다른 아이슬란드 여행을 하는 여행자들이 급속도로 퍼지고 있다.

하이랜드를 처음으로 통과할 때 베이스캠프처럼 두는 장소가 트레킹으로 유명한 란드만나라우가이다. 란드만나라우가의 산장이 있지만 일찍 산장 예약은 끝나기 때문에 대부분은 텐트를 치고 숙박할 수 있는 캠핑장에서 지낸다.

스프렝기산두르 지역을 관통하는 루트는 아이슬란드 북부의 다양한 길을 통해 접근할 수 있다. 스프렝기산두르 루트가 키윌루르 루트 보다는 접근이 용이하지만, 여전히 사륜구동 자동차는 필수적이다.

루트의 시작점으로 향하는 길에는 크게 세 개가 있는데, 이들은 스프렝기산두르의 가장자리에 위치한 라우가펠Laugafell이나 그 근처에서 하나로 합쳐진다.

내륙부를 가로지르고 나면, 메인 루트는 멀고도 아름다운 란드만나라우가지역에 닿게 된다. 남부 해안으로 계속해서 내려가기 전에 잠시 짬을 내어 하이킹을 가볼 만 하다.

'파괴자'의 대명사, 바이킹

8세기 말, 유럽대륙은 다시 대변화가 시작되었다. 북쪽 바다의 바이킹들이 출몰해 거침없이 약탈해 갔기 때문이다. 바이킹은 몸집도 크고, 바이킹인들은 거칠고 포악해서 유럽인들은 바이킹이 나타나기만 해도 도망갔기 때문에 꼼짝 못하고 빼앗기고 말았다. 바이킹은 특이하게 약탈만 하고 건물이나 유적은 파괴하지 않았다.

'바이킹'이라는 뜻은 '좁은 강에서 온 사람'이라고 한다. 바이킹은 북유럽부의 스칸디나비아 반도(지금의 스웨덴, 노르웨이, 핀란드)에서 가축을 키우며 평화롭게 살았다. 그러나 날씨가 따뜻해지면서 농사를 짓는 기간이 늘어나자 인구가 급격히 늘어났다. 곡식을 지을 땅은 별로 없는데, 좁은 땅에 사람이 많아지니, 서로 땅을 차지하기 위한 싸움이 늘어났다. 결국 많은 바이킹인들이 먹고 살기 위해 땅을 찾아 나섰다.

8세기 말, 일부 바이킹들이 배를 타고 영국의 동쪽 해안에 상륙했다. 이들은 근처의 수도원을 공격해 수도원의 식량을 모두 빼앗았고, 다시 고향으로 돌아와서 사람들에게 이야기했다. 이에 자극을 받은 바이킹들이 경쟁하듯이 침략에 나서면서 새로운 '바이킹의 역사'가 시작됐다. 바이킹은 영국뿐만 아니라 아이슬란드, 프랑스, 러시아까지 침략했다. 바이킹은 새로운 땅에 정착하기도 하고, 수시로 침략에 나서기도 했다. 바이킹의 행동이 거침없어서 유럽에서 '바이킹'은 '약탈자'로 통하게 되었다.

전설의 바이킹인 붉은 털 에릭은 그린란드를 개척했고, 그의 아들 레이뷔르 에릭슨은 서쪽으로 오랜 항해를 계속하여 새로운 땅을 발견하고 '빈란드'라고 불렀다. 그곳은 바로 아메리카 대륙이었다. 콜롬버스가 15세기에 신대륙을 발견하기 500년 전이었다.

바이킹이 상륙하면서 유럽대륙의 공격에 성공한 비밀은 그들의 배에 있다. 북유럽에 살고 있

는 땅은 좁고 협소한 강이 많은 곳이었다. 빙하에서 흘러나온 물은 좁은 골짜기 사이로 흐르면서 유속이 매우 빠르기 때문에 강을 이동하려면 좁고 긴 배가 필요했다. 바이킹은 환경에 적응하기 위해 이동이 편리하고 육지에 상륙하기 쉽고, 물품을 많이 실을 수 있는 배를 고안해 낸 것이다.

이러한 바이킹의 배는 당시의 유럽에서는 생각하지 못한 구조였다. 주로 유럽대륙의 느린 유속이 흐르는 유럽의 강에서는 폭이 넓은 배를 만들었다. 바이킹의 뛰어난 선박 제조기술과 항해술로 기습공격을 할 수 있었고, 뱃머리에 붉은 방패를 올려 앞머리를 눌러 더욱 배의 속도가 빨라졌다. 붉은 방패는 유럽인들에게는 공포의 대상으로 떠오르면서 바이킹의 배를 본 유럽인들은 싸우기도 전에 겁을 먹었다.

예상하시 못힌 비이킹의 배들을 보며 바이킹이 나타나면 도망을 갔고, 약탈품을 빼앗은 다음 빨리 도망쳐 버리면 바닥이 넓은 배로는 바이킹을 쫓아갈 수가 없있다. 비이킹이 어느 곳에 나타날지도 알 수 없었기 때문에 모든 해안 지역을 미리 막을 수도 없었다.

바이킹은 필요한 물건만 약탈했다. 때로는 자신들이 가진 물건을 그곳의 특산품과 바꾸어 돌아가기도 했다. 하지만 바이킹은 거친 환경에서 살고 있어서 사람을 잔인하게 죽였기 때문에 공포의 대상이 된 것이다. 바이킹도 시간이 흐르면서 12세기부터는 크리스트교를 받아들이면서 점점 유럽에 동화되었다.

조대현

현재 스페인에 거주하면서 63개국, 198개 도시 이상을 여행하면서
강의와 여행 컨설팅, 잡지 등의 칼럼을 쓰고 있다. MBC TV 특강 2회
출연(새로운 나를 찾아가는 여행, 자녀와 함께 하는 여행)과 꽃보다
청춘 아이슬란드에 아이슬란드 링로드가 나오면서 인기를 얻었고,
다양한 강의로 인기를 높이고 있으며 "해시태그" 여행시리즈를 집필
하고 있다. 저서로 아이슬란드, 모로코, 가고시마, 발트 3국, 블라디보
스토크, 조지아, 폴란드 등이 출간되었고 이탈리아, 오스트리아, 프랑
스, 스페인 북부 등이 발간될 예정이다.

폴라 http://naver.me/xPEdlD2t

아이슬란드

인쇄 | 2024년 5월 22일
발행 | 2024년 6월 19일

글 | 조대현
사진 | 조대현
펴낸곳 | 해시태그출판사
편집 · 교정 | 박수미
디자인 | 서희정

주소 | 서울시 강서구 허준로 175
이메일 | mlove9@naver.com

979-11-93839-35-5(03920)

※ 일러두기 : 본 도서의 지명은 현지인의 발음에 의거하여 표기하였습니다.